FUNDAÇÕES

FUNDAÇÕES

Critérios de Projeto – Investigação do Subsolo – Fundações Superficiais

Dirceu de Alencar Velloso
D. Sc., Professor Emérito, Escola Politécnica e COPPE,
Universidade Federal do Rio de Janeiro

Francisco de Rezende Lopes
Ph. D., Professor Titular, Escola Politécnica e COPPE,
Universidade Federal do Rio de Janeiro

oficina de textos

1ª reimpressão • 20'

2ª edição com norm: atualizadas • 2011
1ª reimpressão • 20' | 2ª reimpressão • 2015
3ª reimpressão • 20'

Grafia atualizada con'rme o Acordo Ortográfico da Língua Portuguesa de 1990,
em vigor no Brasil a |rtir de 2009.

Capa Hamilton Fe|andes
Diagramação Dou|las da Rocha Yoshida
Revisão de textos :erson Silva e Rachel Kopit Cunha

Dados Internacion:is de Catalogação na Publicação (CIP)
(Câmara Brasileira do Livro, SP, Brasil)

Velloso, Dirceu de Alencar
Fundações, 'olume 1 : critérios de projeto :
investigação de s|bsolo : fundações superficiais / Dirceu de Alencar Velloso,
Francisco de Rese|de Lopes. -- 2. ed. -- São Paulo : Oficina de Textos, 2011.

"Com normas at|alizadas".
ISBN 978-85-79'5-014-4

1. Fundações (Engenharia) I. Lopes, Francisco
de Resende. II. Título. III. Título: Critério de
projeto : investigação de subsolo : fundações
superficiais.

10-13215 CDD-624.15

Índices para catálogo sistemático:
1. Engenharia de fundações 624.15
2. Fundações : Engenharia 624.15

Rua Cubatão, 798
CEP 04013-003 – São Paulo – Brasil
Fone (11) 3085 7933
www.ofitexto.com.br
atend@ofitexto.com.br

À memória de meus pais, José e Dina Velloso,
Ao amor e compreensão de minha esposa, Olga,
e de minhas filhas, Beatriz, Fernanda e Dina,
À alegria de meus netos, Eduardo, Ana Clara, Luiza e José Luiz;
(Dirceu)

À memória de meus pais, Francisco de Paula M. Lopes e Zaira R. Lopes,
À minha esposa Roberta,
Aos meus filhos, Diogo, Gustavo e Marcos,
Ao apoio de minha família;
(Francisco)

E a Deus, por tudo isso.
(Dirceu e Francisco)

APRESENTAÇÃO

O leitor, seja ele estudante de Engenharia Civil ou um profissional formado, encontrará neste livro, de modo ordenado, preciso e conciso, o estudo de Fundações. Foi a COPPE-UFRJ a "incubadora" da primeira edição. Agora é a Oficina de Textos, de São Paulo, que abre as portas para um público mais amplo, com esta nova edição.

Trata-se do tipo de livro de que mais carece a literatura técnico-científica brasileira. Escrito por quem ensina, pesquisa e exerce a profissão com seriedade e competência. Conhecimentos teóricos aprofundados e conhecimentos aplicados plenamente confiáveis. São estas as ferramentas que inspiram a asseguram o exercício da arte da Engenharia de forma plena e criativa.

Dirceu de Alencar Veloso, nascido em 1931, e Francisco de Rezende Lopes, nascido em 1948 – dois colegas tão próximos de mim por mais de trinta anos – aliam à extrema competência profissional, os dotes pessoais de cultura, generosidade, fino humor, modéstia e espiritualidade autêntica.

No primeiro curso de Fundações da Área de Mecânica dos Solos, do Programa de Engenharia Civil da COPPE-UFRJ, em 1967, estava a postos o Dirceu. Na Escola de Engenharia da UFRJ, onde se formou em 1954 e exerceu o magistério logo a seguir, conquistou o título de livre-docente em 1962. Mesmo aposentado não quis arredar pé do ensino, com total desprendimento. Prefere ser reconhecido profissionalmente como Engenheiro de Fundações. Porém sua cultura técnico-científica espraia-se pela Matemática, Teorias da Elasticidade e da Plasticidade, o Cálculo Estrutural. Bibliófilo apaixonado, reuniu um acervo de trinta mil volumes, ao longo de meio século. Sua atividade profissional tem uma referência inequívoca: foi o Dirceu, de 1955 a 1979, engenheiro da firma de Estacas Franki Ltda., e por muitos anos foi seu diretor técnico. De 1979 a 1993 trabalhou na Promon Engenharia. Atuou como membro do Conselho de Consultores, desde sua fundação em 1979, da revista *Solos e Rochas*, tendo sido seu editor.

O Francisco Lopes é um consagrado engenheiro geotécnico que trouxe da graduação – UERJ, 1971 – sólidos conhecimentos de Cálculo Estrutural. Fez o mestrado na COPPE-UFRJ em 1974, sendo o tema de sua tese o controle da água subterrânea em escavações, numa análise pelo Método dos Elementos Finitos. Fez o doutorado na Universidade de Londres em 1979, com tese sobre o comportamento de fundações em estacas. Uma de suas participações profissionais recentes de grande destaque foi o projeto do Tanque Oceânico, para o estudo de modelos de estruturas marítimas, na Ilha do Fundão, inaugurado em 2003.

Lembro aqui o papel essencial que desempenhou o Francisco nos primeiros passos da revista *Solos e Rochas* na COPPE, tendo-a gerenciado com obstinação de 1979 a 1987. Refiro-me à atual *Revista Latino-americana de Geotecnia*.

Sinto-me honrado por esta oportunidade de manifestar de público minha admiração e profundo respeito pelos colegas Dirceu e Francisco.

Termino com as palavras iniciais dos antigos copistas de livros em pergaminho: "*Lecturis salutem*", ou "Cumprimentos aos que lerem".

Jacques de Medina

Setembro 2004

PREFÁCIO

Este livro sobre Fundações - mais um ! - teve um longo período de gestação. Há muitos anos lecionamos este tema nos cursos de graduação (Escola de Engenharia) e de pós-graduação (COPPE) da UFRJ, e praticamos esta fascinante especialidade da Engenharia Civil. Procuramos colocar neste livro aquilo que aprendemos nessa dupla atuação - magistério e prática profissional. Fundações é uma disciplina que só pode ser lecionada por quem tem prática na indústria, projetando, executando e fiscalizando. De outra forma, haverá sério risco de se ensinar algo totalmente diferente do que o engenheiro, ao se iniciar na profissão, verá acontecer. É claro que a maioria dos ensinamentos que transmitimos são colhidos na bibliografia, que é, em grande parte, estrangeira. Mas cabe ao profissional brasileiro adaptá-los às condições de solo, de equipamentos e de práticas executivas encontradas em nosso país. Ao longo do texto, sempre que julgamos cabível, indicamos nossas opiniões e sugestões pessoais. Além disso, os métodos de cálculo que apresentamos são aqueles que utilizamos no nosso dia a dia e, portanto, devidamente verificados.

O livro destina-se aos estudantes de graduação e pós-graduação e, também, sem querermos ser pretensiosos, aos profissionais que precisarem recordar os ensinamentos que receberam na faculdade. A ênfase é em aspectos geotécnicos, embora indiquemos os esforços que precisam ser considerados no dimensionamento estrutural dos elementos de fundação.

A matéria foi dividida em dois volumes. Neste primeiro volume, depois dos capítulos iniciais, que tratam dos aspectos gerais do projeto de fundações, são estudadas, em detalhes, as fundações superficiais. As fundações profundas serão tratadas no segundo volume, já em preparação.

Gostaríamos de lembrar que Fundações é um casamento, nem sempre harmonioso, de técnica e arte. Portanto, o profissional que se decide por essa especialidade, que é, como já foi dito, fascinante, tem que ser prudente. Somente a experiência lhe permitirá ser mais ou menos audacioso.

Terminando este prefácio, gostaríamos de agradecer aos colegas da COPPE pelo estímulo contínuo para que esta empreitada se concretizasse. Fernando A. B. Danziger, Ian S. M. Martins, Luiz Fernando T. Garcia e Sergio F. Villaça, em especial, contribuíram com sugestões e revisões de alguns capítulos. Os professores Luiz Francisco Muniz da Silva (Univ. Veiga de Almeida), Bernadete R. Danziger (Univ. Federal Fluminense) e Mauro Jorge Costa Santos (Univ. Santa Úrsula) também fizeram sugestões importantes. Os alunos do curso de Fundações da COPPE, de 1996, ajudaram na revisão da digitação do texto, em especial Antonio Marcos L. Alves, Bruno T. Dantas e Marcos Massao Futai. Durante a preparação deste livro, os autores receberam apoio financeiro do CNPq - Conselho Nacional de Desenvolvimento Científico e Tecnológico.

Dirceu de Alencar Velloso

Francisco de Rezende Lopes

Agosto 2004

SUMÁRIO

Capítulo 1

INTRODUÇÃO

Because nature is infinitely variable, the geological aspects of our profession assure us that there will never be two jobs exactly alike. Hence, we need never fear that our profession will become routine or dull. If it should, we can rest assured that we would not be practicing it properly

(R.B. Peck)

1.1 A ENGENHARIA DE FUNDAÇÕES

O projeto e execução de fundações - a Engenharia de Fundações - requer conhecimentos de Geotecnia e Cálculo Estrutural (análise estrutural e dimensionamento de estruturas em concreto armado e protendido, em aço e em madeira); a Geotecnia, por outro lado, abrange a Geologia de Engenharia, a Mecânica dos Solos e a Mecânica das Rochas. Tome-se o caso simples de um edifício em terreno sem vizinhos. Em geral, a estrutura é calculada por um engenheiro estrutural que supõe os apoios indeslocáveis, daí resultando um conjunto de cargas (forças verticais, forças horizontais, momentos) que é passado ao projetista de fundações. Com o auxílio de uma série de elementos e informações, que serão detalhados adiante, ele projeta as fundações da obra. Acontece que essas fundações, quaisquer que sejam, quando carregadas, solicitarão o terreno, que se deforma, e dessas deformações resultam deslocamentos verticais (recalques), horizontais e rotações. Com isso, a hipótese usual de apoios indeslocáveis fica prejudicada, e nas estruturas hiperestáticas, que são a grande maioria, as cargas inicialmente calculadas são modificadas. Chega-se, assim, ao conhecido problema da *interação solo-estrutura*. O engenheiro de fundações deve participar da análise desse problema, juntamente com o engenheiro estrutural.

Conhecimentos de Geologia de Engenharia são necessários em obras em regiões desconhecidas, em obras extensas, como refinarias, grandes pontes etc., em que o engenheiro de fundações pode identificar e levantar problemas que deverão ser resolvidos pelo geólogo de engenharia. O mesmo acontece com a Mecânica das Rochas, uma disciplina da Geotecnia cujo conhecimento é necessário quando as fundações transmitem esforços importantes para a rocha ou quando essa possui baixa qualidade.

Já em relação à Mecânica dos Solos, o engenheiro de fundações deve possuir sólidos conhecimentos dos seguintes tópicos: (i) origem e formação dos solos, (ii) caracterização e classificação dos solos (parâmetros físicos, granulometria, limites de Atterberg etc.), (iii) investigações geotécnicas, (iv) percolação nos solos e controle da água subterrânea, (v) resistência ao cisalhamento, capacidade de carga e empuxos, (vi) compressibilidade e adensamento e (vii) distribuição de pressões e cálculo de deformações e recalques.

Quanto ao Cálculo Estrutural, o engenheiro de fundações deve conhecê-lo sob dois aspectos: (1º) para que possa dimensionar estruturalmente os elementos da fundação e as obras que, em geral, são necessárias à execução das fundações propriamente ditas (por exemplo, um escoramento) e (2º) para que possa, como já foi dito, avaliar o comportamento da estrutura diante dos inevitáveis deslocamentos das fundações. (Seria ideal que o engenheiro, antes de se especializar em fundações, calculasse e dimensionasse algumas superestruturas típicas: um edifício, uma ponte, um galpão etc.)

Não se erra se se disser que, dentro da Engenharia Civil, a especialização em Fundações é a que requer maior *vivência* e *experiência*. Entenda-se por *vivência* o fato de o profissional projetar ou executar inúmeras fundações, de diversos tipos e em condições diversas, passando de um caso para outro baseado, apenas, na sua própria observação do comportamento dos casos passados, sem dados quantitativos. A *experiência* seria a vivência completada com dados quantitativos referentes ao desempenho da obra. A norma brasileira de fundações (NBR 6122/96) recomenda e insiste na importância do acompanhamento das obras. Em nosso País, infelizmente, ainda não há essa mentalidade. Quando se consegue fazer alguma coisa, simplesmente se medem recalques, ignorando-se as cargas reais que atuam na estrutura, ou seja, as cargas que estão provocando aqueles recalques. Para se realizar uma prova de carga sobre um elemento de fundação, por exemplo, uma estaca, são levantadas objeções de toda ordem, desde a mais estúpida - *Para quê*? ou *Há algum perigo*? - até aquelas que culpam uma prova de carga por atrasar a obra.

Outro aspecto que deve ser assinalado diz respeito ao conhecimento do solo, que fica restrito, quase sempre, ao que fornecem as sondagens à percussão de simples reconhecimento. Assim, pode-se dizer com segurança que, em nosso País, a técnica das fundações não tem recebido o tratamento científico adequado. Essa afirmação pode ser comprovada se se considerar quão pequeno é o número de conceitos gerais, estabelecidos em base científica, utilizados na técnica das fundações. O projeto de fundações, ou mais precisamente seu dimensionamento, está calcado na utilização de correlações que são estabelecidas para determinadas regiões e extrapoladas para outras condições, às vezes, de maneira inescrupulosa. Tem-se que reconhecer que essas correlações são, pelo menos no presente, "um mal necessário". O que se impõe é que seus autores sejam bastante explícitos e precisos na caracterização das condições em que foram estabelecidas e que, por outro lado, aqueles que vão utilizá-las o façam com critério, comparando aquelas condições com as que têm diante de si. Por outro lado, é inquestionável o desenvolvimento de novos equipamentos e tecnologias de execução.

Finalizando esta introdução, chama-se atenção especial dos leitores para dois pontos: (1º) uma vez que os problemas de Geotecnia apresentam um maior grau de incerteza que os de Cálculo Estrutural, nem sempre é fácil conciliar as respectivas precisões (exemplificando: frequentemente, o Engenheiro Estrutural impõe ao Engenheiro de Fundações um requisito de *recalque zero*, o que é impossível, pois toda fundação, ainda que sobre rocha, recalca) e (2º) devem-se evitar as generalizações, pois, em Fundações, na grande maioria dos casos, cada obra apresenta suas peculiaridades, que devem ser consideradas adequadamente (menciona-se, como exemplo, o que aconteceu em duas obras no Rio de Janeiro, em terrenos vizinhos, ambas em estacas metálicas, em que na primeira encontrou-se um número razoável de matacões que obrigaram a sucessivas mudanças de posição das estacas, enquanto na segunda nenhum matacão foi encontrado).

1.2 CONCEITOS NA ABORDAGEM DE UM PROBLEMA DE FUNDAÇÕES

Pelo que já se disse na introdução, verifica-se que, na Engenharia de Fundações ou, de forma mais ampla, na Geotecnia, o profissional vai lidar com um material natural sobre o qual pouco pode atuar, isto é, tem que aceitá-lo tal como ele se apresenta, com suas propriedades e comportamento específicos. Decorre daí que, desde o início da concepção e do projeto de uma obra, deve-se levar em conta as condições do solo do local. Pode-se assegurar que a economia da obra muito ganharia com isso.

Há, assim, problemas que são inerentes à Engenharia Geotécnica e que levaram autores e pesquisadores a desenvolver conceitos gerais que merecem uma maior divulgação entre os profissionais da especialidade. Entre eles, destacam-se os conceitos de *previsões*, *risco calculado* e *Método Observacional*.

1.2.1 Previsões (Lambe, 1973)

É fácil compreender a importância das *previsões* na prática da Engenharia Civil. Qualquer tomada de decisão é baseada numa previsão. Assim, o engenheiro deve: (1º) identificar previsões que são críticas para a segurança, funcionalidade e economia do projeto; (2º) estimar a confiabilidade de cada uma de suas previsões; (3º) utilizar as previsões no projeto e construção; (4º) determinar as consequências das previsões; (5º) selecionar e executar ações baseadas em comparações de situações reais com suas previsões. Na Fig. 1.1, é apresentado o esquema do processo de previsão em Engenharia Geotécnica.

Determinar a situação de campo
↓
Simplificar
↓
Determinar mecanismos
↓
Selecionar métodos e parâmetros
↓
Manipular método e parâmetros para obter a previsão
↓
Representar a previsão

Fig. 1.1 - *Processo da previsão*

A título de exemplo, o processo será aplicado a um problema de fundações:

a. **Determinar a situação de campo** - É a etapa em que o engenheiro colhe os dados de campo: topografia, prospecção do subsolo, ensaios de campo e de laboratório, condições de vizinhos etc.
b. **Simplificar** - Em geral, a heterogeneidade e variação dos dados colhidos são de tal ordem que se é obrigado a eliminar dados, tomar médias, considerar as condições mais desfavoráveis, a fim de elaborar um *modelo*. Nesta etapa, pode-se utilizar, com bastante proveito, conhecimentos de Teoria das Probabilidades e Estatística (ver, p. ex., Smith, 1986).

c. **Determinar mecanismos** - Nesta etapa, o engenheiro deve determinar que *mecanismo* ou *mecanismos* estarão envolvidos no caso. Numa construção em encosta, por exemplo, ele pode concluir que o mecanismo de um deslizamento é mais importante que o mecanismo de ruptura de uma sapata isolada, embora os dois mecanismos devam ser analisados.
d. **Selecionar método e parâmetros** - Fixado o mecanismo, cabe estabelecer o método de análise desse mecanismo e os parâmetros do solo que serão utilizados.
e. **Manipular método e parâmetros para chegar à previsão** - Atualmente, esta etapa é muito facilitada com a utilização de computadores e programas (comerciais ou preparados para casos específicos). Para cada método escolhido, deve-se fazer uma *análise paramétrica.* No final, ter-se-á uma quantidade apreciável de resultados, cuja análise e interpretação conduzirão à etapa final do processo.
f. **Representar a previsão** - A representação ou o "retrato" da previsão dá ao engenheiro uma perspectiva e um entendimento do processo em estudo. Por exemplo, curvas carga-recalque-tempo constituem a melhor representação de comportamento de uma obra cujo processamento de recalques está sendo estudado.

De acordo com Lambe (1973), as previsões podem ser classificadas de acordo com a Tab. 1.1. Exemplificando quanto a recalques: uma previsão do tipo **A** seria feita antes do início da obra e com base em dados disponíveis na ocasião (resultados de sondagens, de ensaios etc.). Uma previsão do tipo **B** seria feita durante a construção e consideraria dados obtidos durante o início da construção, tais como medições de recalques feitas na fase de escavação, após a execução das fundações e aplicação dos primeiros carregamentos. O resultado do acontecimento em previsão pode ser desconhecido (previsão do tipo **B**) ou conhecido (previsão do tipo $\mathbf{B_1}$). As previsões do tipo **B** estão relacionadas com o Método Observacional, a ser descrito adiante. Uma previsão do tipo **C** é feita após a ocorrência do evento; na realidade, ela constitui uma *autópsia.*

Tab. 1.1 – Classificação das previsões (Lambe, 1973)

Tipo de previsão	Quando a previsão é feita	Resultados no momento em que a previsão é feita
A	Antes do acontecimento	—
B	Durante o acontecimento	Não conhecidos
B_1	Durante o acontecimento	Conhecidos
C	Depois do acontecimento	Não conhecidos
C_1	Depois do acontecimento	Conhecidos

Inter-relação de métodos e dados

A idéia contida na Fig. 1.2a poderia ser aceita por um engenheiro inexperiente. De acordo com essa figura, a acurácia[1] da previsão depende da qualidade do método e dos dados utilizados, de tal forma que a deficiência de um deles pode ser compensada pela sofisticação do outro. A Fig. 1.2b representa o ponto de vista de Lambe: ao fazer uma previsão, o engenheiro

1. Traduziu-se *acuracy* como *acurácia* (e não - como é frequente - *precisão*), seguindo a terminologia adotada em Instrumentação: *precisão* descreve a repetibilidade da medição; *acurácia* descreve o quanto o valor medido se distancia do valor correto.

deve compatibilizar a sofisticação do método escolhido com a qualidade dos dados. Conforme indica esta figura, o aumento na sofisticação do método, utilizado com dados de má qualidade, pode resultar numa previsão pior que aquela que seria obtida com um método mais simples. Essa observação é importante sobretudo nos nossos dias, quando poderosos métodos computacionais - como o Método dos Elementos Finitos - são frequentemente utilizados com dados de baixa qualidade (uma análise interessante do emprego desse método em problemas geotécnicos é feita por Magnan e Mestat, 1992).

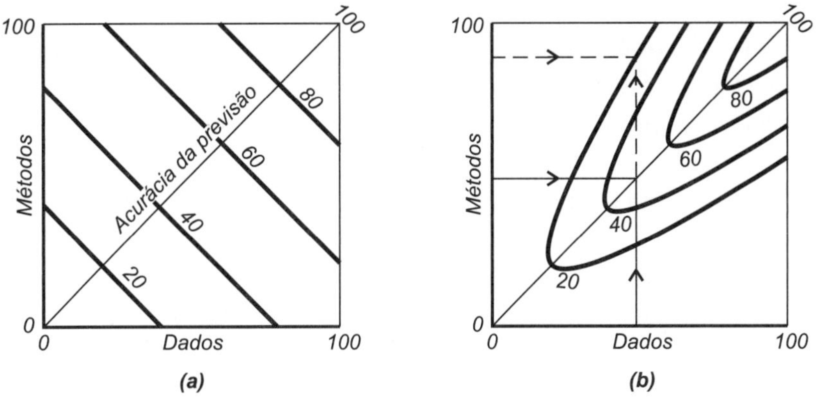

Fig. 1.2 - *Acurácia da previsão (Lambe, 1973)*

Outro aspecto importante da escolha de método de cálculo relacionado aos dados disponíveis é quando se pretende utilizar um método semiempírico. Por exemplo, o diagrama de empuxo de terra contra paredes flexíveis de escoramento de escavações, proposto por Terzaghi e Peck (1967), depende da resistência não drenada da argila. O valor do coeficiente de empuxo é:

$$K_a = 1 - m \frac{4S_u}{\gamma h}$$

O diagrama de empuxo proposto foi determinado empiricamente, com o S_u obtido em ensaios de compressão não confinada. Sabe-se que os valores de S_u assim obtidos são, em geral, menores que os obtidos por ensaios mais sofisticados. O emprego deste método com dados de ensaios mais sofisticados - que fornecem resistências maiores - pode distanciar-se da realidade de modo não seguro.

A avaliação de previsões

Não basta fazer previsões. É indispensável avaliá-las, ou seja, examiná-las e interpretá-las em face dos resultados conhecidos do evento previsto. Traduzindo Lambe:

as avaliações de previsões constituem uma das formas mais eficazes
(se não a mais eficaz) de fazer avançar o conhecimento de nossa profissão.

Dentro desse espírito, desde a edição de 1978, a norma brasileira de projeto e execução de fundações procura encorajar projetistas e construtores a instrumentar suas obras.

Finalizando essas considerações sobre previsões, cabe registrar a advertência de Lambe (1973) quanto à utilização de previsões do tipo $\mathbf{C_1}$ para provar a validade de qualquer previsão técnica.

1.2.2 Risco calculado (Casagrande, 1965)

Em toda obra de Engenharia, há um certo "risco", ou seja, probabilidade de um insucesso. Nas obras de terra e fundações, como decorrência, sobretudo, da natureza do material com que se trabalha - o solo -, esse risco é sensivelmente maior que nas demais especialidades da Engenharia Civil. Por isso, ele tem sido objeto de estudos por parte de profissionais como Casagrande (1965), de Mello (1975, 1977) e Velloso (1985a, 1985b, 1987).

Para Casagrande, a expressão "risco calculado" envolve dois diferentes aspectos:

a. O uso de um conhecimento imperfeito, orientado pelo bom senso e pela experiência, para estimar as variações prováveis de todas as quantidades que entram na solução de um problema;
b. a decisão com base em uma margem de segurança adequada, ou grau de risco, levando em conta fatores econômicos e a magnitude das perdas que resultariam de um colapso.

O autor exemplifica com o seguinte caso fictício: um aterro a ser construído sobre argila mole. A partir das investigações, o projetista conclui que a resistência ao cisalhamento *in situ* pode variar entre 20 e 30 kPa. O limite superior foi obtido de ensaios convencionais de laboratório em amostras indeformadas e de ensaios *in situ* de palheta (*vane tests*). O limite inferior é baseado na experiência e no bom senso do projetista, considerando os possíveis efeitos combinados de: (1º) transmissão lateral de poropressões, em consequência da estratificação da camada argilosa, a qual reduziria a resistência ao cisalhamento a média ao longo de uma superfície de deslizamento potencial; (2º) a redução da resistência em longo prazo, quando a argila é submetida a uma deformação cisalhante não drenada. Depois de estabelecer o intervalo de variação para a resistência ao cisalhamento, o projetista escolhe um valor característico (ou valor de projeto) que será utilizado em suas análises de estabilidade. Se se tratar de importante barragem, cuja ruptura causaria uma catástrofe, ele poderá decidir adotar o valor bastante conservativo de 6 kPa. Com isso, ele estaria protegendo-se contra a ampla margem de incerteza, adotando uma ampla margem de segurança. Para conseguir uma maior economia sem comprometer a segurança, o projetista poderia optar por instalar um certo número de piezômetros na camada de argila e elaborar um projeto inicial com uma margem de segurança bem menor. Nesse caso, utilizaria a obra como ensaio em verdadeira grandeza e, com base nas observações piezométricas, poderia modificar o projeto se isso se mostrasse necessário (Método Observacional, Peck, 1969). Se a obra fosse um aterro rodoviário para o qual uma ruptura parcial pouco representasse em termos econômicos, o projetista poderia permitir um maior risco de ruptura. Consequentemente, poderia utilizar uma resistência ao cisalhamento de 12 kPa. Com observações piezométricas, ele poderia empregar bermas de equilíbrio se isso se mostrasse necessário. Assim, o projeto inicial permitiria uma certa probabilidade de ruptura que o projetista controlaria dentro de limites toleráveis com o auxílio de piezômetros. Ele poderia ainda ir mais adiante, provocando, deliberadamente, rupturas em seções experimentais (ensaios em verdadeira grandeza), com o que se reduziria, apreciavelmente, a faixa de incerteza da resistência ao cisalhamento.

As alternativas no exemplo dado não somente ilustram os dois aspectos que entram na avaliação de um risco calculado, como também mostram que o significado de uma asserção do tipo "o projetista teve que conviver com um elevado risco calculado" não é claro, uma vez que pode significar: (1º) uma larga faixa de incerteza acerca da resistência ou (2º) um elevado risco de ruptura.

Classificação dos riscos - Os riscos podem ser classificados em:

Riscos de Engenharia:

- Riscos desconhecidos;
- Riscos calculados.

Riscos humanos:

A maioria dos riscos humanos, tanto desconhecidos como calculados, podem ser agrupados em:

- Organização insatisfatória, incluindo divisão de responsabilidade entre projeto e supervisão de construção;
- Uso insatisfatório do conhecimento disponível e do bom senso;
- Corrupção.

Frequentemente, não há uma nítida demarcação entre esses três grupos de riscos humanos. Em particular, a divisão de responsabilidade é, quase sempre, a causa do uso insuficiente do conhecimento disponível e do bom senso, o que pode facilitar a corrupção.

Classificação de perdas potenciais - As perdas potenciais em obras de terra e fundações podem ser classificadas em:

- Perdas catastróficas de vidas e propriedades;
- Pesadas perdas de vidas e propriedades;
- Sérias perdas financeiras; provavelmente sem perda de vidas;
- Perdas financeiras toleráveis; sem perda de vidas.

Riscos de Engenharia

Riscos desconhecidos - Aqueles que são desconhecidos até que se revelam em um acidente, através do qual podem, então, ser observados e investigados. Na opinião de Casagrande, os conhecimentos atuais de Geotecnia permitem que se tenha, pelo menos, uma estimativa qualitativa da resposta de todos os solos e rochas quando submetidos às atividades convencionais das obras de Engenharia. Em outras palavras: é muito pouco provável encontrarem-se riscos desconhecidos.

Riscos calculados - Correspondem aos fenômenos para os quais a Geotecnia ainda não apresentou uma análise quantitativa satisfatória. Casagrande enumera os seguintes:

- Deslizamentos por liquefação em solos granulares;
- Deslizamentos por liquefação em argilas extremamente sensíveis;
- Características tensão-deformação-resistência em materiais granulares grossos, incluindo enrocamentos, sob elevadas pressões confinantes;
- Características tensão-deformação-resistência, a longo prazo, de argilas não drenadas;
- Características de estabilidade de argilas rijas e argilas siltosas muito plásticas;
- Controle de fissuras transversais e longitudinais no núcleo de barragens de enrocamento de grande altura;
- Efeitos de terremotos em barragens de terra ou enrocamento de grande altura.

A margem de segurança a ser considerada no projeto dependerá diretamente da magnitude das perdas potenciais e, também, do grau de incerteza envolvido.

Riscos humanos

Organização deficiente – A divisão de responsabilidade entre o projeto e a supervisão de construção é uma das causas mais frequentes de problemas na Engenharia Geotécnica e de Fundações. Havendo essa divisão, alguns problemas delicados são postos ao projetista, tais como:

(1º) Se o projetista não tem controle sobre a execução e, sobretudo, se ele não tem confiança em quem vai executar e supervisionar a construção, deverá introduzir uma margem de segurança adicional ou mesmo optar por uma solução menos econômica, porém menos vulnerável, a uma execução malcuidada ?

(2º) Como pode o projetista se proteger, se não tem controle sobre a execução e nem mesmo é informado de modificações introduzidas pelos executores ?

Não há solução satisfatória para esses problemas, senão a eliminação da causa básica, ou seja, *dar ao projetista a tarefa de supervisionar ou fiscalizar a execução das fundações por ele projetadas*. Uma revisão do projeto feita pelo cliente, sem participação do projetista, conduz a uma divisão de responsabilidade que pode ter consequências desastrosas sobre a obra. Segundo Casagrande, o único procedimento capaz de evitar dificuldades é reunir os consultores das partes interessadas (proprietário, projetista, empreiteiro geral, empreiteiro de fundações etc.) em uma comissão para discutir e deliberar sobre os problemas da obra.

Uso insatisfatório de conhecimento e experiência disponíveis – Neste item, são incluídos todos os casos em que conhecimento e experiência profissionais insuficientes são utilizados no projeto e na construção. Abrangem desde erros "honestos" e falta de conhecimento, ao extremo oposto em que um consultor é utilizado como mero "objeto de decoração". No último caso, ele pode mesmo servir de "bode expiatório" para qualquer erro que venha a ocorrer, ainda que seu conselho tenha sido inteiramente satisfatório.

O engenheiro, que é, em ultima instância, o responsável pelo projeto ou construção, depende de um certo número de subordinados cujo trabalho ele não pode verificar pessoalmente. Mesmo com o melhor sistema de controle e verificação, erros de julgamento[2] e avaliação podem escapar em alguma parte do projeto ou da construção.

Corrupção – Transcreve-se, no original, importante advertência de Casagrande:

Even the most experienced designer who can cope well with engineering risks may see his career ruined by human risks, particularly by corruption.

As ideias de Casagrande foram retomadas por Morgenstern na *3ª Conferência Casagrande* (Morgenstern, 1995).

1.2.3 Método Observacional (Peck, 1969, 1984)

Peck escolheu como tema da 9ª. Rankine Lecture (1969) o que chamou de Método Observacional, resultado da convivência e troca de idéias com Terzaghi. Como ele próprio afirma, é um método inaplicável a uma obra cujo projeto não pode ser alterado durante a construção.

2. Conforme o sentido, em português mais apropriado, *judgement* foi traduzido como bom senso, experiência e julgamento.

Em resumo, a aplicação completa do método compreende as seguintes etapas:

1. Exploração (investigação) suficiente para estabelecer, pelo menos, a natureza, a distribuição e as propriedades, em geral, dos depósitos, sem necessidade de detalhes.
2. Avaliação das condições mais prováveis e dos desvios, em relação a essas condições, mais desfavoráveis que se possa imaginar. Nesta avaliação, a Geologia desempenha importante papel.
3. Estabelecimento do projeto com base em uma hipótese de trabalho de comportamento antecipado sob as condições mais prováveis.
4. Seleção de parâmetros a serem observados durante a construção, e cálculo de seus valores antecipados com base na hipótese de trabalho.
5. Cálculo dos valores dos mesmos parâmetros sob as condições mais desfavoráveis compatíveis com os dados disponíveis referentes ao terreno.
6. Seleção antecipada de um plano de ação ou de modificação de projeto para cada desvio significativo previsível entre os valores observados e os determinados com base na hipótese de trabalho.
7. Medição de parâmetros a serem observados e avaliação das condições reais.
8. Modificação de projeto para adequação às condições reais.

Até que ponto todos esses passos podem ser seguidos depende da natureza e complexidade da obra. Podem-se distinguir dois casos: (1º) obras em que, devido a um certo acontecimento, o Método observacional se impõe como única possibilidade de levar a construção a bom termo e (2º) obras em que o método é considerado desde o início da construção.

Um dos perigos mais sérios na aplicação do Método Observacional está no fracasso do estabelecimento de um plano de ação para todos os desvios previsíveis entre o que foi admitido e a realidade revelada pelas observações. Se, de repente, o engenheiro percebe, pelo exame das observações, que há algo a fazer que não havia sido previsto, ele deve tomar decisões cruciais sob pressão no momento, e aí poderá verificar que não há solução para o problema surgido. Tivesse ele considerado, originalmente, todas as possibilidades, teria concluído, antecipadamente, que, se dadas condições adversas prevalecessem, ele não seria capaz de levar adiante o empreendimento e não teria, obviamente, desenvolvido um projeto vulnerável a esse ponto.

Transcrevendo as palavras de Peck:

> *In short the engineer must devise solutions to all problems that could arise under the least favourable of the conditions that will remain undisclosed until the field observations are made. If he cannot solve these hypothetical problems, even if the probability of their occurrence is very low, he must revert to design based on the least favourable conditions. He can then no longer gain the advantages in cost or time associated with the Observational Method.*

Tão importante quanto preparar planos de ação para todas as eventualidades é fazer as observações corretas. A seleção de parâmetros adequados a observar e medir requer uma percepção correta dos fenômenos físicos significativos que governam o comportamento da obra durante a construção e após sua conclusão. As observações devem ser confiáveis, e os resultados, levados imediatamente ao projetista.

O Método Observacional é mais aplicado em obras de terra (aterros, barragens) do que em fundações. Em nosso País, entretanto, não é raro ter-se que correr um certo "risco calculado" no projeto e na execução das fundações, em obras em locais para os quais a mobilização dos equipamentos adequados pode até inviabilizar o empreendimento. Tem-se, então, que se observar o comportamento da obra desde o início para que seja possível constatar, eventualmente, uma situação que obrigue a uma modificação do projeto; em geral, procede-se a um reforço das fundações.

REFERÊNCIAS

CASAGRANDE, A., 1965, Role of the "Calculated Risc" in earthwork and foundation engineering, *Journal Soil Mechanics and Foundations Division, ASCE*, v. 91, n. SM4, July 1965.

de MELLO, V. F. B., 1975, The philosophy of statistics and probability applied in soil mechanics. In: CONF. ON APLICATION OF STATISTICS AND PROBABILITY IN SOIL AND STRUCTURAL ENGINEERING, 2., 1975, Aachen. *Proceedings*... Aachen: Conf. on Aplication of Statistics and Probability in Soil and Structural Engineering, 1975.

de MELLO, V. F. B., 1977, Reflection on design decisions of practical significance to embankment dams. Rankine Lecture, *Geotechnique*, v. 27, n. 3, 1977.

LAMBE, T. W. Predictions in soil engineering. *Geotechnique*, v. 23, n. 2, p 149-202, 1973.

MAGNAN, J. P., MESTAT, P. Utilisation des élements finis dans les projects de Géotechnique. *Anales de l'Institut Technique du Bâtiment et des Travaux Publiques*, n. 506, 1992. (Série Sols et Fondations, n. 216).

MORGENSTERN, N. R. Managing risk in Geotechnical Engineering, 3rd. Casagrande Lecture. In: PANAMERICAN CONFERENCE ON SOIL MECHANICS AND FOUNDATION ENGINEERING, 10., 1955, Guadalajara. *Proceedings*... Guadalajara: Conference on Soil Mechanics and Foundation Engineering, 1995.

PECK, R. B. Advantages and limitations of the observational method in apllied soil mechanics, *Geotechnique*, v. 19, n. 2, 1969.

PECK, R. B. *Judgement in geotechnical engineering - the professional legacy of Ralph B. Peck*, DUNNNICLIFF, J.; DEERE, D. U. (Eds.). New York: John Willey, 1984.

SMITH, G. N., 1986, *Probability and statistics in civil engineering: an introduction*. London: W. Collins Sons & Co. Ltd., 1986.

TERZAGHI, K.; PECK, R.B. *Soil mechanics in engineering practice*. 2 ed. New York: John Wiley & Sons, 1967.

VELLOSO, D. A. Fundações profundas: segurança. In: SIMPÓSIO SOBRE TEORIA E PRÁTICA DE FUNDAÇÕES PROFUNDAS, 1985, Porto Alegre. *Anais*... Porto Alegre: UFRGS, 1985a.

VELLOSO, D. A. A segurança nas fundações. In: SEFE: SIMPÓSIO DE ENGENHARIA DE FUNDAÇÕES ESPECIAIS, 1., 1985, São Paulo. *Anais*... São Paulo: ABMS-ABEF, 1985b.

VELLOSO, D. A. Ainda sobre a segurança nas Fundações. In: Ciclo de Palestras sobre Engenharia de Fundações, ABMS - Núcleo Regional do Nordeste, Recife, 1987.

Capítulo 2

SOBRE O PROJETO DE FUNDAÇÕES

Neste capítulo, apresentam-se os elementos indispensáveis ao desenvolvimento de um projeto de fundações e discutem-se os requisitos básicos a que este projeto deve atender para um desempenho satisfatório das fundações.

2.1 TIPOS DE FUNDAÇÕES E TERMINOLOGIA

Um dos primeiros cuidados de um projetista de fundações deve ser o emprego da terminologia correta. As fundações são convencionalmente separadas em dois grandes grupos:

- fundações superficiais (ou "diretas" ou rasas);
- fundações profundas.

A distinção entre estes dois tipos é feita segundo o critério (arbitrário) de que uma fundação profunda é aquela cujo mecanismo de ruptura de base não surgisse na superfície do terreno. Como os mecanismos de ruptura de base atingem, acima dela, tipicamente duas vezes sua menor dimensão, a norma NBR 6122 determinou que fundações profundas são aquelas cujas bases estão implantadas a uma profundidade superior a duas vezes sua menor dimensão (Fig. 2.1), e a pelo menos 3 m de profundidade.

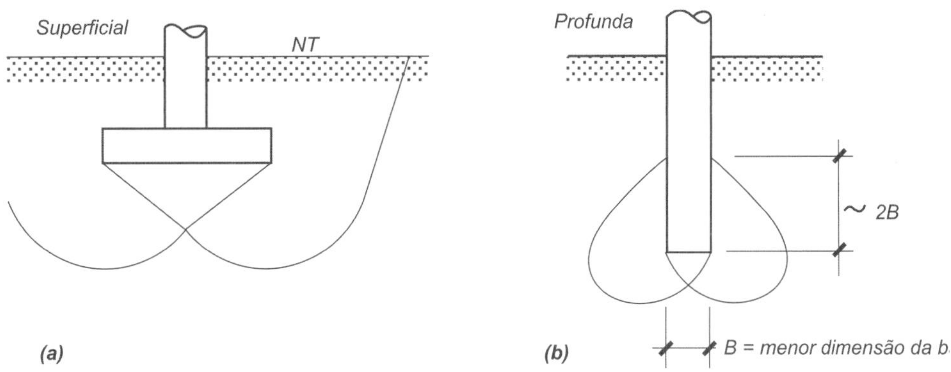

Fig. 2.1 - Fundação superficial e profunda

Quanto aos tipos de fundações superficiais, há (Fig. 2.2):

bloco - elemento de fundação de concreto simples, dimensionado de maneira que as tensões de tração nele resultantes possam ser resistidas pelo concreto, sem necessidade de armadura;

sapata - elemento de fundação superficial de concreto armado, dimensionado de modo que as tensões de tração nele resultantes sejam resistidas por armadura especialmente disposta para este fim (por isso as sapatas têm menor altura que os blocos);

sapata corrida - sapata sujeita à ação de uma carga distribuída linearmente ou de pilares em um mesmo alinhamento (às vezes chamada de *baldrame* ou de viga de fundação);

grelha - elemento de fundação constituído por um conjunto de vigas que se cruzam nos pilares (tipo não citado na norma NBR 6122/2010);

sapata associada - sapata que recebe mais de um pilar;

radier - elemento de fundação superficial que recebe parte ou todos os pilares de uma estrutura.

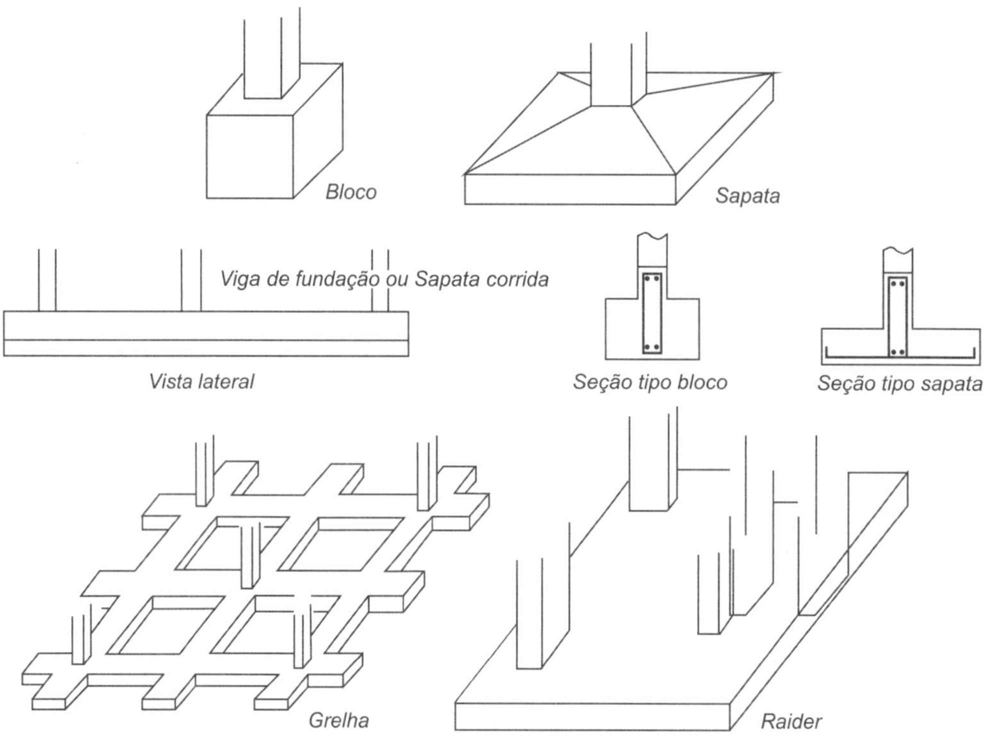

Fig. 2.2 *- Principais tipos de fundações superficiais*

Na norma NBR 6122/1996, a viga de fundação se distinguia da sapata corrida na medida em que a primeira recebia pilares num mesmo alinhamento e a segunda, uma carga distribuída (por exemplo, uma parede). De acordo com a NBR 6122/2010, os dois tipos passaram a se chamar sapata corrida, mas sua análise será objeto do Cap. 8, sob a denominação vigas de fundação. Ainda, na norma antiga, a expressão *radier* era reservada para a fundação que recebia todos os pilares de uma estrutura, ficando a expressão *sapata associada* para a fundação que recebesse parte dos pilares da estrutura. A nova norma permite o uso da expressão *radier* em qualquer caso. Seria interessante adotar as expressões utilizadas na França (país onde se originou a expressão *radier*): *radier parcial*, para o caso de receber parte dos pilares e *radier geral*, para o caso de receber todos os pilares da obra.

As fundações profundas, por sua vez, são separadas em três grupos (Fig. 2.3):

estaca - elemento de fundação profunda executado por ferramentas ou equipamentos, execução esta que pode ser por cravação ou escavação, ou ainda, mista;

tubulão - elemento de fundação profunda de forma cilíndrica que, pelo menos na sua fase final de execução, requer a descida de operário ou técnico (o tubulão não difere da estaca por suas dimensões, mas pelo processo executivo, que envolve a descida de pessoas);

caixão - elemento de fundação profunda de forma prismática, concretado na superfície e instalado por escavação interna (tipo não citado na norma NBR 6122/2010).

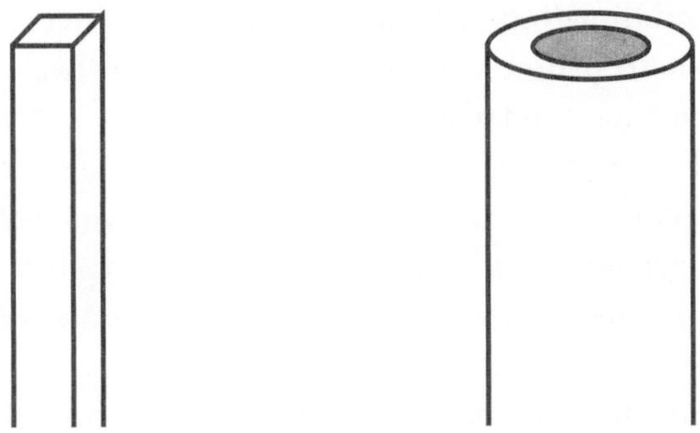

Fig. 2.3 - Principais tipos de fundações profundas: (a) estaca; (b) tubulão; (c) caixão

Existem, ainda, as fundações mistas, que combinam soluções de fundação superficial com profunda. Alguns exemplos estão mostrados na Fig. 2.4.

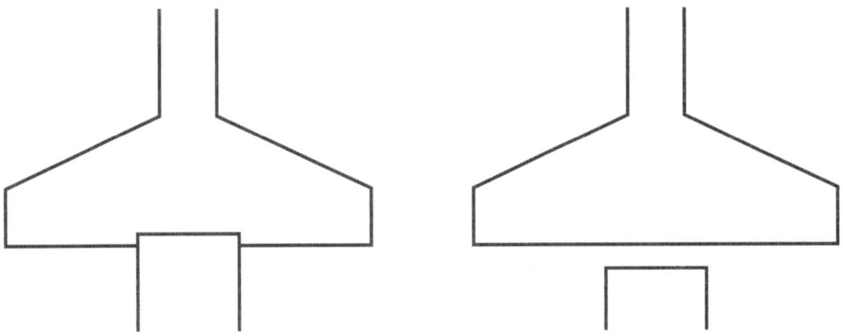

Fig. 2.4 - Alguns tipos de fundações mistas: (a) sapata associada a estaca (chamada "estaca T"); (b) sapata associada a estaca com material compressível entre elas (chamada "estapata"); e radier sobre (c) estacas ou (d) tubulões

2.2 ELEMENTOS NECESSÁRIOS AO PROJETO

Os elementos necessários para o desenvolvimento de um projeto de fundações são:

1. **Topografia da área**
- Levantamento topográfico (planialtimétrico);
- Dados sobre taludes e encostas no terreno (ou que possam atingir o terreno).

2. **Dados geológico-geotécnicos**
- Investigação do subsolo (às vezes em duas etapas: preliminar e complementar);
- Outros dados geológicos e geotécnicos (mapas, fotos aéreas e de satélite, levantamentos aerofotogramétricos, artigos sobre experiências anteriores na área etc.).

3. **Dados sobre construções vizinhas**
- Número de pavimentos, carga média por pavimento;
- Tipo de estrutura e fundações;
- Desempenho das fundações;
- Existência de subsolo;
- Possíveis consequências de escavações e vibrações provocadas pela nova obra.

4. **Dados da estrutura a construir**
- Tipo e uso que terá a nova obra;

- Sistema estrutural (hiperestaticidade, flexibilidade etc.);
- Sistema construtivo (convencional, pré-moldado etc.);
- Cargas (ações nas fundações).

Os conjuntos de dados 1 a 3 devem ser cuidadosamente avaliados pelo projetista em uma visita ao local de construção. O conjunto de dados 4 deve ser discutido com o projetista da obra (arquiteto ou engenheiro industrial, por exemplo) e com o projetista da estrutura. Dessa discussão vão resultar os deslocamentos admissíveis e os fatores de segurança a serem aplicados às diferentes cargas ou ações da estrutura.

No caso de fundações de pontes, dados sobre o regime do rio são importantes para avaliação de possíveis erosões e escolha do método executivo. Já nas zonas urbanas, as condições dos vizinhos constituem, frequentemente, o fator decisivo na definição da solução de fundação. E quando fundações profundas ou escoramentos de escavações são previstos, o projetista deve ter uma ideia da disponibilidade de equipamentos na região da obra.

Outro aspecto importante a ser levado em conta pelo projetista das fundações é a interface entre os projetos de superestrutura e de fundações/infraestrutura. É comum que essa interface seja o nível do topo das cintas, no caso de edifícios, e o topo de blocos de coroamento de estacas/tubulões ou de sapatas, no caso de pontes. Ao receber as ações que decorrem da estrutura, o projetista das fundações deve verificar se são fornecidas como *valores característicos*[1] ou como *valores de projeto* (valores majorados por fatores parciais de cargas, chamados de *fatores de ponderação* na Engenharia Estrutural), e ainda, que combinações foram utilizadas para o dimensionamento dos elementos na interface entre os dois projetos (tipicamente os pilares).

Ações nas Fundações

As solicitações a que uma estrutura está sujeita podem ser classificadas de diferentes maneiras. Em outros países, é comum separá-las em dois grandes grupos:

a. cargas "vivas";
b. cargas "mortas".

Esses dois grupos se subdividem em:

- **Cargas Vivas**
  - **Operacionais**
    - Ocupação por pessoas e móveis
    - Passagem de veículos e pessoas
    - Operação de equipamentos móveis (guindastes etc.)
    - Armazenamento
    - Atracação de navios, pouso de helicópteros
    - Frenagem, aceleração de veículos (pontes)
  - **Ambientais**
    - Vento
    - Ondas, correntes
    - Temperatura
    - Sismos
  - **Acidentais**
    - Solicitações especiais de construção e instalação
    - Colisão de veículo (navios, aviões etc.)
    - Explosão, fogo
- **Cargas mortas ou permanentes**
  - Peso próprio da estrutura e equipamentos permanentes
  - Empuxo de água
  - Empuxo de terra

1. A NBR 8681 usa a expressão *valores representativos*, entre os quais estariam os *valores característicos*, portanto, com um sentido mais amplo. Na literatura geotécnica internacional, a expressão *valores característicos* é mais utilizada e, por isso, será adotada neste texto.

No Brasil, a norma NBR 8681 (*Ações e segurança nas estruturas*) classifica as ações nas estruturas em:

a. *Ações permanentes:* as que ocorrem com valores constantes ou de pequena variação em torno de sua média, durante praticamente toda a vida da obra (peso próprio da construção e de equipamentos fixos, empuxos, esforços devidos a recalques de apoios);
b. *Ações variáveis:* as que ocorrem com valores que apresentam variações significativas em torno de sua média, durante a vida da obra (ações variáveis devidas ao uso da obra e ações ambientais, como vento, ondas, correnteza etc.);
c. *Ações excepcionais:* são as que têm duração extremamente curta e muito baixa probabilidade de ocorrência durante a vida da construção, mas que devem ser consideradas nos projetos de determinadas estruturas (explosões, colisões, incêndios, enchentes, sismos).

A norma NBR 8681 estabelece critérios para combinações dessas ações na verificação dos *estados limites de uma estrutura* (assim chamados os estados a partir dos quais a estrutura apresenta desempenho inadequado às finalidades da obra):

a. *estados limites últimos,* ELU (associados a colapsos parciais ou a colapso total da obra);
b. *estados limites de utilização* ou *de serviço,* ELS (quando ocorrem deformações, fissuras etc. que comprometem o uso da obra).

O projetista de fundações deve avaliar cuidadosamente, ainda, as ações decorrentes do terreno (empuxos de terra) e da água superficial e subterrânea (empuxos hidrostático e hidrodinâmico), bem como ações excepcionais da fase de execução da fundação e infraestruturas (escoramentos provisórios por estroncas ou tirantes, operação de equipamentos pesados etc.).

2.3 REQUISITOS DE UM PROJETO DE FUNDAÇÕES

Tradicionalmente, os requisitos básicos a que um projeto de fundações deverá atender são:

1. Deformações aceitáveis sob as condições de trabalho (ver Fig. 2.5a);
2. Segurança adequada ao colapso do solo de fundação ou *estabilidade "externa"* (ver Fig. 2.5b);
3. Segurança adequada ao colapso dos elementos estruturais ou *estabilidade "interna"* (ver Fig. 2.5e).

Consequências do não atendimento a esses requisitos estão mostradas na Fig. 2.5.

O atendimento ao requisito (1) corresponde à verificação de *estados limites de utilização* ou *de serviço* (ELS) de que trata a norma NBR 8681. O atendimento aos requisitos (2) e (3) corresponde à verificação de *estados limites últimos* (ELU).

Outros requisitos específicos de certos tipos de obra são:

a. Segurança adequada ao tombamento e deslizamento (também *estabilidade "externa"*), a ser verificada nos casos em que forças horizontais elevadas atuam em elementos de fundação superficial (ver Fig. 2.5c-d);
b. Segurança à flambagem;
c. Níveis de vibração compatíveis com o uso da obra, a serem verificados nos casos de ações dinâmicas.

2.4 VERIFICAÇÃO DA SEGURANÇA AO COLAPSO E COEFICIENTES DE SEGURANÇA

Conforme mencionado anteriormente, a verificação dos possíveis colapsos é conhecida como verificação dos *estados limites últimos* (ELU).

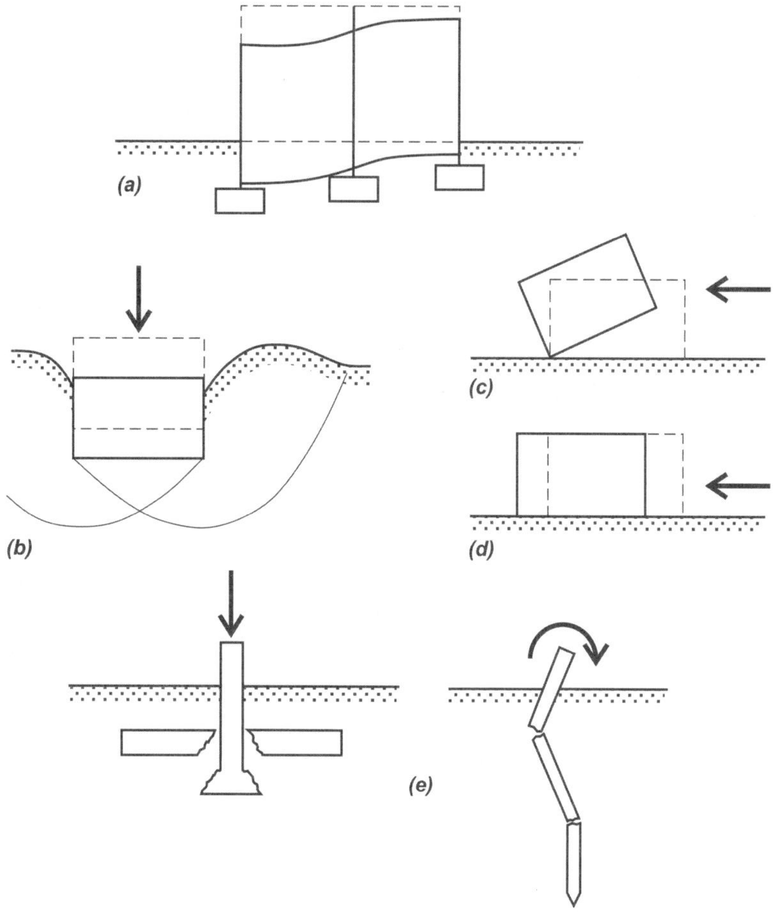

Fig. 2.5 - (a) Deformações excessivas, (b) colapso do solo, (c) tombamento, (d) deslizamento e (e) colapso estrutural, resultante de projetos deficientes

Nos problemas de fundações, há sempre incertezas, seja nos métodos de cálculo, seja nos valores dos parâmetros do solo que são introduzidos nesses cálculos, seja nas cargas a suportar. Consequentemente, há a necessidade de introdução de *coeficientes de segurança* (também chamados *fatores de segurança*) que levem em conta essas incertezas.

Conceitualmente, a fixação desses coeficientes de segurança para os problemas geotécnicos é bem mais difícil que no cálculo estrutural, onde entram materiais fabricados, relativamente *homogêneos* e, por isso, com propriedades mecânicas que podem ser bem determinadas. O solo que participa do comportamento de uma fundação é, na maioria das vezes, heterogêneo, e seu conhecimento é restrito ao revelado pelas investigações realizadas em alguns pontos do terreno e que não impedem a ocorrência de surpresas, seja durante a execução das fundações, seja depois da construção concluída.

O tema tem sido objeto de pesquisas e os trabalhos publicados são inúmeros, cabendo mencionar pela importância: Brinch-Hansen (1965), Feld (1965), Langejan (1965), Wu e Kraft (1967), Hueckel (1968), Meyerhof (1970), Lumb (1970), Nascimento e Falcão (1971), Wu (1974), Vanmarcke (1977), Meyerhof (1984), Baikie (1985) e Fleming (1992). Pelo envolvimento com a Teoria das Probabilidades, recomendam-se, também, Smith (1986) e Harr (1987).

A seguir, será feito um resumo dos conceitos mais importantes e exposta a forma como a norma brasileira NBR 6122 trata da segurança das fundações.

2.4.1 Conceitos e influências a considerar

Influências a considerar

As incertezas começam com as investigações geotécnicas, pois é praticamente impossível, como já foi assinalado, ter um conhecimento "completo" do subsolo sobre o qual se vai construir. Deve-se, portanto, prever uma margem de segurança para levar em conta a eventual presença de materiais menos resistentes não detectados pelas sondagens etc. (Meyerhof, 1970).

Os parâmetros de resistência e compressibilidade dos solos determinados, seja em ensaios de laboratório, seja a partir de correlações com ensaios de campo (SPT, CPT etc.), apresentam também, inevitavelmente, erros que devem ser cobertos por uma margem de segurança. Os cálculos de capacidade de carga (carga de ruptura do solo que suporta uma fundação) são elaborados sobre modelos que procuram representar a realidade, mas sempre requerem a introdução de simplificações das quais resultam erros que deverão ser cobertos por uma margem de segurança. Também as cargas para as quais se projetam as fundações contêm erros que deverão ser considerados pela margem de segurança. Finalmente, a margem de segurança deverá levar em conta as imperfeições da execução das fundações, que podem, mediante adequada fiscalização, ser reduzidas, mas nunca totalmente eliminadas.

Assim, há incertezas: nas investigações + nos parâmetros dos materiais + nos métodos de cálculo + nas ações + na execução.

Coeficientes de segurança globais e parciais

Se todas as incertezas anteriormente mencionadas forem incluídas num único coeficiente de segurança, ele será chamado *coeficiente* ou *fator de segurança global*. Se as incertezas indicadas forem tratadas nos cálculos com coeficientes de ponderação para cada aspecto do calculo, ter-se-ão os chamados *coeficientes de segurança parciais* (ou *fatores de ponderação*, na Engenharia Estrutural).

O uso de fator de segurança global é usualmente chamado de *Método de Valores Admissíveis*. O uso de fatores de segurança parciais é usualmente chamado de *Método de Valores de Projeto*.

Região representativa do terreno

Quando se deseja projetar uma obra de fundação, é importante conhecer detalhadamente como varia espacialmente a composição do subsolo, bem como as espessuras e características das diversas camadas de solo e de rocha. Frequentemente, em obras que se estendem por grandes áreas, essas variações são de tal magnitude que o comportamento de fundações ali executadas pode variar significativamente. Então, para a realização de investigações e de provas de carga *a priori* em elementos de fundação, é importante que o projetista defina regiões que, sob o ponto de vista prático de desempenho desses elementos, possam ser consideradas como uniformes. Para isso, a nova versão da norma NBR 6122 conceitua *região representativa do terreno* como aquela que apresente pequena variabilidade nas suas características geotécnicas, ou seja, que apresente perfis com as mesmas camadas de solo (que tenham influência significativa sobre o comportamento das estacas) e pequenas variações nas respectivas espessuras e resistências.

2.4.2 Uso de fator de segurança global ou Método de Valores Admissíveis

Quando se utiliza o Método de Valores Admissíveis, as tensões decorrentes das ações características, σ_k, não devem exceder as tensões admissíveis dos diferentes materiais, σ_{adm}, que são obtidas dividindo-se as tensões de ruptura ou escoamento (também chamadas de *últimas*), σ_{rup}, por um coeficiente ou *fator de segurança global, FS*, ou seja,

$$\sigma_k \leq \sigma_{adm} \; ; \; \sigma_{adm} = \frac{\sigma_{rup}}{FS} \qquad (2.1)$$

No caso de fundações, o princípio pode ser aplicado às cargas:

$$Q_{trab} = \frac{Q_{ult}}{FS} \quad \text{ou} \quad FS = \frac{Q_{ult}}{Q_{trab}} \qquad (2.2a)$$

onde Q_{trab} é a carga de trabalho (solicitação) característica admissível (ou Q_k) e Q_{ult} é a carga de ruptura (resistência) característica[2].

No caso de fundação superficial, o princípio pode ser aplicado às tensões na base:

$$q_{trab} = \frac{q_{ult}}{FS} \quad \text{ou} \quad FS = \frac{q_{ult}}{q_{trab}} \qquad (2.2b)$$

onde q_{trab} é a tensão de trabalho (solicitação) característica admissível (ou q_k) e q_{ult} é a tensão de ruptura (resistência) característica.

A Tab. 2.1, recomendada por Terzaghi e Peck (1967), conforme Meyerhof (1977), explicita os fatores de segurança para alguns tipos de obras. Os valores superiores são usados em análises de estabilidade de estruturas sob condições normais de serviço e os valores inferiores, em análises baseadas nas condições de carregamento máximo e obras provisórias.

Tab. 2.1 – Coeficientes de segurança globais mínimos

Tipo de ruptura	Obra	Coef. de segurança
Cisalhamento	Obras de terra	1,3 a 1,5
	Estruturas de arrimo	1,5 a 2,0
	Fundações	2,0 a 3,0
Ação da água	Subpressão, levantamento de fundo	1,5 a 2,5
	Erosão interna, *piping*	3,0 a 5,0

Vesic (1970) sugere os valores mostrados na Tab. 2.2, que dependem (i) do tipo de obra (analisada do ponto de vista da possibilidade de ocorrência das cargas máximas e das consequências de uma ruptura) e (ii) do grau de exploração do subsolo.

A Norma Brasileira NBR 6122/2010

A norma estabelece que as fundações devem ser verificadas pela análise de *estados limites últimos* (além de *estados limites de utilização*, abordados no item 2.5). Os estados limites últimos podem ser vários (perda de capacidade de carga, tombamento, ruptura por tração,

2. Na norma, a resistência que o solo oferece à estaca tem a notação *R*, enquanto nos livros-texto se usa Q_{ult} (usualmente chamada de *capacidade de carga na ruptura* ou simplesmente *capacidade de carga*, ou ainda, *carga de ruptura*). A *R* ou Q_{ult} acrescenta-se o subscrito *k* para indicar valor característico (*Método de Valores Admissíveis*) ou *d* para valor de projeto (*Método de Valores de Projeto*); quando não há o subscrito, subentende-se valor característico.

Tab. 2.2 – Fatores de segurança mínimos para fundações (Vesic, 1970)

Categoria	Características	Estruturas típicas	Exploração do subsolo	
			Completa	Limitada
A	Carga máxima de projeto ocorre frequentemente; consequências de colapso desastrosas	Pontes ferroviárias; armazéns; silos; estruturas hidráulicas e de arrimo	3,0	4,0
B	Carga máxima de projeto ocorre ocasionalmente; consequências de colapso sérias	Pontes rodoviárias; edifícios industriais e públicos	2,5	3,5
C	Carga máxima de projeto ocorre raramente	Edifícios de escritórios e residenciais	2,0	3,0

flambagem etc.). A seguir será tratada mais especificamente a verificação do estado limite último de *ruptura por perda da capacidade de carga* (ruptura do solo que suporta a fundação).

Na análise de um estado limite último, os valores das ações são comparados aos valores da resistência do elemento de fundação. As ações devem ser calculadas de acordo com as normas brasileiras em vigor. No que concerne aos valores de projeto da resistência do *elemento estrutural,* devem-se obedecer as prescrições pertinentes aos materiais constituintes desse elemento (concreto, aço ou madeira).

A *resistência de um elemento de fundação* deve ser obtida como *valor característico,* podendo-se utilizar:

i. método teórico (empregando-se *valores característicos de resistência*[3] dos solos e rochas);
ii. método semiempírico ou empírico (mais comum em fundações profundas);
iii. resultados de prova(s) de carga.

No caso de uso de fator de segurança global (ou Método de Valores Admissíveis), o valor da *resistência admissível do elemento de fundação* é obtido dividindo-se a *resistência característica do elemento de fundação* por um fator de segurança global.

(a) Fundações superficiais

A versão mais recente da norma brasileira NBR 6122 fornece os valores de fatores de segurança globais da Tab. 2.3.

Tab. 2.3 - Fatores de segurança globais mínimos para elementos de fundação sob compressão

Tipo	Método de obtenção da resistência	FS
Superficial	Método analítico	3,0
	Método semiempírico	3,0*
	Método analítico ou semiempírico com duas ou mais provas de carga	2,0
Profunda	Método analítico	2,0
	Método semiempírico	2,0**
	Provas de carga	1,6**

* Adotar o valor proposto no próprio método semiempírico, se maior que 3,0.
** Esse valor pode ser reduzido em função do número de dados, como indicado no item (b) a seguir.

3. Não há uma definição única nas normas ou nos livros-texto de como deve ser escolhido o valor característico. Uma forma é pela média dos valores encontrados numa investigação (valor característico dito *médio*) e outra, por um valor abaixo do qual se situe uma pequena porcentagem dos valores encontrados (valor característico dito *inferior* ou *mínimo*).

(b) Fundações profundas

No caso de fundações profundas sob cargas axiais de compressão, o fator de segurança global, em princípio, é 2,0, como indicado na Tab. 2.3. O uso de um fator de segurança 1,6 é possível quando se dispõe do resultado de um número mínimo de provas de carga determinado em norma, em elementos representativos da fundação. As provas de carga devem ser executadas na fase de projeto ou de adequação deste antes do início da obra (e não com a obra avançada ou concluída, como instrumento de controle de qualidade das fundações).

Consideração do número de investigações ou de provas de carga

Quando se deseja considerar o número de investigações ou de provas de carga (executadas na fase de projeto ou de adequação deste antes do início da obra), a norma propõe um procedimento mais detalhado.

Em relação ao uso de métodos semiempíricos, a norma preconiza a obtenção da *resistência característica do elemento de fundação* de duas formas: (a) com valores característicos dados pelas médias dos parâmetros (obtendo-se $R_{k,méd}$) e (b) com valores dados pelos mínimos dos parâmetros (obtendo-se $R_{k,mín}$). A *resistência característica* será dada então por:

$$R_k = Mín\left[\frac{R_{k,méd}}{\xi_1};\frac{R_{k,mín}}{\xi_2}\right] \tag{2.3a}$$

sendo os fatores ξ_1 e ξ_2 apresentados na Tab. 2.4.

Tab. 2.4 –Fatores ξ_1 e ξ_2 (n = número de perfis de ensaios por região representativa do terreno) e ξ_3 e ξ_4 (n = número de provas de carga por região representativa do terreno)

n	1	2	3	4	5	7	≥10
ξ_1	1,42	1,35	1,33	1,31	1,29	1,27	1,27
ξ_2	1,42	1,27	1,23	1,20	1,15	1,13	1,11

n	1	2	3	4	≥5
ξ_3	1,14	1,11	1,07	1,04	1,00
ξ_4	1,14	1,10	1,05	1,02	1,00

Os valores de ξ_1 e ξ_2 poderão ser multiplicados por 0,9 no caso da execução de ensaios complementares às sondagens a percussão (SPT).

Em relação ao uso de resultados de provas de carga, a norma preconiza a obtenção da *resistência característica* considerando: (a) a média dos valores obtidos (obtendo-se $R_{méd}$) e (b) o valor mínimo obtido (obtendo-se $R_{mín}$). A *resistência característica* será dada por:

$$R_k = Mín\left[\frac{R_{méd}}{\xi_3};\frac{R_{mín}}{\xi_4}\right] \tag{2.3b}$$

sendo os fatores ξ_3 e ξ_4 apresentados na Tab. 2.4.

O valor da *resistência característica do elemento de fundação* (sob cargas axiais de compressão) obtido por qualquer dos dois casos descritos (uso de métodos semiempíricos ou de resultados de provas de carga) deve, então, ser dividido por um fator de segurança de 1,4 para obtenção do valor da *resistência admissível do elemento de fundação.*

2.4.3 Uso de fatores de segurança parciais ou Método de Valores de Projeto

Uma vez que as ações aplicadas às fundações e a resistência do solo são variáveis independentes, parece mais razoável, como acontece no cálculo estrutural, adotar *coeficientes de segurança parciais* (conforme sugerido inicialmente por Hansen, 1965).

A introdução da segurança consiste em multiplicar as ações características por coeficientes de segurança parciais (chamados de *fatores de majoração das cargas*), γ_f, obtendo-se as *ações de projeto*, e impor que as tensões obtidas dessas cargas sejam menores que as tensões de ruptura dos materiais minoradas por *fatores parciais de minoração das resistências*, γ_m, chamadas *resistências de projeto* (σ_d). Ou seja,

$$\sigma_k \cdot \gamma_f \leq \sigma_d \, ; \; \sigma_d = \frac{\sigma_{rup}}{\gamma_m} \qquad \textbf{(2.4a)}$$

Em termos de cargas em fundações, tem-se:

$$Q_k \cdot \gamma_f \leq Q_d \, ; \; Q_d = \frac{Q_{ult}}{\gamma_m} \qquad \textbf{(2.4b)}$$

onde Q_k é a carga de trabalho (solicitação) característica; Q_d é a carga de ruptura (resistência) de projeto; e Q_{ult} é a carga de ruptura (resistência) característica.

Tal é o princípio dos coeficientes de segurança parciais: as cargas ou ações são multiplicadas pelos respectivos coeficientes de segurança parciais (passando a *cargas de projeto*) e as resistências são divididas pelos respectivos coeficientes de segurança parciais (passando a *resistências de projeto*).

Na fixação dos coeficientes de segurança parciais são observados dois princípios:

a. Quanto maior a incerteza na determinação de uma dada quantidade, maior o seu coeficiente de segurança.
b. Aos coeficientes de segurança parciais devem ser atribuídos valores tais que as dimensões das estruturas com eles dimensionadas sejam da mesma ordem de grandeza das que seriam obtidas pelos métodos tradicionais.

Hansen (1965) sugeriu os seguintes valores de coeficientes de segurança parciais:

Coeficiente de majoração de cargas permanentes (γ_{per}): 1,0

Coeficiente de majoração de cargas acidentais (γ_{var}): 1,5

Coeficiente de majoração para empuxo de água (γ_{emp}): 1,0

Coeficientes de minoração das resistências para projeto de fundações:

resistência/coesão não drenada (γ_{su}): 2,0

atrito ($\gamma_{\varphi'}$, a ser aplicado à $tg\,\varphi'$): 1,2

O EuroCode 7 (2004), por sua vez, propõe alguns valores diferentes:

$$\gamma_{per} = 1{,}1 \; ; \; \gamma_{su} = 1{,}4 \; \; e \; \; \gamma_{\varphi'} = 1{,}25.$$

A Norma Brasileira NBR 6122/1996 propunha a aplicação de coeficientes de minoração diretamente aos parâmetros de resistência dos solos, antes dos cálculos, como preconizado por Hansen (1965). A nova versão da norma (2010) já preconiza a aplicação de coeficientes de minoração ao resultado do cálculo da resistência (ou capacidade de carga) da fundação.

A Norma Brasileira NBR 6122/2010

No caso de uso de coeficientes parciais (ou Método de Valores de Projeto), o valor da *resistência de projeto do elemento de fundação* é obtido dividindo-se o valor da *resistência característica do elemento de fundação* por coeficientes de minoração detalhados a seguir.

(a) Fundações superficiais

Para obtenção do valor da *resistência de projeto*, o valor da *resistência característica do elemento de fundação* deve ser dividido por um coeficiente de minoração da Tab. 2.5.

Tab. 2.5 - Coeficientes de minoração da resistência de elementos de fundação sob compressão

Tipo	Método de obtenção da resistência	Coeficientes de minoração
Superficial	Método analítico	2,15
	Método semiempírico	2,15*
	Método analítico ou semiempírico com duas ou mais provas de carga	1,40
Profunda	Método analítico	1,40
	Método semiempírico	1,40**
	Provas de carga	1,14**

*Adotar o valor proposto no próprio método semiempírico, se maior que 2,15.
** Esse valor pode ser reduzido em função do número de dados, como indicado no item (b) a seguir.

(b) Fundações profundas

No caso de fundações profundas sob cargas axiais de compressão, o coeficiente de minoração da resistência, em princípio, é 1,4, como indicado na Tab. 2.5. O uso de um coeficiente de minoração 1,14 é possível quando se dispõe do resultado de um número mínimo de provas de carga determinado em norma, como mencionado no item 2.4.2.

Consideração do número de investigações ou de provas de carga

Quando se deseja considerar o número de investigações ou de provas de carga, deve-se seguir o mesmo procedimento descrito no item 2.4.2 para a obtenção da *resistência característica do elemento de fundação* (pelo mínimo de dois valores, um dado pela média e outro dado pelo mínimo dos parâmetros ou resultados de provas de carga). Esta *resistência característica* não precisa ser dividida por nenhum fator de minoração para a obtenção do valor da *resistência de projeto do elemento de fundação.*

2.4.4 Abordagem probabilística

Os parâmetros de resistência dos solos e as cargas aplicadas às estruturas constituem, fora de dúvida, dois grupos independentes de grandezas aleatórias. Assim, se conhecidas as respectivas distribuições estatísticas, poder-se-á aplicar os conceitos da Teoria das Probabilidades para o estudo da segurança (Freudenthal, 1947, 1956, 1966; Meyerhof, 1970; Smith, 1986; Harr, 1987; Velloso, 1987; Aoki, 2002).

Na Fig. 2.6a são representadas as curvas de distribuição das ações ou cargas e das resistências, caracterizadas pelas médias m_Q e m_R e pelos desvios padrão σ_Q e σ_R.

O *fator de segurança global* (tratado no item 2.4.2) pode ser definido pela relação entre as médias:

$$FS = \frac{m_R}{m_Q} \tag{2.5}$$

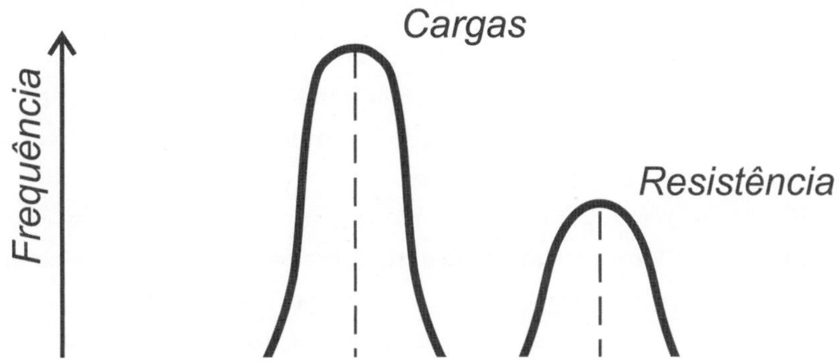

Fig. 2.6 -*Índice de Confiabilidade*

Quando a ação iguala a resistência, tem-se a ruptura, e os *coeficientes de segurança parciais* (tratados no item 2.4.3) podem ser definidos pelas relações:

$$FS_Q = \frac{M}{m_Q} \quad e \quad FS_R = \frac{m_R}{M} \tag{2.6}$$

Nas definições apresentadas, as ações e as resistências aparecem como grandezas determinísticas. Seu caráter aleatório em nada influi. Pode-se introduzir uma terceira grandeza:

$$Z = R - Q \tag{2.7}$$

A *probabilidade de ruptura* será definida por:

$$P_f = P\,[Z \leq 0] = P\,[(R - Q) \leq 0] \tag{2.8}$$

onde Z é chamada *função-estado limite* para o modo de ruptura particular que se está considerando.

A distância da média m_Z de Z ao ponto em que $Z = 0$ (Fig. 2.6b), expressa em termos de σ_Z, desvio padrão de Z, é igual a $\beta\sigma_Z$, onde β é o *índice de confiabilidade*, uma medida da segurança de uma estrutura. Têm-se as relações:

$$m_Z - \beta\,\sigma_Z = 0 \tag{2.9}$$

onde:

$$\beta = \frac{m_Z}{\sigma_Z} \tag{2.10}$$

e, como $m_Z = m_R - m_Q$, tem-se:

$$\beta = \frac{m_R - m_Q}{\sigma_Z} \tag{2.11}$$

O índice de confiabilidade leva em consideração, por meio dos desvios padrão, as incertezas nas ações e nas resistências. Quanto maior σ_Z, isto é, quanto mais incerteza houver na margem de segurança, tanto menor será o índice de confiabilidade. O índice de confiabilidade leva em conta, pois, a aleatoriedade das grandezas envolvidas e, por isso, deve ser preferido ao coeficiente de segurança.

Se as grandezas envolvidas tiverem distribuições próximas da distribuição normal de Gauss, a probabilidade de ruptura pode ser obtida pela expressão:

$$P_f = \phi(-\beta) \quad (2.12)$$

onde ϕ $(-\beta)$ é o símbolo geral para o valor da probabilidade acumulada de Z, de $-\infty$ até $-\beta$.

Para mais detalhes sobre a determinação do índice de confiabilidade em Geotecnia, recomendam-se Smith (1986) e Harr (1987).

Em Meyerhof (1970) encontram-se algumas indicações sobre a relação entre P_f e o coeficiente de segurança global. Para os valores normais desse coeficiente de segurança para fundações (2,0 a 3,0), verifica-se que a probabilidade de ruptura é da ordem de 1/5.000 a 1/10.000.

A abordagem probabilística não está incluída na norma NBR 6122, mas é extremamente interessante em várias situações, como, por exemplo, quando se tem resultados de um conjunto de provas de carga (realizadas para controle de qualidade), ou quando se quer avaliar os riscos de uma ruptura para a elaboração de planos emergenciais ou mesmo para a contratação de seguro. Ainda, a abordagem probabilística chama a atenção para o fato de que um fator de segurança (FS) elevado não garante uma segurança adequada se houver grande dispersão na resistência.

2.4.5 Situações a verificar

Dependendo das características de drenagem do solo, há diferentes situações a serem verificadas. Nos solos de drenagem lenta (solos argilosos saturados), há que se verificar as seguintes situações:

a. Segurança a *curto prazo* ou *não drenada* (geralmente é a situação crítica);
b. Segurança a *longo prazo* ou *drenada*.

Em princípio, para o caso de fundações - cujo carregamento produz excessos de poropressão -, a segurança aumenta com o tempo, uma vez que os excessos de poropressões se dissipam com o tempo, causando um aumento de tensões efetivas e, consequentemente, de resistência. Assim, a segurança a longo prazo é maior. A segurança a curto prazo pode não ser crítica em solos que apresentam comportamento viscoso (sujeitos a *creep*), pois as deformações que sofrem com o tempo podem gerar poropressões num processo mais rápido que o processo de drenagem (adensamento). Nesse caso, o fator de segurança passa por um mínimo algum tempo após o carregamento (e tem seu valor aumentado após esse ponto).

Nos solos de drenagem rápida (solos arenosos em geral e solos argilosos parcialmente saturados), basta, em princípio, verificar a condição drenada.

A análise drenada é feita em termos de tensões efetivas, com parâmetros drenados (c', φ', γ'), e a análise não drenada é feita normalmente em termos de tensões totais, com parâmetros não drenados (S_u, φ_u, γ).

Para decidir se uma análise não drenada é necessária, é preciso avaliar (i) a permeabilidade do solo (e as distâncias de drenagem, que são as distâncias às faces drenantes da camada de argila que será solicitada) e (ii) a velocidade do carregamento. Alguns tipos de carregamento são relativamente rápidos, como no caso do enchimento de silos, passagem de veículos, ação do vento etc. Na Fig. 2.7 estão indicados - de forma esquemática - dois tipos de carregamento. A Fig. 2.7a mostra uma evolução das cargas típica de um edifício residencial ou de escritório, caso em que o peso próprio da obra é maior que as cargas de ocupação. A Fig. 2.7b mostra a evolução das cargas em um silo ou armazém, onde as cargas operacionais são elevadas em relação ao peso próprio e podem variar rapidamente (este é o caso, também, de pontes ferroviárias, por exemplo).

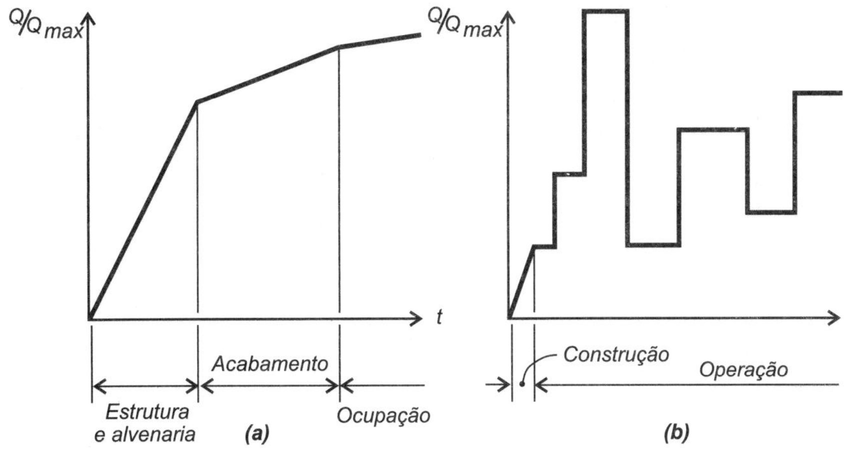

Fig. 2.7 *- Diagrama de carregamento (a) de um prédio residencial ou de escritório e (b) de um silo ou armazém*

2.5 DESLOCAMENTOS EM ESTRUTURAS E DANOS ASSOCIADOS

Toda fundação sofre deslocamentos verticais (recalques), horizontais e rotacionais em função das solicitações a que é submetida. Esses deslocamentos dependem do solo e da estrutura, isto é, resultam da *interação solo-estrutura*. Quando os valores desses deslocamentos ultrapassam certos limites, poder-se-á chegar ao colapso da estrutura pelo surgimento de esforços para os quais ela não está dimensionada. Pode-se dizer, assim, que os deslocamentos, conforme a sua magnitude, terão uma influência sobre a estrutura, que vai desde o surgimento de esforços não previstos até o colapso. Pela sua importância, o tema será detalhado e seguir-se-ão de perto as publicações do Institution of Structural Engineers (I.S.E., 1978, 1989).

Há dois procedimentos para o cálculo de uma estrutura: (i) a estrutura é calculada com a hipótese de que seus apoios – fundações – são indeslocáveis e os esforços assim obtidos são transmitidos ao projetista das fundações, que vai projetá-las de modo que seus inevitáveis deslocamentos sejam aceitáveis para a obra; (ii) o conjunto fundação-estrutura é calculado como um todo, levando-se em conta a interação que há entre a fundação e a estrutura.

O primeiro procedimento é o usual nos projetos correntes de pontes, edifícios etc., e os resultados obtidos são satisfatórios desde que os profissionais envolvidos tenham bom senso e competência. O segundo procedimento exige a utilização de um método de análise sofisticado, geralmente um método computacional. Há estruturas que exigem a consideração da interação solo-estrutura, como as estruturas hiperestáticas, para as quais se preveem recalques elevados, ou as estruturas não correntes de grande responsabilidade (plataformas *off-shore* e usinas nucleares, por exemplo). Em qualquer caso, não parece razoável utilizar um método de cálculo sofisticado com parâmetros dos solos que não representem a realidade.

De volta ao procedimento usual de cálculo, pelo que foi assinalado, é necessário conhecer, ainda que em ordem de grandeza, os *deslocamentos admissíveis*: aqueles que não prejudicam a *utilização* da obra. Na fixação de deslocamentos admissíveis são encontradas algumas dificuldades que podem ser resumidas no seguintes pontos (I.S.E., 1989):

- a utilização é subjetiva e depende tanto da função da obra como da reação dos usuários;
- as estruturas variam tanto entre si, seja no geral ou no detalhe, que é difícil estabelecer orientações gerais quanto aos deslocamentos admissíveis;

- as estruturas, inclusive as fundações, raramente se comportam como previsto, porque os materiais de construção apresentam propriedades diferentes das admitidas no projeto; além disso, uma análise "total" ou "global", incluindo terreno e alvenarias, seria extremamente complexa e conteria ainda hipóteses questionáveis;
- além de depender das cargas e dos recalques, os deslocamentos nas estruturas podem decorrer de outros fatores, tais como deformação lenta, retração e temperatura; no entanto, tem-se apenas um entendimento quantitativo desses fatores, e faltam medições cuidadosas do comportamento de estruturas reais.

2.5.1 Limites de utilização

É importante distinguir entre danos causados a elementos estruturais e danos causados a alvenarias e acabamentos. Os movimentos das fundações afetam a aparência visual, a função e a utilização, mas é essencial reconhecer que prejuízos de natureza puramente estética são menos importantes, e essa importância depende do tipo e da utilização da obra. A Tab.2.6 apresenta uma classificação de danos às paredes de edifícios de acordo com o seu uso.

O aparecimento de fissuras é sempre indício de que algo está acontecendo, embora elas nem sempre decorram de deslocamentos da estrutura. De qualquer forma, é aconselhável acompanhar sua evolução, medindo-se periodicamente as diagonais de um retângulo traçado de sorte a ser cortado pela fissura, ou por meio de um "fissurômetro" ou qualquer outro instrumento de medida de precisão.

Tab. 2.6 – Relação entre abertura de fissuras e danos em edifícios (Thornburn e Hutchinson, 1985)

Abertura da fissura (mm)	Intensidade dos danos			Efeito na estrutura e no uso do edifício
	Residencial	Comercial ou público	Industrial	
< 0,1	Insignificante	Insignificante	Insignificante	Nenhum
0,1 a 0,3	Muito leve	Muito leve	Insignificante	Nenhum
0,3 a 1	Leve	Leve	Muito leve	Apenas estética; deterioração acelerada do aspecto externo
1 a 2	Leve a moderada	Leve a moderada	Muito leve	
2 a 5	Moderada	Moderada	Leve	Utilização do edifício será afetada e, no limite superior, a estabilidade também pode estar em risco
5 a 15	Moderada a severa	Moderada a severa	Moderada	
15 a 25	Severa a muito severa	Severa a muito severa	Moderada a severa	
> 25	Muito severa a perigosa	Severa a perigosa	Severa a perigosa	Cresce o risco de a estrutura tornar-se perigosa

2.5.2 Definições de deslocamentos e deformações

Os deslocamentos que uma fundação isolada pode sofrer (considerando apenas um plano vertical x, z) estão mostrados na Fig. 2.8. Em geral, há uma preocupação maior com os deslocamentos verticais ou *recalques* da estrutura, designados por w na figura.

A seguir, apresentam-se algumas definições para deslocamentos e deformações de uma estrutura indicados na Fig. 2.9 (I.S.E., 1989).

a. *Recalque* (ver Fig. 2.9a), designado por w, implica que o deslocamento seja para baixo. Quando o deslocamento é para cima, é chamado de *levantamento* e designado por w_l.
b. *Recalque* (ou *levantamento*) *relativo* ou *diferencial*, designado por δw. Na Fig. 2.9a, o recalque de **C** em relação a **D** é designado por δw_{CD} e considerado positivo; o recalque de **D** em relação a **C** é designado por δw_{DC} e considerado negativo ($w_{CD} = - w_{DC}$). O recalque diferencial máximo é designado por $\delta w_{máx}$.

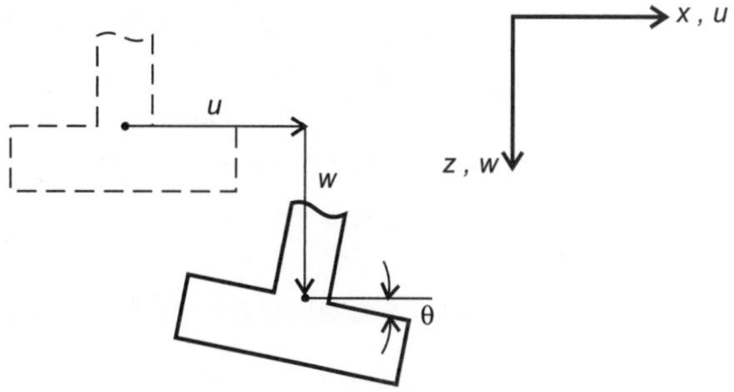

Fig. 2.8 *- Deslocamentos de uma fundação*

c. *Rotação*, designada por ϕ (ver Fig. 2.9a), é usada para descrever a variação da inclinação da reta que une dois pontos de referência da fundação.
d. *Desaprumo*, designado por ω (ver Fig. 2.9c), corresponde à rotação de uma estrutura rígida. Quando a estrutura se deforma, é mais difícil sua quantificação e, nesse caso, pode-se definir ω pelo recalque diferencial entre os extremos da obra dividido pela largura desta (na direção em estudo).
e. *Rotação relativa* (ou *distorção angular*), designada por β, corresponde à rotação da reta que une dois pontos de referência tomados para definir o desaprumo (ver Fig. 2.9c).
f. *Deformação angular*, designada por α. A Fig. 2.9a mostra que a deformação angular em **B** é dada por:

$$\alpha_B = \frac{\delta w_{BA}}{L_{BA}} + \frac{\delta w_{BC}}{L_{BC}} \tag{2.13}$$

A deformação angular é positiva se produz concavidade para cima, como em **B**. Note-se que, se o perfil deformado ao longo dos três pontos de referência **ABC** for suave, a curvatura média será dada por $2\alpha_B / L_{AC}$.

g. *Deflexão relativa*, designada por Δ (ver Fig. 2.9b), representa o deslocamento máximo em relação à reta que une dois pontos de referência afastados de L. Se a concavidade for para cima, Δ será positivo; caso contrário, Δ será negativo.
h. *Relação de deflexão*, designada por Δ/L. A convenção de sinal é a mesma de Δ. A relação de deflexão é idêntica à *deflexão relativa* de Polshin e Tokar (1957).

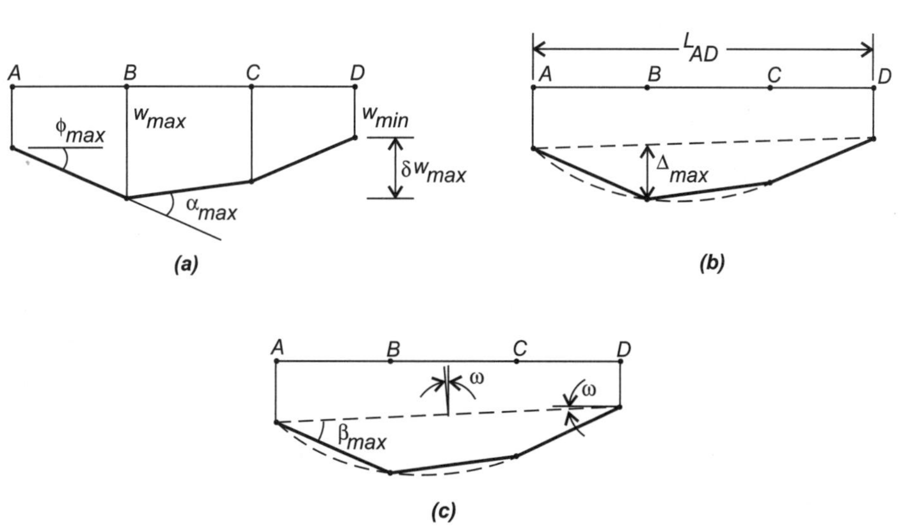

Fig. 2.9 *- Deslocamentos de uma estrutura (I.S.E., 1989)*

Numa edificação alta, o ângulo ω se manifesta mais claramente como um desaprumo, e numa edificação baixa, como um desnivelamento. Entre todos os parâmetros de deformação de uma obra aqui indicados, os mais avaliados em um projeto, na prática, são o recalque máximo, o ângulo de rotação ω, que indica o desaprumo/desnivelamento, e a distorção angular (ou rotação relativa) β máxima. Esses parâmetros precisam estar dentro de limites aceitáveis.

2.5.3 Deformações limites

Uma estrutura ou edificação pode deformar-se de um dos três principais modos mostrados na Fig. 2.10 ou numa combinação deles. No primeiro modo, ocorrem danos estéticos e funcionais – se os recalques forem muito grandes – e danos às ligações da estrutura com o exterior (tubulações de água, esgoto e outras; rampas, escadas, passarelas etc.). No segundo caso, ocorrem danos estéticos decorrentes do desaprumo (mais visível quanto mais alto o prédio) e danos funcionais decorrentes do desnivelamento de pisos etc. No último caso, além dos danos estéticos e funcionais mencionados nos dois casos anteriores, há também danos dessa mesma natureza decorrentes da fissuração, e há os danos estruturais.

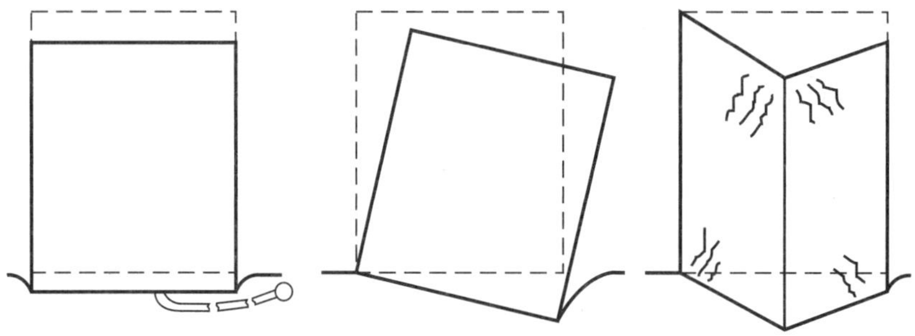

Fig. 2.10 - Principais modos de deformação de uma estrutura: (a) recalques uniformes; (b) recalques desuniformes sem distorção; (c) recalques desuniformes com distorção

O I.S.E. (1989) classifica as consequências dos deslocamentos das construções segundo:

- a aparência visual (estética);
- a utilização e a função;
- a estabilidade e os danos estruturais;

e propõe a fixação de deslocamentos e deformações limites em que esses três aspectos são considerados.

(a) Aparência visual

Deve-se considerar aqui:

i. *Movimentos relativos que provocam desaprumos e inclinações perceptíveis e antiestéticos.* Na fixação de valores limites, há a interveniência de fatores subjetivos. Por exemplo, os habitantes de Santos (SP) aceitam desaprumos de edifícios que dificilmente seriam aceitos em outro local. Em geral, desvios da vertical maiores que 1/250 são notados. Para peças horizontais, uma inclinação maior que 1/100 é visível, assim como uma relação de deflexão maior que 1/250.

ii. *Danos visíveis.* Para eliminar a influência de fatores subjetivos, sugere-se a classificação de danos segundo os critérios descritos na Tab. 2.7. Essa tabela preocupa-se apenas com o aspecto estético. Em situações em que a fissuração pode acarretar corrosão de armadura ou permitir a penetração ou fuga de líquidos ou gases, os critérios devem ser mais severos.

Tab. 2.7 – Classificação de danos visíveis em paredes conforme a facilidade de reparação (I.S.E., 1989)

Categoria do Dano	Danos Típicos	Largura aproximada da fissura (mm)
	Fissuras capilares com largura menor que 0,1 mm são classificadas como desprezíveis.	<0,1
1	Fissuras finas que podem ser tratadas facilmente durante o acabamento normal.	<1,0
2	Fissuras facilmente preenchidas. Um novo acabamento provavelmente é necessário. Externamente, pode haver infiltrações. Portas e janelas podem empenar ligeiramente.	<5,0
3	As fissuras podem ser reparadas por um pedreiro. Fissuras que reabrem podem ser mascaradas por um revestimento adequado. Portas e janelas podem empenar. Tubulações podem quebrar. A estanqueidade é frequentemente prejudicada.	5 a 15 ou um número de fissuras (por metro) > 3
4	Trabalho de reparação extensivo, envolvendo a substituição de panos de parede, especialmente sobre portas e janelas. Esquadrias de portas e janelas distorcidas; pisos e paredes inclinados visivelmente. Tubulações rompidas.	15 a 25 mas também função do número de fissuras
5	Essa categoria requer um serviço de reparação mais importante, envolvendo reconstrução parcial ou completa. Vigas perdem suporte; paredes inclinam perigosamente e exigem escoramento. Janelas quebram com distorção. Perigo de instabilidade.	Usualmente > 25, mas também função do número de fissuras

(b) Utilização e função

As deformações admissíveis dependem da utilização da construção: fissuras aceitas em um prédio industrial não são aceitas em um hospital ou escola, por exemplo. A função da estrutura, também, frequentemente determina a magnitude das deformações admissíveis: máquinas de precisão, elevadores e pontes rolantes exigem, para o seu bom funcionamento, que as deformações sejam bastante limitadas. É necessário, todavia, um certo questionamento em relação às exigências dos fabricantes e fornecedores desses equipamentos, pois frequentemente são exageradas e levam a projetos de fundações e de estrutura antieconômicos (ver, por exemplo, Peck, 1994).

(c) Estabilidade e danos estruturais

As limitações de deformações para atender aos aspectos abordados anteriormente em geral garantem a estabilidade da obra e a ausência de danos estruturais que possam comprometer a sua segurança. Entretanto, há exceções. Por exemplo, uma estrutura muito rígida pode tombar como um todo sem apresentar, previamente, fissuração apreciável.

2.5.4 Recalques diferenciais admissíveis

A quantificação das deformações admissíveis é feita, em geral, em termos de distorções angulares (β) ou de relações de deflexão (Δ/L), conforme o tipo de estrutura. As Tabs. 2.8 e 2.9 apresentam algumas indicações.

Tab. 2.8 – Valores limites da rotação relativa ou distorção angular β para edifícios estruturados e paredes portantes armadas (I.S.E., 1989)

	Skempton e MacDonald (1956)	Meyerhof (1956)	Polshin e Tokar (1957)	Bjerrum (1963)
Danos estruturais	1/150	1/250	1/200	1/150
Fissuras em paredes e divisórias	1/300 (porém, recomendado 1/500)	1/500	1/500 (0,7/1000 a 1/1000 em painéis extremos)	1/500

Tab. 2.9 – Valores limites da relação de deflexão Δ/L para a ocorrência de fissuras visíveis em paredes portantes não armadas (I.S.E., 1989)

Configuração	Meyerhof (1956)	Polshin e Tokar (1957)	Burland e Wroth (1975)
Côncava para cima	1/2500	L/H<3: 1/3500 a 1/2500 L/H<5: 1/2000 a 1/1500	L/H=1: 1/2500 L/H=5: 1/1250
Convexa para cima	–	–	L/H=1: 1/5000 L/H=5: 1/2500

Na Fig. 2.11 são apresentados os valores da distorção angular β e os danos associados sugeridos por Bjerrum (1963) e complementados por Vargas e Silva (1973).

2.5.5 Recalques limites

A determinação dos recalques limites está relacionada à das deformações limites. A experiência mostra que, salvo em casos especiais, há uma correspondência entre os dois grupos de parâmetros.

Skempton e MacDonald (1956) estabeleceram algumas correlações que estão sumariadas na Tab. 2.10. Grant et al. (1974) reavaliaram essas correlações, chegando aos valores colocados na mesma tabela, que é transcrita, em parte, do trabalho de Novais-Ferreira (1976).

2.5.6 Deformação de tração crítica

Os trabalhos de Skempton e MacDonald (1956) e de Grant et al. (1974) tratam o problema dos recalques e das distorções angulares admissíveis de um ponto de vista empírico. Burland e Wroth (1974), numa tentativa para dar ao mesmo problema uma base de cálculo, introduziram

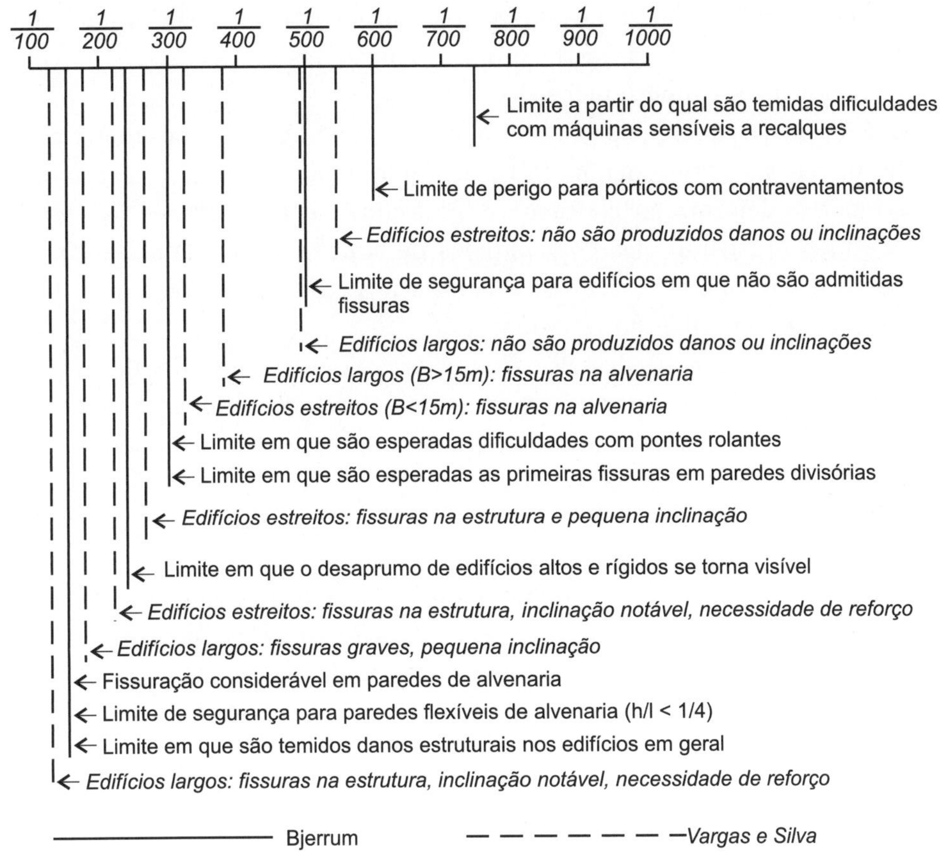

Fig. 2.11 *- Distorções angulares e danos associados*

Tab. 2.10 – Recalques máximos e distorções angulares ($w_{máx}$ = *1/R* ($\delta w/l$))

Solo			Fundações isoladas		*Radiers*	
			(polegada)	(cm)	(polegada)	(cm)
argilas	*1/R*	S	1000	2540	1250	3175
		G	1200	3050	1 a 1,1*B*	1 a 1,1*B*
	$w_{máx}$	S	3	7,6	4	10,2
areias	*1/R*	S	600	1524	750	1905
		G	600	1524	Valores são duvidosos	
	$w_{máx}$	S	2	5,1	2,5	6,4

S = Skempton e MacDonald (1956); G = Grant et al. (1974)

B = largura da fundação; *R* é uma relação empírica entre $\delta w/l$ e $w_{máx}$

o conceito de *deformação de tração crítica*, postulando que o aparecimento de uma fissura visível em um dado material pode ser associado a uma deformação de tração limite ou crítica (ε_{crit}). Essa deformação nada tem a ver com a que faz o material perder sua resistência à tração.

Esses autores adotaram em suas análises o valor ε_{lim} = 0,075. Eles apresentam como vantagens desse tratamento:

- Pode ser aplicado a estruturas complexas por meio de técnicas de análise de tensões bem estabelecidas.
- Torna explícito o fato de que os danos podem ser controlados dando-se atenção aos modos de deformação dentro da estrutura e à composição do edifício.

- O valor da deformação limite pode ser modificado para levar em conta os materiais utilizados e os estados limites de utilização prescritos.

Algumas conclusões importantes são:

- As deformações diferenciais limites dependem da fragilidade dos materiais utilizados, da relação comprimento/altura, da rigidez relativa à flexão e ao cisalhamento, do modo de deformação (concavidade para cima ou para baixo).
- Os edifícios estruturados com paredes de simples fechamento são capazes de suportar, sem danos apreciáveis, deformações relativas maiores que os edifícios com paredes portantes não armadas.
- Há uma carência de registros de casos históricos de estruturas danificadas. Assim, é perigoso estabelecer regras concernentes às deformações limites. É mais importante que os fatores básicos sejam identificados e apreciados pelos engenheiros.

2.5.7 Recalques totais limites

A fixação de recalques absolutos limites é mais difícil que a fixação de recalques diferenciais limites. A orientação que é dada a seguir (I.S.E., 1989) é válida apenas para casos de rotina para os quais o projetista julga não ser necessária uma análise mais profunda. Mantém-se o tratamento dado por Terzaghi e Peck (1948), separando-se as fundações em areias das fundações em argilas.

Areias - Para sapatas em areias, é pouco provável que o recalque diferencial seja maior que 75% do recalque máximo. Como a maioria das estruturas é capaz de resistir a um recalque diferencial de 20 mm, recomenda-se adotar um recalque absoluto limite de 25 mm. Para fundações em *radiers*, esse valor pode ser elevado para 50 mm. Skempton e MacDonald (1956) sugerem 40 mm para sapatas isoladas e 40 a 65 mm para *radiers*, partindo da fixação de um β limite igual a 1/500.

Argilas - Procedendo como no caso das areias, Skempton e MacDonald (1956) chegaram, para as fundações em argilas, a um recalque diferencial máximo de projeto da ordem de 40 mm. Daí decorrem os recalques absolutos limites de 65 mm para sapatas isoladas e de 65 a 100 mm para *radiers*. Essa proposição foi criticada por Terzaghi na discussão do trabalho de Skempton e MacDonald. Em I.S.E. (1989) faz-se uma análise cuidadosa com base nos dados mais recentes. A conclusão é que aqueles valores, sobretudo o recalque diferencial, são razoáveis como "limites de rotina". Entretanto, valores maiores podem ser aceitos.

2.5.8 Monitoração de recalques

A norma NBR 6122/2010 recomenda a verificação do desempenho das fundações por meio do monitoramento dos recalques, medidos na estrutura, sendo obrigatório nos seguintes casos:

i. estruturas nas quais a carga variável é significativa em relação à carga total, tais como silos e reservatórios;
ii. estruturas com mais de 60 m de altura em relação ao térreo;
iii. estruturas com relação altura-largura (menor dimensão) superior a 4;
iv. fundações ou estruturas não convencionais.

REFERÊNCIAS

AOKI, N. Probabilidade de falha e carga admissível de fundação por estacas. *Revista de Ciência e Tecnologia*, v. XIX, I.M.E., Rio de Janeiro, 2002.

BAIKIE, L. D., 1985, Total and partial factors of safety in Geotechnical Engineering, *Canadian Geotechnical Journal*, v. 22, p. 477-482, 1985.

BARATA, F. E. *Recalques de edifícios sobre fundações diretas em terrenos de compressibilidade rápida e com consideração da rigidez da estrutura*. Tese (Concurso para Professor-Titular) Escola de Engenharia, UFRJ, Rio de Janeiro, 1986.

BJERRUM, L. Interaction between structure and soil. In: EUROPEAN CONFERENCE ON SOIL MECHANICS AND FOUNDATION ENGINEERING, Wiesbaden, 1963. *Proceedings*... Wiesbaden: ECSMFE, 1963, p. 135-137.

BRINCH-HANSEN, J. The philosophy of foundations design: design criteria, safety factors and settlement limits, In: SYMPOSIUM ON BEARING CAPACITY AND SETTLEMENTS OF FOUNDATIONS, 1965, Durham. *Proceedings*... Durham: Duke University, 1965. p. 9-13.

BURLAND, J. B.; WROTH, C. P. Settlement of buildings and associated damage. State-of-the-Art Report, In: CONF. ON SETTLEMENT OF STRUCTURES, 1974, Cambridge. *Proceedings*... London: Pentech Press, 1974. p. 611-654.

BURLAND, J. B.; BROMS, B. B.; de MELLO, V. F. B. Behaviour of foundations and structures. State-of-the-Art Report. In: INTERNACIONAL CONFERENCE ON SOIL MECHANICS AND FOUNDATION ENGINEERING, 9., 1977. *Proceedings*... Tokio: Japanese Geotechnical Society, 1977.

FELD, J. The factor of safety in soil and rock mechanics. In: INTERNATIONAL CONFERENCE ON SOIL MECHANICS AND FOUNDATION ENGINEERING, 6. 1965, Montreal. *Proceeding*... Montreal: Internacional Conference on Soil Mechanicas and Foundation Engineering, 1965.

FLEMING, W. G. K. Limit states and partial factors in foundation design. *Proceedings of the Institution of Civil Engineers*, Nov. 1992. p. 185-191.

FREUDENTHAL, A. M. The safety of structures. *Transactions ASCE*, v. 112, 1947.

FREUDENTHAL, A. M. Safety and probabity of structural failure. *Transactions ASCE*, v. 121, 1956

FREUDENTHAL, A. M., GARRELTS, J. M.; SHINOSUKA, M. The analysis of structural safety. *Journal of Structural Division , ASCE*, v. 112, p. 267-325, 1966.

GRANT, R.; CHRISTIAN, J. T., VANMARCKE, E. H. differential settlements of buildings, *Journal of Structural Division, ASCE*, v. 100, p. 937-991, 1974.

HARR, M. E. *Probability-based design in Civil Engineering*. New York: Mc-Graw-Hill Book Co., 1987.

HUECKEL, S. Détermination du coefficient de sécurité dans le domain de la mécanique des sols et des fondations. *Annales de L'institut Technique du Bâtiment et des Travaux Publiques*, 1968, n. 245, 1968.

INSTITUTION OF STRUCTURAL ENGINEERS (I.S.E.) *Structure-soil interaction*. London, 1978. A State-of-the-Art Report.

INSTITUTION OF STRUCTURAL ENGINEERS (I.S.E.). *soil-structure interaction: the real behaviour of structures*. London, 1989.

LANGEJAN, A. Some aspects of the safety factor in soil mechanics as a problem of probability. In: INTERNATIONAL CONFERENCE ON SOIL MECHANICS AND FOUNDATION ENGINEERING, 6. Montreal, 1965. *Proceedings*... Montreal: International Conference on Soil Mechanics and Foundation Engineering, 1965.

LUMB, P., 1970, safety factors and the probability distribution in soil strength. *Canadian Geotechnical Journal*, v. 7, n. 3, 1970.

MEYERHOF, G. G. Safety factors in soil mechanics. *Canadian Geotechnical Journal*, v. 7, n. 4, 1970.

MEYERHOF, G. G. Safety factors and limit state analysis in Geotechnical Engineering, *Canadian Geotechnical Journal*, v. 21, 1984.

NASCIMENTO, U; FALCÃO, C. B. Segurança e coeficiente de segurança em Geotecnia. *Geotecnia*, Lisboa, n. 1, 1971.

PECK, R. B. Use and abuse of settlement analysis. Invited Lecture. In: ASCE, Vertical and Horizontal Deformations of Foundations and Embankments. *Geotechnical Special Publication*, v. 1, n. 40, 1994.

POLSHIN, D. E.; TOKAR, R. A. Maximum allowable non-uniform settlement of structures. In: INTERNATIONAL CONFERENCE ON SOIL MECHANICS AND FOUNDATION ENGINEERING, 4., 1957, London. Proceedings... London: International Conference on Soil Mechanics and Foundation Engineering, 1957. p. 402-405.

SKEMPTON, A. W.; MAcDONALD, D. H. Allowable settlement of buildings. *Proceedings of the Institution of Civil Engineers*. London : 1956. v. 5. p. 727-784.

SMITH, G. N. *Probability and statistics in Civil Engineering: an introduction*. London: W. Collins Sons & Co. Ltd., 1986.

TERZAGHI, K.; PECK R. B. *Soil mechanics in engineering practice*. 2 ed. New York: John Wiley & Sons, 1967.

THORNBURN, S.; HUTCHINSON, J. F. *Underpinning*. london: Surrey University Press, 1985.

TSCHEBOTARIOFF, G. P. *Foundation, retaining and earth structures*. 2 ed. New York: MacGraw-Hill, 1973.

VANMARCKE, E. H. Probabilistic modeling of soil profiles. *Journal Geotechnical Engineering Division, ASCE*, v. 103, n. 11, p. 1227-1246, 1977.

VARGAS, M.; SILVA, F. R. O problema das fundações de edifícios altos: experiência em São Paulo e Santos. In: CONFERENCIA REGIONAL SUL-AMERICANA SOBRE EDIFÍCIOS ALTOS, Porto Alegre, 1973. *Anais*. Porto Alegre: Conferencia Regional Sul-Americana sobre Edifícios Altos, 1973.

VELLOSO, D. A. *Ainda sobre a Segurança nas Fundações*. Ciclo de Palestras sobre Engenharia de Fundações, ABMS. Recife, Núcleo Regional do Nordeste, 1987.

VESIC, A. S. Bearing capacity of shallow foundations. In: WINTERKORN, H. F.; FANG, H. Y. (Eds.). *Foundation Engineering Handbook*, New York: Van Nostrand Reinhold Co., 1975. p. 121-147.

WU, T. H. Uncertainty, safety and decision in soil engineering. *Journal Geotechnical Engineering Division, ASCE*, v. 100, n 3, p. 329-348, 1974.

WU, T. H.; KRAFT, L. M. The probability of foundation safety. *Journal Soil Mechanics and Foundations Division, ASCE*, v. 93, n. SM5, p. 213-231, 1967.

Capítulo 3

INVESTIGAÇÃO DO SUBSOLO

Neste capítulo serão apresentados, sumariamente, os principais processos de investigação do subsolo para fins de projeto de fundação para estruturas, juntamente com as informações que podem ser obtidas desses processos.

3.1 O PROGRAMA DE INVESTIGAÇÃO

O projetista de fundações deve se envolver com o processo de investigação do subsolo desde seu início. Infelizmente, na prática, isso frequentemente não acontece, e ao projetista é entregue, junto com informações sobre a estrutura para a qual deve projetar fundações, um conjunto de sondagens. Nesse caso, e havendo dúvidas que impeçam o desenvolvimento do projeto, essas sondagens devem ser consideradas uma investigação preliminar, e uma investigação complementar deve ser solicitada.

O primeiro passo para uma investigação adequada do subsolo é a definição de um programa, que irá. definir as etapas da investigação e os objetivos a serem alcançados. As etapas são:

a. investigação preliminar;
b. investigação complementar ou de projeto;
c. investigação para a fase de execução.

Na investigação preliminar objetiva-se conhecer as principais características do subsolo. Nesta fase, em geral, são executadas apenas sondagens a percussão, salvo nos casos em que se sabe *a priori* da ocorrência de blocos de rocha que precisam ser ultrapassados na investigação, quando, então, solicitam-se sondagens mistas. O espaçamento ou a "malha" de sondagens é geralmente regular (por exemplo, 1 furo a cada 15 ou 20 m), e a profundidade das sondagens deve procurar caracterizar o embasamento rochoso.

Na investigação complementar, procuram-se esclarecer as feições relevantes do subsolo e caracterizar as propriedades dos solos mais importantes do ponto de vista do comportamento das fundações. Se antes desta fase já se tiver escolhido o tipo de fundação a ser adotado, questões executivas também podem ser esclarecidas. Nesta fase, são executadas mais algumas sondagens, fazendo com que o total atenda às exigências de normas, e, eventualmente, realizando-se sondagens mistas ou especiais para a retirada de amostras indeformadas, se forem necessárias. Nesta etapa, são realizados alguns ensaios *in situ* - além do ensaio de penetração dinâmica (*SPT*) que é executado nas sondagens a percussão -, como ensaios de cone (*CPT*), de placa etc. As amostras indeformadas podem ser utilizadas em ensaios em laboratório, os quais devem ser especificados e acompanhados pelo projetista.

A investigação para a fase de execução deve ser indicada também pelo projetista e poderá ser ampliada pelo responsável pela execução da obra. Ela visa confirmar as condições de projeto em áreas criticas da obra, assim consideradas pela responsabilidade das fundações (exemplo típico: pilares de pontes) ou pela grande variação dos solos na obra. Outra necessidade de investigação na fase de obra pode vir da dificuldade de executar o tipo de fundação previsto. Em qualquer dos casos, o projetista deve acompanhar as investigações desta fase ou, pelo menos, ser colocado a par dos resultados.

Para a definição de um programa de investigação, o projetista deve ter em mãos (ver item 2.2):

- a planta do terreno (levantamento planialtimétrico);
- os dados sobre a estrutura a ser construída e sobre vizinhos que possam ser afetados pela obra;
- informações geológico-geotécnicas disponíveis sobre a área (plantas, publicações técnicas etc.);
- normas e códigos de obras locais.

De posse dessas informações, o projetista deve visitar o local da obra, preferivelmente com o responsável pela execução das investigações, com quem deverá manter uma relação técnica próxima. Neste ponto, menciona-se a questão da idoneidade da firma executora das sondagens. Frequentemente a escolha da firma executora das investigações é feita pelo proprietário da obra com base no menor preço. Neste caso, cabe ao projetista estabelecer um padrão mínimo de qualidade para as investigações (além do que estabelecem as normas). É importante observar que o custo dessas investigações é uma fração muito pequena do custo da obra.

Na visita ao local da obra, o projetista deverá anotar na planta feições geológico-geotécnicas importantes, tais como afloramentos de rocha, taludes, erosões etc. Fotografias são muito úteis para registrar essas feições.

Após a fase preliminar, o projetista já deverá ter alguma idéia do tipo (ou tipos) de fundação possível(eis) para a obra e programar a investigação complementar. Se o embasamento estiver bem caracterizado, as novas sondagens poderão parar em profundidades nas quais as tensões impostas pelas fundações são muito pequenas em comparação com as tensões geostáticas (tensões devidas ao peso próprio do terreno), desde que nessas profundidades não ocorram solos fracos. A norma NBR 8036 (antiga NB 12) dá maiores detalhes sobre como calcular essua profundidade mínima. De qualquer forma, as sondagens não poderão parar antes da profundidade prevista para as fundações. No caso de edifícios, o total de sondagens deverá atender ao mínimo da norma NBR 8036: 1 furo a cada 200 m^2 de projeção do edifício e um mínimo de 3 sondagens na obra.

Na ocorrência de solos argilosos moles abaixo de cotas previstas para as fundações, amostras indeformadas[1] podem ser retiradas para ensaios em laboratório (determinação de umidade natural, caracterização, ensaios de compressão simples e/ou triaxial, de adensamento oedométrico etc.).

3.2 PROCESSOS DE INVESTIGAÇÃO DO SUBSOLO

Os principais processos de investigação do subsolo para fins de projeto de fundações de estruturas são:

a. Poços;
b. Sondagens a trado;
c. Sondagens a percussão com *SPT*;

1. Chama-se *amostra indeformada* a amostra retirada por processo que procura preservar o volume, a estrutura e a umidade do solo; as tensões são, naturalmente, aliviadas e deverão ser recompostas no laboratório.

d. Sondagens rotativas;
e. Sondagens mistas;
f. Ensaio de cone (*CPT*);
g. Ensaio pressiométrico (*PMT*).

Do ponto de vista de fundações para estruturas, somente em casos excepcionais é usado o ensaio de palheta (*vane test*), uma vez que ele é indicado para argilas moles. O ensaio de dilatômetro (*DMT*), que pode ser feito em diferentes materiais, fornece um interessante conjunto de parâmetros de projeto, mas tem seu uso ainda limitado no Brasil. Ainda, métodos geofísicos (sísmica de refração, sísmica de reflexão, resistividade elétrica e georradar) são normalmente usados em obras extensas ou como complemento aos métodos convencionais relacionados anteriormente. Pode ser considerado, ainda, como método de investigação, o ensaio ou prova de carga em placa. Este tipo de ensaio é descrito no Cap. 5, que trata da previsão de recalques de fundações superficiais.

3.2.1 Poços e sondagens a trado

Os poços são escavações manuais, geralmente não escoradas, que avançam até que se encontre o nível d'água ou até onde for estável. Os poços permitem um exame do solo nas paredes e no fundo da escavação, e a retirada de amostras indeformadas tipo bloco ou em anéis. Esse tipo de investigação está normalizado pela NBR 9604.

As sondagens a trado são perfurações executadas com um dos tipos de trado manuais mostrados na Fig. 3.1. A profundidade também está limitada à profundidade do nível d'água, e as amostras retiradas são deformadas. Esse tipo de investigação está normalizado pela NBR 9603.

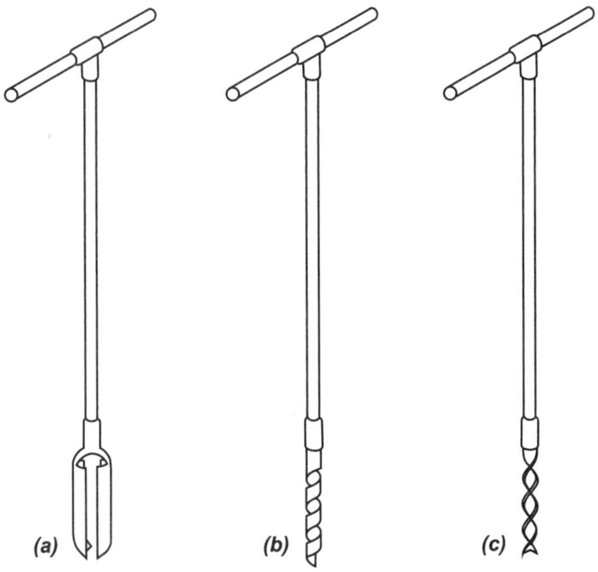

Fig. 3.1 *- Trados manuais mais utilizados: tipo (a) cavadeira, (b) espiral ou 'torcido' e (c) helicoidal*

3.2.2 Sondagens a percussão

As sondagens a percussão são perfurações capazes de ultrapassar o nível d'água e atravessar solos relativamente compactos ou duros. O furo é revestido se se apresentar instável; caso se apresente estável, a perfuração pode prosseguir sem revestimento, eventualmente adicionando-se um pouco de bentonita à água. A perfuração avança na medida em que o solo, desagregado com auxílio de um trépano, é removido por circulação de água (*lavagem*).

O equipamento de sondagem está mostrado na Fig. 3.2. Na Fig. 3.2a, vê-se o processo de perfuração, interrompido a cada metro, quando é feito um ensaio de penetração dinâmica (*Standard Penetration Test* ou *SPT*), mostrado na Fig. 3.2b.

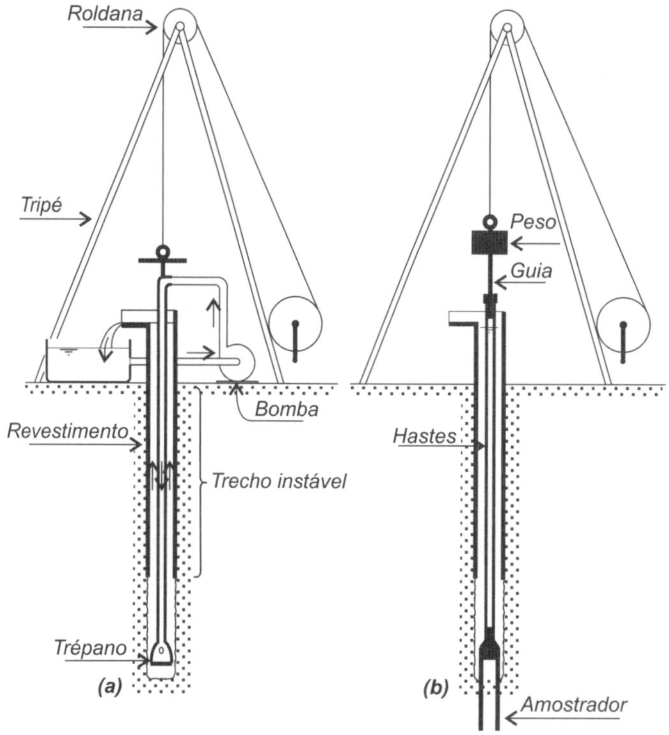

Fig. 3.2 *- Etapas na execução de sondagem a percussão: (a) avanço da sondagem por desagregação e lavagem; (b) ensaio de penetração dinâmica (SPT)*

As sondagens a percussão não ultrapassam, naturalmente, matacões e blocos de rocha (e são detidas às vezes por pedregulhos) e têm dificuldade de atravessar saprólitos (solos residuais jovens) muito compactos ou alterações de rocha. No caso de se encontrar grande dificuldade de perfuração, a sondagem é suspensa (ver Norma NBR 6484, para critérios para paralisação da sondagem).

O ensaio de penetração dinâmica (SPT), normalizado pela NBR 6484, é realizado a cada metro na sondagem a percussão (e também na mista, nas camadas de solo). O ensaio consiste na cravação de um amostrador normalizado, chamado originalmente de *Raymond-Terzaghi* (Fig. 3.3a), por meio de golpes de um peso de 65 kgf caindo de 75 cm de altura. Anota-se o número de golpes necessários para cravar os 45 cm do amostrador em 3 conjuntos de golpes para cada 15 cm. O resultado do ensaio SPT é o número de golpes necessário para cravar os 30 cm finais (desprezando-se, portanto, os primeiros 15 cm, embora o número de golpes para essa penetração seja também fornecido).

A amostra retirada com o amostrador *Raymond-Terzaghi* é deformada. Quando é necessário retirar amostras indeformadas para ensaio de laboratório, são empregados amostradores especiais . No caso de argilas, pode-se usar o amostrador com tubo de parede fina, conhecido como *Shelby*[2] , mostrado na Fig. 3.3b. A amostra é retida no amostrador graças à válvula de esfera; um sistema alternativo para retenção da amostra, que consiste no uso de pistão, pode ser

2. O termo *Shelby* se deve à denominação dos tubos para gás, originalmente utilizados na confecção deste amostrador nos EUA.

visto na Fig. 3.3c. Esses dois últimos amostradores são cravados estaticamente (prensados). A norma de amostragem NBR 9820 recomenda um diâmetro mínimo do amostrador de 100 mm (4") e, em casos excepcionais, aceita um diâmetro de 76,2 mm (3"). Assim, quando se faz uso de um amostrador Shelby, o revestimento padrão de 2 1/2" não serve mais, e a sondagem precisa ter revestimento de maior diâmetro (6" ou excepcionalmente 4"). No caso de solos muito resistentes (p. ex., saprólitos), pode-se usar o amostrador *Denison* (Fig. 3.3d), que requer processo rotativo.

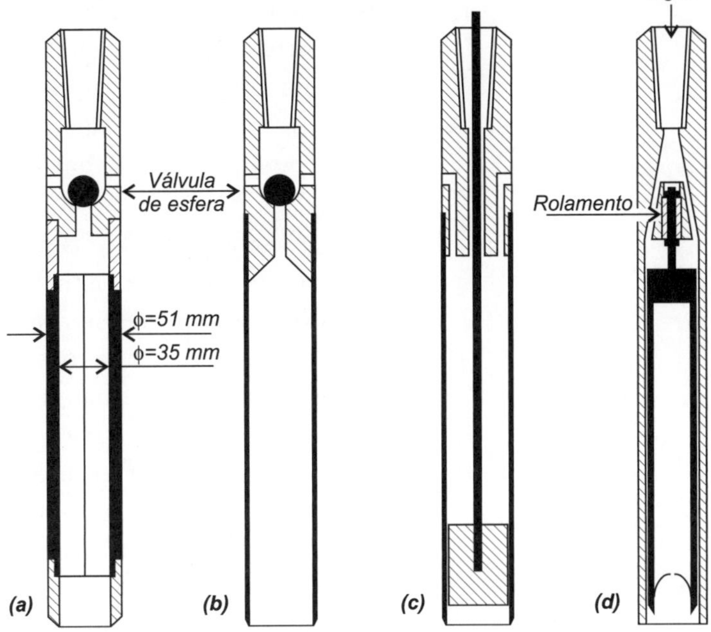

Fig. 3.3 - *Amostradores para solos (esquematicamente representados): (a) Raymond-Terzaghi (usado no SPT), (b) de parede fina ou "Shelby" comum, (c) de parede fina de pistão e (d) Denison*

Outras informações muito importantes fornecidas pela sondagem são as condições da água subterrânea. Inicialmente deve-se perfurar o terreno com trado até que se encontre água, para que se faça uma determinação da profundidade do *nível d'água freático* não influenciada pela sondagem. Quando se passa ao processo de circulação de água, devem-se anotar as profundidades onde ocorrem elevações no nível d'água no revestimento, o que indica artesianismo ou perdas d'água. Terminada a sondagem e retirado o revestimento, o nível d'água deve ser observado até que se estabilize (ou num período mínimo de 24 horas). Quando se deseja conhecer com mais precisão o nível piezométrico de uma dada camada, pode-se aproveitar o furo de sondagem para instalar um *piezômetro* (Fig. 3.4a). Para se conhecer com mais precisão o nível freático (quando este varia com o tempo ou com o regime de chuvas, p. ex.), pode-se aproveitar o furo de sondagem para instalar um *medidor de nível d'água*, mostrado na Fig. 3.4b (ou mesmo executar um poço).

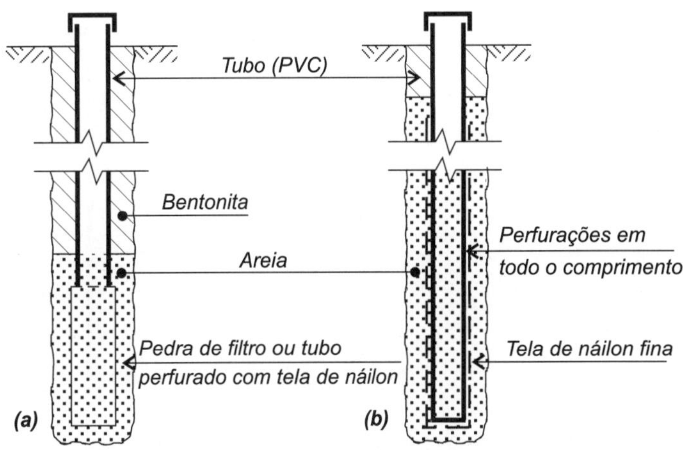

Fig. 3.4 - *(a) Piezômetro e (b) medidor de nível d'água*

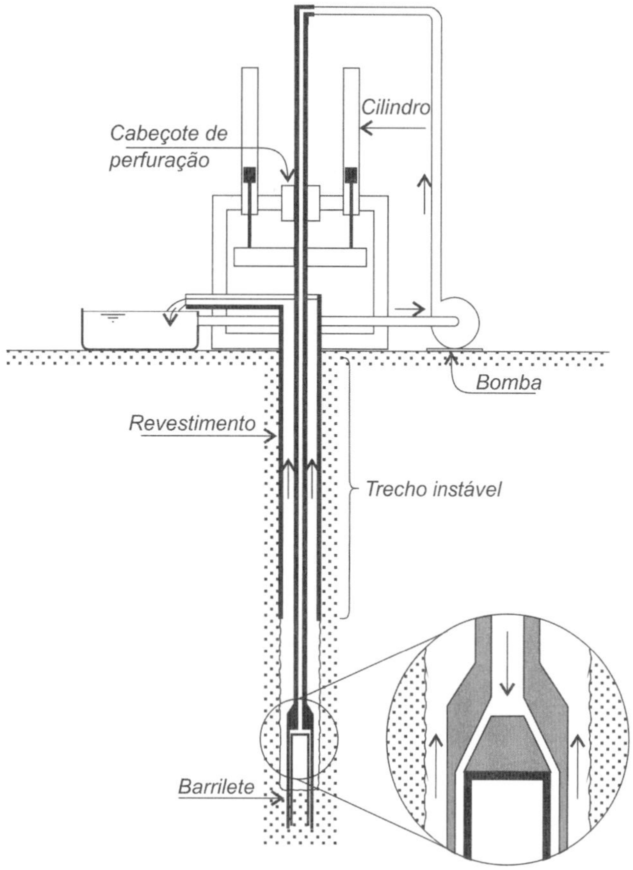

Fig. 3.5 - Esquema de funcionamento de sonda rotativa

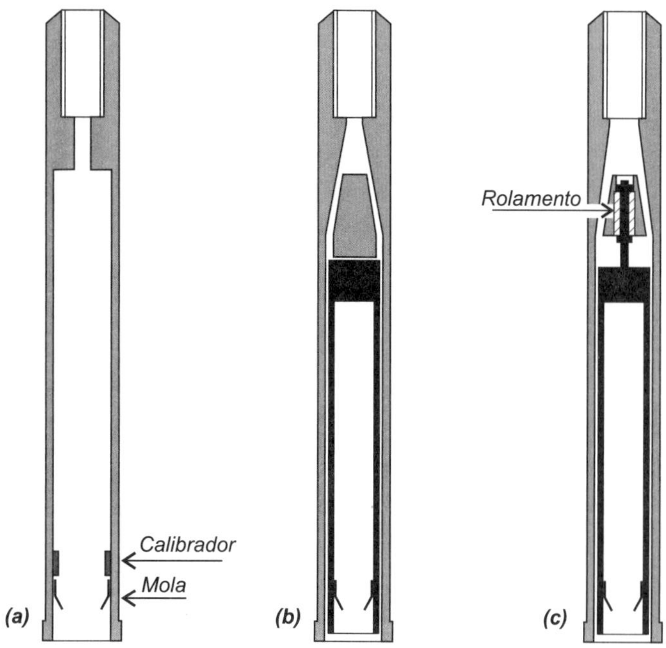

Fig. 3.6 - Amostradores para rochas (esquematicamente representados): (a) barrilete simples, (b) barrilete duplo e (c) barrilete duplo giratório

3.2.3 Sondagens rotativas e mistas

Na ocorrência de elementos de rocha que precisem ser ultrapassados no processo de investigação (caso de matacões ou blocos), ou que precisem ser caracterizados, utilizam-se as sondagens rotativas. Na Fig. 3.5, apresenta-se esquematicamente o processo de perfuração, que consiste basicamente em fazer girar as hastes (pelo cabeçote de perfuração) e em forçá-las para baixo (em geral, por um sistema hidráulico). No topo das hastes, há um acoplamento que permite a ligação da mangueira de água com as hastes que estão girando.

As sondagens mistas são uma combinação de um equipamento de sondagem rotativa (mesmo processo mostrado na Fig. 3.5) com um equipamento de sondagem a percussão (para SPT). Na sondagem mista, nos materiais que podem ser sondados a percussão, deve-se usar este processo (com execução de SPT), exceto quando se deseja retirar uma amostra com o amostrador Denison.

Durante o processo de sondagem rotativa, é utilizada ferramenta tubular chamada *barrilete* (do inglês *barrel*), para corte e retirada de amostras de rocha (chamadas de *testemunho*). Essas ferramentas têm em sua extremidade inferior uma coroa, que pode ter pastilhas de tungstênio (*wídia*) ou diamantes. A ferramenta completa de corte e amostragem é, assim, composta de (i) coroa, (ii) calibrador com mola retentora e (iii) barrilete (Fig. 3.6). O barrilete pode ser *simples, duplo rígido* ou *duplo giratório* (Fig. 3.6).

As sondagens rotativas são executadas em cinco diâmetros básicos (EX, AX, BX, NX, HX), indicados na Tab. 3.1. Esses diâmetros foram concebidos de tal maneira que, na impossibilidade de se avançar em um determinado diâmetro, a perfuração pode prosseguir no diâmetro imediatamente inferior.

A qualidade da amostra depende do tipo e diâmetro do amostrador utilizado, sendo preferíveis os barriletes duplos (se possível, giratórios). É preciso ter isso em mente, uma vez que uma indicação da qualidade da rocha é a percentagem de recuperação de amostra na sondagem (que é a razão - expressa em percentagem - entre o comprimento da amostra recuperada e o comprimento de perfuração). Assim, é importante que, junto com a percentagem de recuperação, seja informado o tipo e o diâmetro do amostrador utilizado. Essa percentagem de recuperação depende também do estado da coroa e da fixação da sonda, o que mostra que ela é função da qualidade da sondagem.

Tab. 3.1 - Diâmetros de perfuração em rocha

	Diâmetro da coroa (pol.; mm)	Diâm. testemunho (mm)
EX	1,47 ; 37,3	21
AX	1,88 ; 47,6	30
BX	2,35 ; 59,5	41
NX	2,97 ; 75,3	54
HX	3,89 ; 98,8	76

Uma melhor indicação da qualidade da rocha é o *RQD* (*Rock Quality Designation*), que consiste num cálculo de porcentagem de recuperação em que apenas os fragmentos maiores que 10 cm são considerados. Na determinação do *RQD*, apenas barriletes duplos com diâmetro NX (75,3 mm) ou maior podem ser utilizados. A classificação da rocha de acordo com o *RQD* está na Tab. 3.2.

Tab. 3.2 - Índice de qualidade da rocha - RQD

RQD	Qualidade do Maciço Rochoso
0 - 25%	Muito fraco
25 - 50%	Fraco
50 - 75%	Regular
75 - 90%	Bom
90 - 100%	Excelente

Mais detalhes sobre sondagens rotativas e mistas podem ser encontrados em Lima (1979).

3.2.4 Ensaio de cone (CPT)

Originalmente desenvolvido na Holanda na década de 1930 para investigar solos moles (e também estratos arenosos onde se apoiariam estacas), o ensaio de cone (CPT) se difundiu no mundo todo graças à qualidade de suas informações. Esse ensaio recebeu várias denominações, como "ensaio de penetração estática" (devido à sua forma de cravação), "ensaio de penetração contínua" (devido ao fato de fornecer informações quase contínuas nos cones mecânicos e realmente contínuas nos cones elétricos), ou *diepsondering* (termo dado a esse tipo de ensaio na Holanda). (Para uma revisão histórica deste ensaio, ver Danziger, 1994.)

O ensaio consiste basicamente na cravação a velocidade lenta e constante (dita "estática" ou "quase estática") de uma haste com ponta cônica, medindo-se a resistência encontrada na ponta e a resistência por atrito lateral (Fig. 3.7a).

No primeiro sistema desenvolvido, o atrito era medido em toda a haste, tendo esse cone - hoje em desuso - sido conhecido como "cone de Delft" ou "de Plantema" (Fig. 3.8a). Posteriormente, desenvolveu-se um cone com uma luva de atrito - conhecido como cone "de Vermeiden" ou "de Begemann" - , que avança primeiramente a ponta e depois a luva, para medição alternada da resistência de ponta, q_c, e do atrito lateral local, τ_c ou f_s (ver Fig. 3.8b). Nesses dois sistemas, as cargas (e daí as tensões) são geralmente medidas por sistemas mecânicos (ou hidráulicos) na superfície, daí serem chamados de "cones mecânicos".

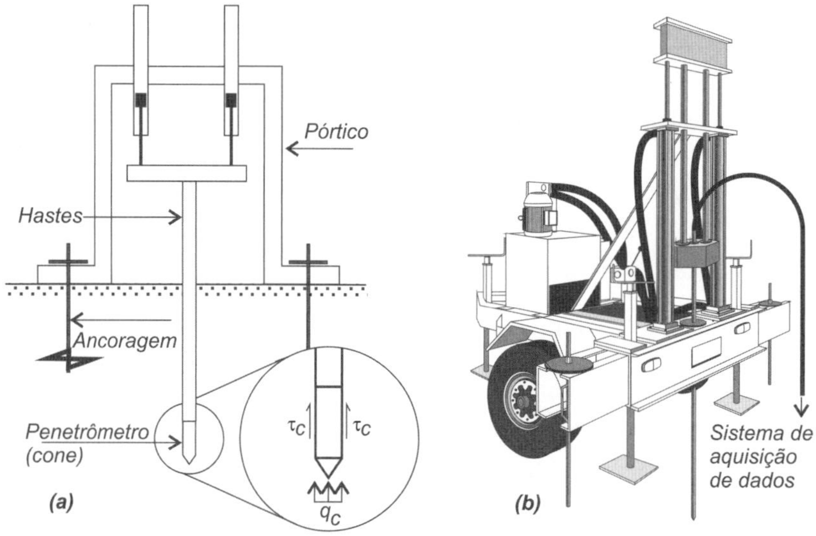

Fig. 3.7 *- Ensaio CPT: (a) princípio de funcionamento e (b) vista de um equipamento (desenvolvido pela COPPE-UFRJ juntamente com a GROM - Automação e Sensores)*

A partir da década de 1970, desenvolveu-se um sistema de medição da resistência de ponta e do atrito lateral local através de células de carga elétricas (locais), passando esses tipos de cones a ser conhecidos como "cones elétricos" . Na Fig. 3.8c, está representado um cone elétrico da FUGRO *"tipo subtração"*, assim denominado porque a segunda célula de carga mede a resistência lateral juntamente com a resistência de ponta, fazendo com que aquela seja obtida por subtração do valor medido na primeira célula de carga. Logo em seguida, introduziu-se um transdutor (medidor) de pressão da água (associado a um elemento poroso) colocado geralmente próximo à ponta do cone para medição de poro-pressões durante o ensaio. Este último tipo de cone passou a ser chamado "piezocone", e a sigla do ensaio que o emprega passou para CPTU. Na Fig. 3.8d, vê-se um piezocone desenvolvido na COPPE-UFRJ nos anos 1980.

Desde os cones mecânicos tem-se procurado normalizar a velocidade de cravação (inicialmente 1 cm/s e atualmente 2 cm/s), a área da ponta do cone em $10cm^2$ e o ângulo da ponta em 60°. Esse ensaio é normalizado no Brasil pela NBR 12069.

Um resultado típico desse ensaio é mostrado na Fig. 3.9. No primeiro gráfico, é apresentado um perfil de resistência de ponta e de atrito lateral local. O segundo gráfico apresenta a razão entre o atrito lateral local e a resistência de ponta, $R = \tau_c / q_c$, que dá uma indicação do tipo de solo atravessado. O terceiro gráfico apresenta poropressões medidas no ensaio - o que é possível quando se utiliza um piezocone -, podendo-se observar que nas areias a poropressão é próxima da hidrostática, enquanto nas argilas há um excesso de poropressão gerado na cravação do cone.

Quando se está atravessando uma camada de argila, pode-se parar a cravação e observar a velocidade de dissipação do excesso de poropressão, operação conhecida como *ensaio de dissipação*; e sua interpretação fornece o coeficiente de adensamento horizontal, c_h.

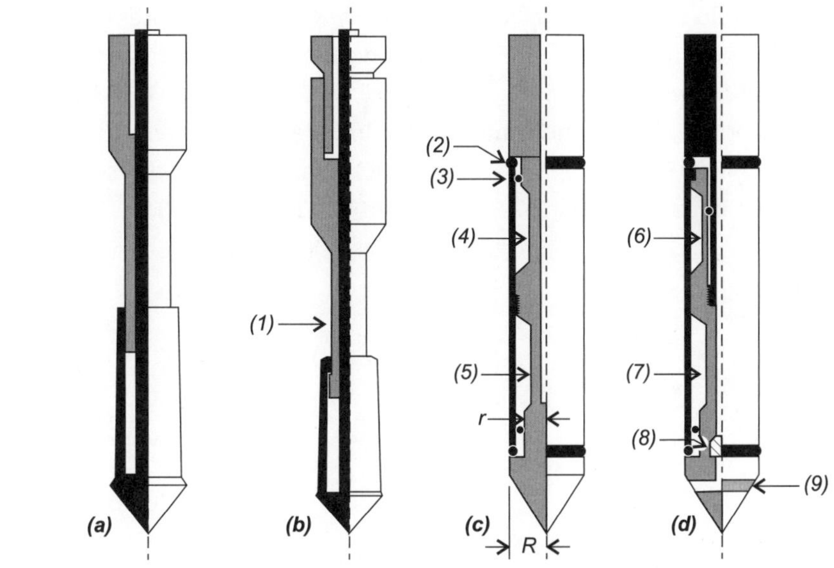

Fig. 3.8 *- Penetrômetros para CPT: (a) de Delft; (b) Begemann; (c) cone elétrico (FUGRO - tipo subtração); (d) piezocone (COPPE-UFRJ Modelo 2). Estão indicados: (1) luva de atrito; (2) anel de vedação de solo; (3) idem, de água; (4) célula de carga total; (5) idem, de ponta; (6) idem, de atrito; (7) idem, de ponta; (8) transdutor (medidor) de poropressão; (9) elemento poroso*

Neste ensaio, não são retiradas amostras dos solos atravessados e, por isso, é recomendável que este tipo de investigação seja associado a sondagens a percussão (com retirada de amostras para classificação tátil-visual).

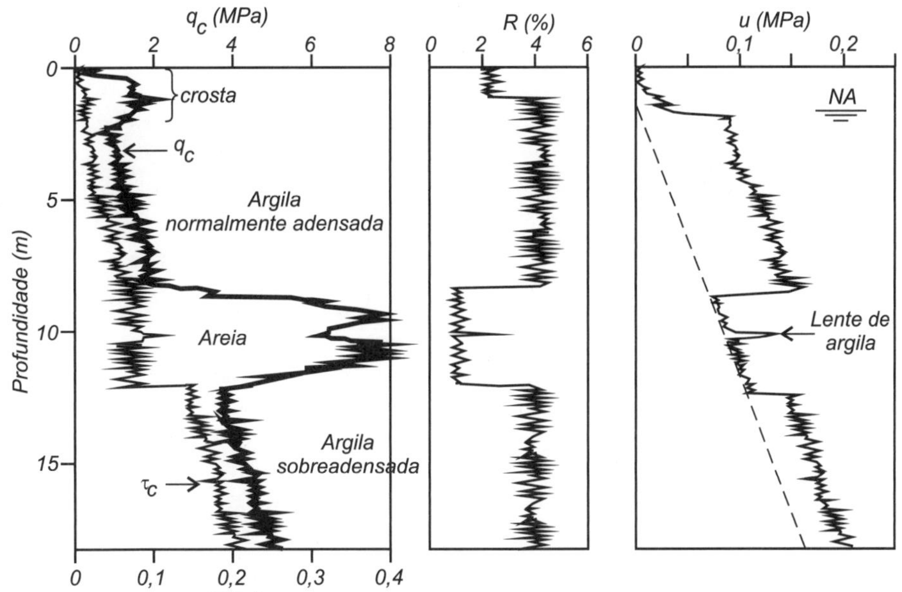

Fig. 3.9 *- Resultado de um ensaio CPTU (realizado com piezocone)*

3.2.5 Ensaio pressiométrico (PMT)

O ensaio pressiométrico consiste na expansão de uma sonda ou célula cilíndrica instalada em um furo executado no terreno. A célula, normalmente de borracha, expande-se com a injeção de água pressurizada, e a sua variação de volume é medida na superfície do terreno juntamente com a pressão aplicada (Fig. 3.10a). Essa é a descrição do pressiômetro Ménard, desenvolvido na década de 50 (Ménard, 1957). Posteriormente, na década de 70, desenvolveu-se o *pressiômetro autoperfurante*, com uma versão do LCPC da França (Fig. 3.10b) e outra da Universidade de Cambridge, esta denominada inicialmente *Camkometer* (de *Cambridge K_o meter*) e atualmente *Self Boring Pressuremeter* (Fig. 3.10c). Uma descrição das sondas autoperfurantes pode ser vista em Baguelin et al. (1972, 1974) e Wroth e Huges (1973).

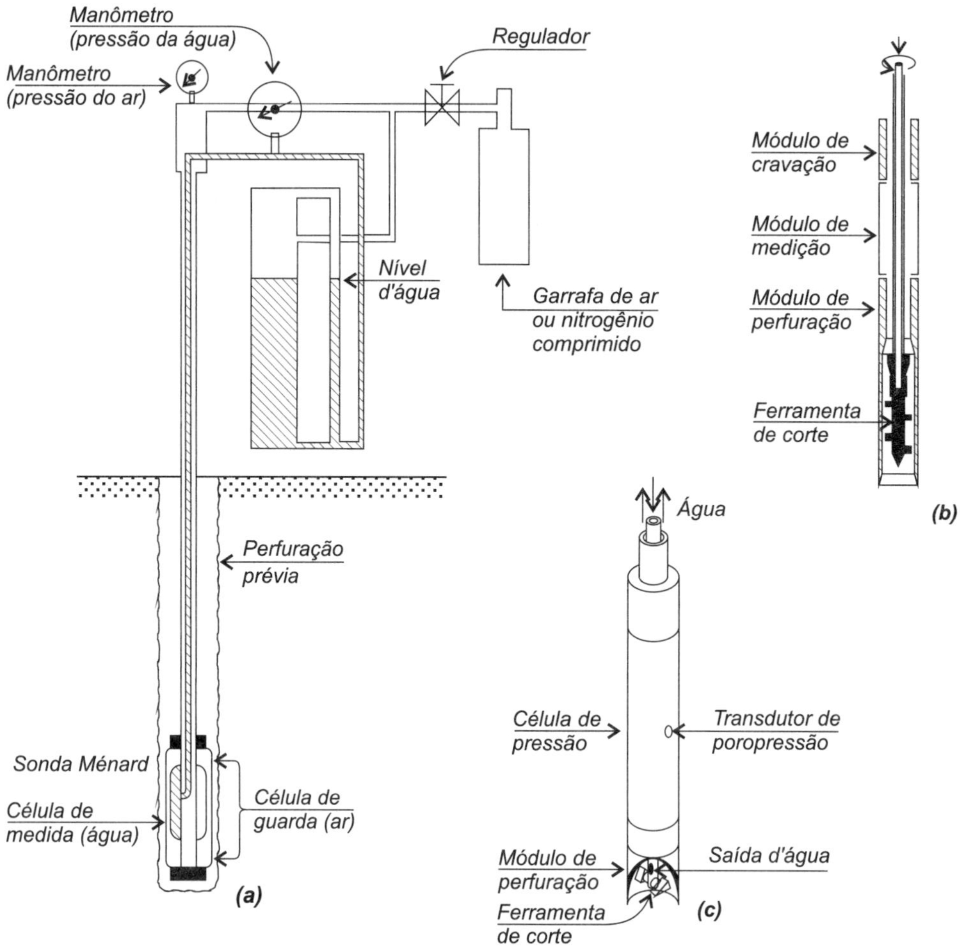

Fig. 3.10 - *Ensaio PMT: (a) princípio de execução (com sonda tipo Ménard), (b) sonda autoperfurante tipo LCPC e (c) idem, tipo Camkometer*

Um resultado típico do ensaio é apresentado na Fig. 3.11, que tem os seguintes trechos :

a. trecho de recompressão (0-A);
b. trecho aproximadamente elástico linear (A-B);
c. trecho elastoplástico (B-C).

A interpretação do ensaio fornece dados sobre:

a. o estado de tensões iniciais: a tensão horizontal, σ_h (ou σ'_h), e o coeficiente de empuxo no repouso, K_o, podem ser obtidos a partir da pressão p_o no ponto A do ensaio (levando-se em conta as pressões de água abaixo do NA, se for o caso);
b. propriedades de deformação (elásticas) do solo: o Módulo de Young pressiométrico, E, e o módulo cisalhante, G, podem ser obtidos por interpretação do trecho A-B,

fazendo-se uso da solução da Teoria da Elasticidade para expansão de cavidade cilíndrica:

$$G = \frac{E}{2(1+v)} = V_m \frac{\Delta p}{\Delta v} \quad (3.1)$$

onde:

V_m = volume médio da sonda, que vale $V_m = [V_o + (V_o + \Delta v)]/2$;

Δp = variação de pressão;

Δv = variação de volume;

c. a resistência do solo: a resistência não drenada de argilas saturadas, S_u, pode ser obtida a partir da pressão limite (no ponto C), p_f, com:

$$s_u \approx \frac{p_f - p_o}{5{,}5} \quad (3.2)$$

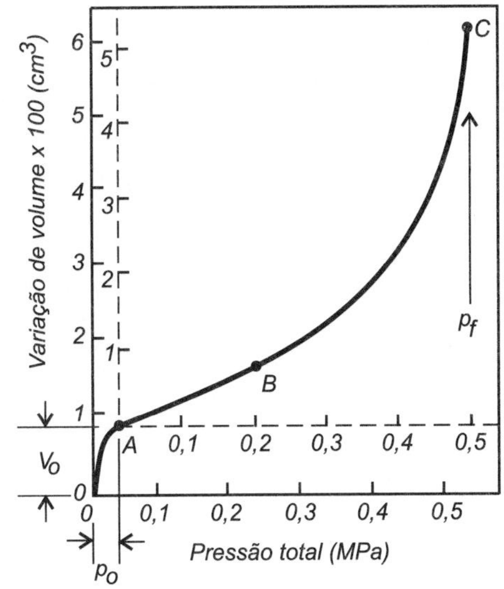

Fig. 3.11 - Resultado de ensaio pressiométrico

Trata-se de um ensaio bastante sofisticado, muito usado na Europa, especialmente na França, mas pouco empregado no Brasil.

3.2.6 Outros ensaios *in situ* (*vane test*, dilatômetro)

Há alguns outros tipos de ensaios *in situ*, como o ensaio de palheta (*"vane test"*) e o ensaio de dilatômetro (DMT), apresentados de forma sucinta a seguir. O primeiro desses ensaios é utilizado para caracterizar argilas moles e, por isso, tem uso limitado nos estudos de fundações para estruturas. Uma revisão dos métodos de investigação de solos moles pode ser vista em Almeida (1996).

No ensaio de palheta, a resistência não drenada da argila, S_u, é obtida admitindo-se que a ruptura se dá na superfície do cilindro de diâmetro *d* e altura *h* (diâmetro e altura da palheta, respectivamente) mostrado na Fig. 3.12. O torque ou momento necessário para causar esta ruptura, *M*, é medido. A versão mais simples da fórmula de interpretação é aquela que supõe que a resistência é a mesma em todas as superfícies de ruptura:

$$S_u = \frac{M}{\pi\left(\frac{d^2 h}{2} + \frac{d^3}{6}\right)} \quad (3.3)$$

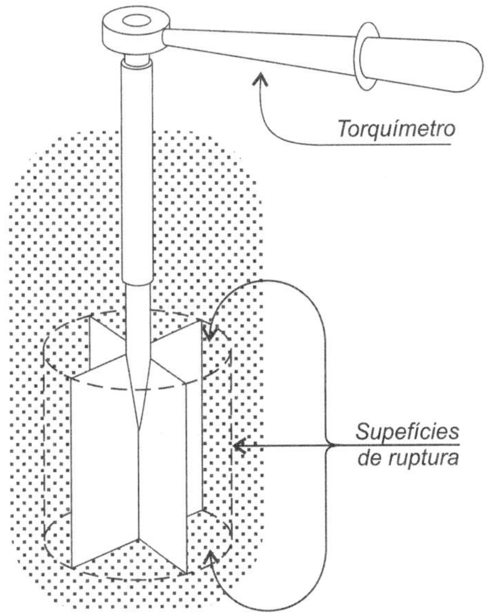

Fig. 3.12 - Ensaio de palheta (vane test), na sua versão mais simples (que utiliza um torquímetro para medição do momento aplicado, M)

Para um estudo desse ensaio, recomendam-se os trabalhos de Collet (1978), Ortigão e Collet (1986) e Chandler (1987).

O dilatômetro é cravado no terreno da mesma forma que o cone no ensaio CPT e, na profundidade desejada, recebe ar comprimido até que sua membrana (i) passe pela condição de repouso (a membrana, sob ação da cravação, sofre deslocamento negativo) e (ii) expanda-se 1 mm, quando então são registradas as pressões correspondentes (Fig. 3.13). Pode-se empregar esse ensaio para caracterizar tanto argilas como areias; e para um estudo desse tipo de ensaio, o leitor deverá consultar Marchetti (1980) e Vieira (1994).

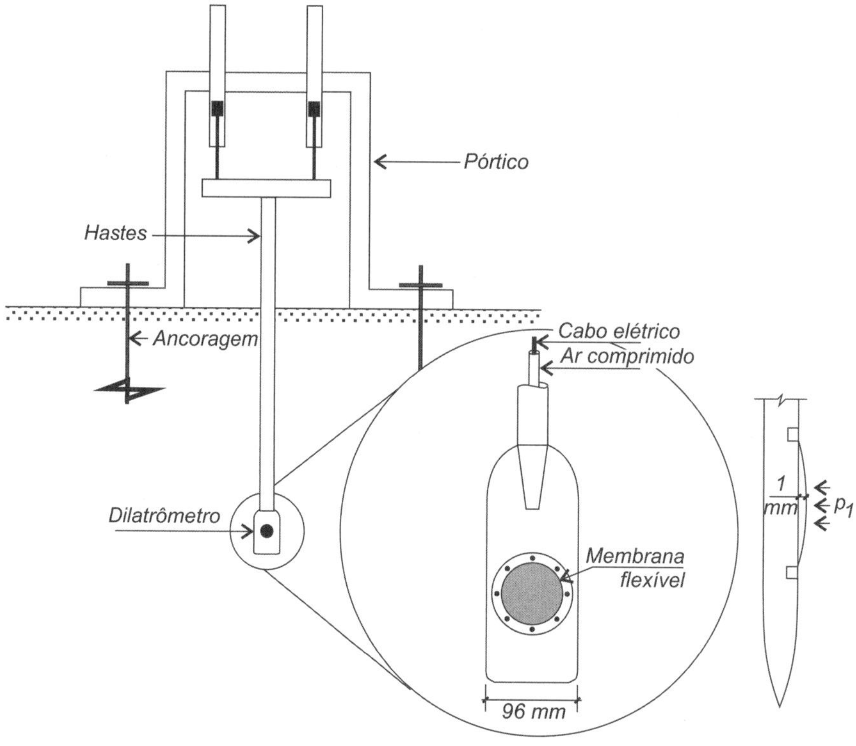

Fig. 3.13 - Ensaio de dilatômetro (DMT)

3.3 PRINCIPAIS INFORMAÇÕES OBTIDAS DE ENSAIOS *IN SITU*

Neste item serão apresentados apenas *parâmetros básicos* dos solos que podem ser obtidos dos ensaios *in situ*. Correlações associadas a métodos semiempíricos específicos de previsão de recalques e capacidade de carga de fundações serão tratadas (sob o título de *métodos semiempíricos*) nos capítulos que abordam o comportamento de cada tipo de fundação.

3.3.1 Ensaio SPT

O ensaio SPT tem uma primeira utilidade na indicação da compacidade de solos granulares (areias e siltes arenosos) e da consistência de solos argilosos (argilas e siltes argilosos). A norma de sondagem com SPT (NBR 6484) prevê que o boletim de sondagem forneça, junto com a classificação do solo, sua compacidade ou consistência de acordo com a Tab. 3.3.

Uma questão importante, quando o projetista se propõe a utilizar ábacos, tabelas etc., baseados na experiência estrangeira, é a da energia efetivamente aplicada no ensaio SPT, que varia com o método de aplicação dos golpes. No Brasil, o sistema mais comum é manual, e a energia aplicada é da ordem de 70% da energia nominal; nos Estados Unidos, o sistema é mecanizado, e a energia é da ordem de 60% (daí ser conhecido como N_{60}). Assim, antes de se utilizar uma correlação baseada na experiência americana, o número de golpes obtido com uma sondagem brasileira pode ser majorado de 10% a 20%.

(a) Areias

Foram estabelecidas algumas correlações entre N e a densidade relativa de areias, D_r, (Gibbs e Holtz, 1957; Bazaraa, 1967, p. ex.), uma delas apresentada na Fig. 3.14a. Essas correlações consideram a tensão efetiva vertical no nível do ensaio, $\sigma'_{v,o}$. Terzaghi e Peck (1948) propu-

Tab. 3.3

Solo	N	Compacidade/Consistência
Areias e siltes arenosos	< 4	Fofa(o)
	5 - 8	Pouco compacta(o)
	9 - 18	Medianamente compacta(o)
	19 - 40	Compacta(o)
	> 40	Muito compacta(o)
Argilas e siltes argilosos	< 2	Muito mole
	3 - 5	Mole
	6 - 10	Média(o)
	11 - 19	Rija(o)
	> 19	Dura(o)

seram que, *no caso de areias finas* ou *siltosas submersas*, o valor de *N*, se acima de 15, fosse corrigido de acordo com:

$$N_{corr} = 15 + 0,5\,(N - 15)$$

Essa correção é questionável, e muitos pesquisadores sugerem desconsiderá-la.

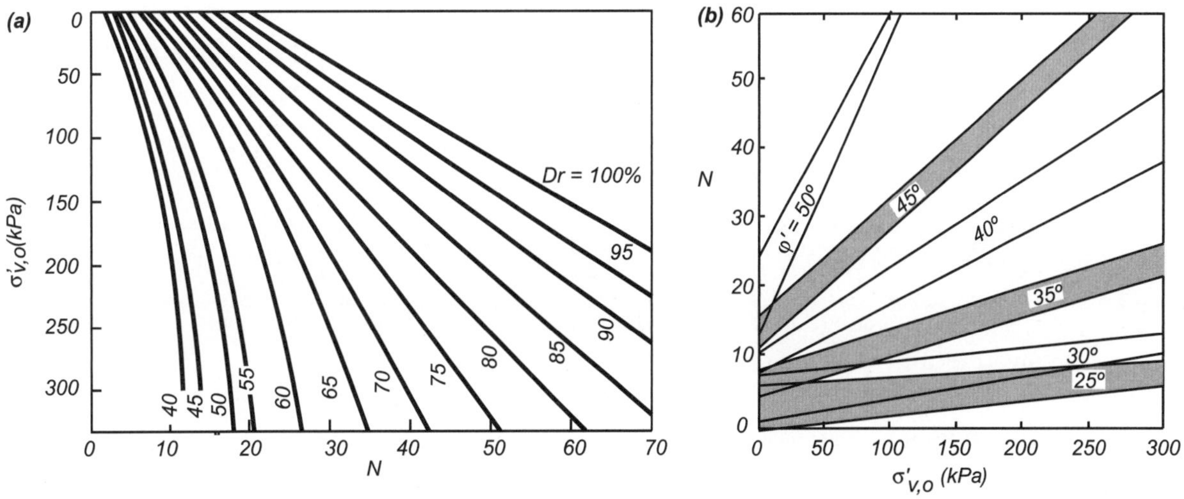

Fig. 3.14 - *Relação entre N e (a) densidade relativa (Gibbs e Holtz, 1957) e (b) ângulo de atrito efetivo de areias (De Mello, 1971)*

De Mello (1971) estabeleceu correlação entre *N* nas areias e o ângulo de atrito efetivo, φ', mostrada na Fig. 3.14b.

(b) Argilas

Quando se deseja avaliar a resistência não drenada de argilas saturadas, S_u, dispõe-se das relações apresentadas na Fig. 3.15 (sendo a relação de Terzaghi e Peck sabidamente conservadora).

(c) Propriedades de deformação

A utilização do SPT para obtenção de propriedades de deformação dos solos está associada a métodos semiempíricos para estimativa de recalques de fundações superficiais.

Essas associações serão vistas no item 5.5.1.

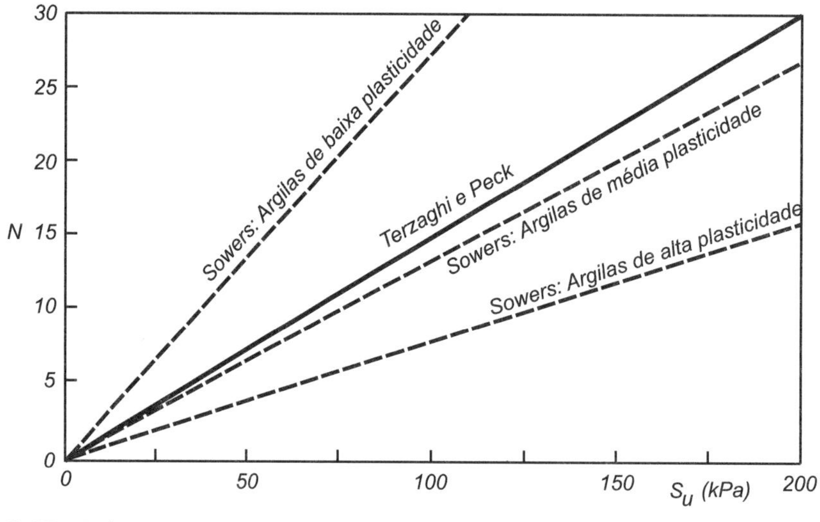

Fig. 3.15 *- Relação entre N e a resistência não drenada de argilas (U.S. Navy, 1986)*

(d) Procedimentos adicionais

Recentemente foram propostos alguns procedimentos adicionais com o objetivo de se obter mais dados deste ensaio, que é, de longe, o mais utilizado no Brasil. Esses procedimentos consistem (a) na aplicação de torque ao amostrador visando à estimativa do atrito lateral de estacas, idealizado por Ranzini (1988, 1994), e (b) na observação da penetração de um tubo que substitui o amostrador sob ação estática do peso de bater visando à estimativa da resistência de argilas muito moles, idealizado por Lopes (1995).

3.3.2 Ensaio CPT

Neste item, salvo onde mencionado, a resistência de ponta do ensaio é aquela obtida por cones mecânicos ou elétricos, e não por piezocones.

No caso do uso de piezocone, a resistência de ponta medida, q_c, deve ser corrigida para levar em conta a poropressão desenvolvida durante o ensaio. Se a poropressão é medida na base do cone (u_b), usa-se a expressão (Campanella et al., 1982) :

$$q_T = q_c + u_b\ (1 - a) \qquad \textbf{(3.4)}$$

onde a é a razão entre a área da base do cone (10 cm^2) e a área da seção da célula de carga, após o anel de vedação (ver Fig. 3.8c) ou:

$$a = \frac{\pi\ r^2}{\pi\ R^2} = \frac{r^2}{R^2} \qquad \textbf{(3.5)}$$

assumindo valores tipicamente entre 0,5 e 0,8. No caso em que a poropressão é medida em outro ponto do piezocone, a Eq. (3.4) toma a forma (Lunne et al., 1985) :

$$q_T = q_c + \kappa\ u\ (1 - a) \qquad \textbf{(3.6)}$$

onde κ é um fator de correção que depende da posição do elemento poroso no cone.

Ao solicitar um ensaio de piezocone, o projetista de fundações deve pedir os resultados em termos de q_c e f_s e de q_T (além dos critérios para correção adotados). Nas equações e nos gráficos a seguir, quando se tratar de piezocone, será utilizada a resistência de ponta corrigida, q_T.

(a) Classificação do solo atravessado

Conforme mencionado anteriormente, a razão entre o atrito lateral local e a resistência de ponta, $R_f = f_s / q_c$, denominada *razão de atrito*, pode ser usada numa identificação do tipo de solo atravessado. Os primeiros estudos desta razão, mostrados na Tab. 3.4, foram feitos por Begemann (1953). Estudos mais recentes estão resumidos na Fig. 3.16.

Em nosso País, onde o custo da sondagem é relativamente baixo, o ensaio CPT deve ser associado àquela investigação para melhor caracterização dos solos atravessados.

Tab. 3.4

Tipo de solo	R_f (%)
Areia fina e grossa	1,2 - 1,6
Areia siltosa	1,6 - 2,2
Areia siltoargilosa	2,2 - 4,0
Argila	> 4,0

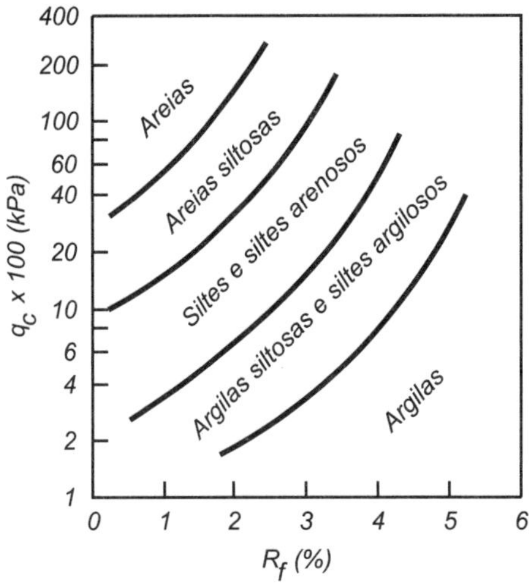

Fig. 3.16 - Relação entre a razão de atrito, resistência de ponta do cone e tipo de solo (Robertson e Campanella, 1983)

(b) Areias

No caso de areias, o CPT pode fornecer: densidade relativa (D_r), ângulo de atrito efetivo (φ'), módulo de Young drenado (E'), módulo confinado ou oedométrico (E_{oed}) e indicação sobre as tensões horizontais ($\sigma'_{h,o}$) ou coeficiente de empuxo no repouso (K_o). A maioria das relações utilizadas é empírica e foi obtida, principalmente, em ensaios em câmara de calibração.

A densidade relativa de areias pode ser estimada por meio da Fig. 3.17. Na Fig. 3.17a, obtida com areias normalmente depositadas (pluviadas em câmara de calibração), deve-se entrar com a tensão *vertical* inicial no nível da ponta. Na Fig. 3.17b, a pré-compressão da areia é levada em consideração, e a tensão *média* inicial, que vale $\sigma'_{m,o} = (\sigma'_{v,o} + 2\sigma'_{h,o})/3$, precisa ser estimada.

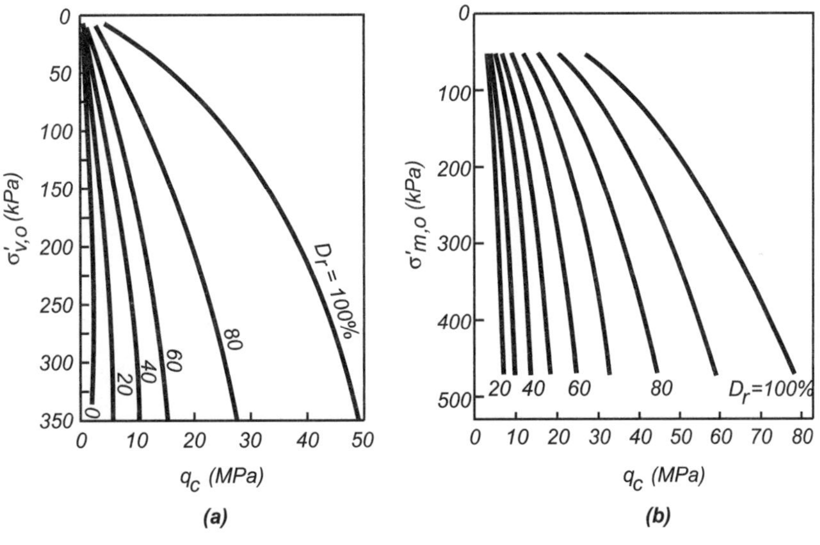

***Fig. 3.17** - Relação entre resistência de ponta do cone e densidade relativa de areias, em função (a) da tensão vertical inicial (Bowles, 1988) e (b) da tensão média inicial (Bellotti et al., 1986)*

O ângulo de atrito de areias quartzosas pode ser obtido por meio da Fig. 3.18; na Fig. 3.18a, φ' é correlacionado com a tensão vertical, enquanto na Fig. 3.18b o ângulo de atrito no ensaio triaxial de compressão, φ'_{tc}, é correlacionado com a tensão horizontal.

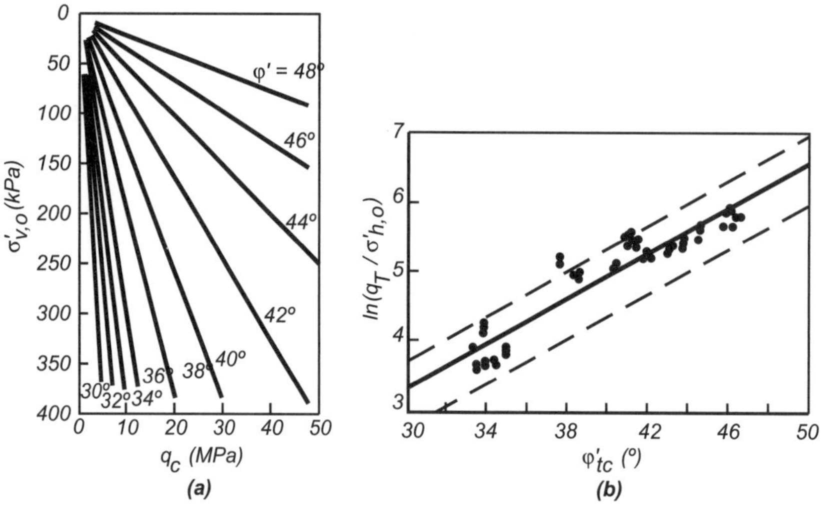

Fig. 3.18 - *Relação entre ângulo de atrito de areias, resistência de ponta do cone e tensão efetiva (a) vertical (Robertson e Campanella, 1983) e (b) horizontal (Houlsby e Wroth, 1989)*

As relações entre Módulo de Young drenado, resistência de ponta do cone e história das tensões (ou razão de sobreadensamento, *OCR*) são mostradas na Fig. 3.19 (Bellotti et al., 1989). A diferença entre a Fig. 3.19a e a Fig. 3.19b é que a primeira requer a densidade relativa. Nas duas figuras, é representada a tensão efetiva inicial média.

O módulo confinado ou oedométrico (E_{oed}) pode ser estimado a partir da Fig. 3.20 (Jamiolkowiski et al., 1988).

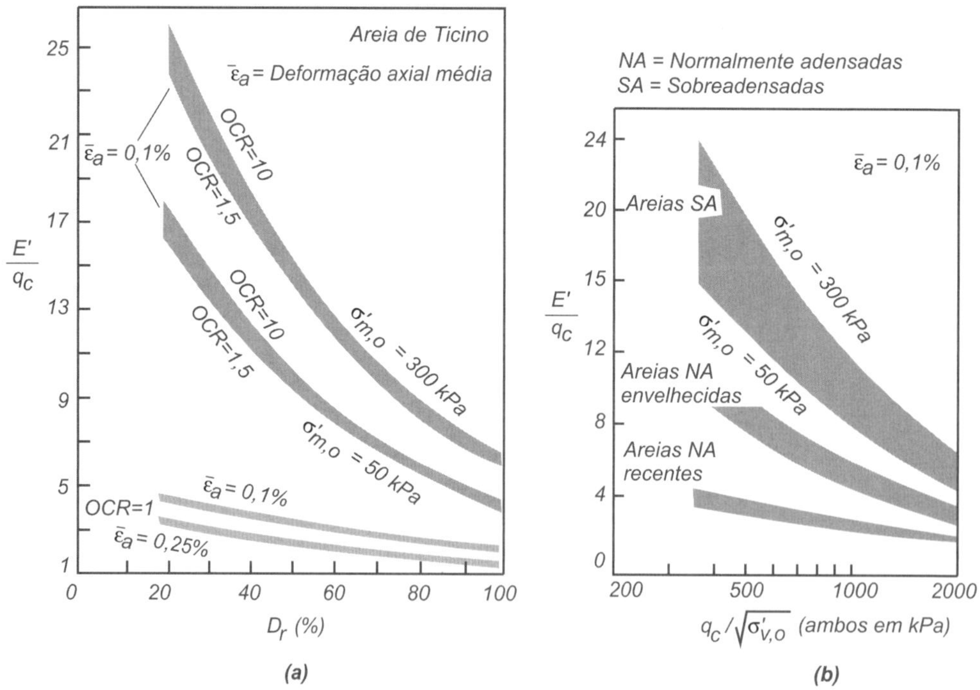

Fig. 3.19 - *Relação entre o módulo de Young drenado, resistência de ponta do cone e razão de sobreadensamento, OCR (Bellotti et al., 1989)*

(c) Argilas

No caso de argilas saturadas, o CPT pode fornecer: resistência não drenada (S_u), módulo de Young não drenado (E_u), módulo confinado ou oedométrico (E_{oed}) e - no caso do uso de piezocone - indicação sobre o coeficiente de empuxo no repouso (K_o) e coeficientes de adensamento vertical e horizontal (c_v e c_h). As relações são empíricas e foram obtidas pela comparação entre resultados de CPT e ensaios de laboratório ou de campo no mesmo material.

A resistência não drenada de argilas saturadas, S_u, pode ser estimada a partir da resistência de ponta do cone mecânico, por meio de:

$$S_u = \frac{q_c - \sigma_{v,o}}{N_k} \tag{3.7}$$

onde:

$\sigma_{v,o}$ = tensão total geostática;

N_k = fator de capacidade de carga (varia entre 10 e 25, com média em torno de 15).

No caso de uso de piezocone, a resistência da argila é calculada com a resistência de ponta corrigida (Eq. 3.4 ou 3.6):

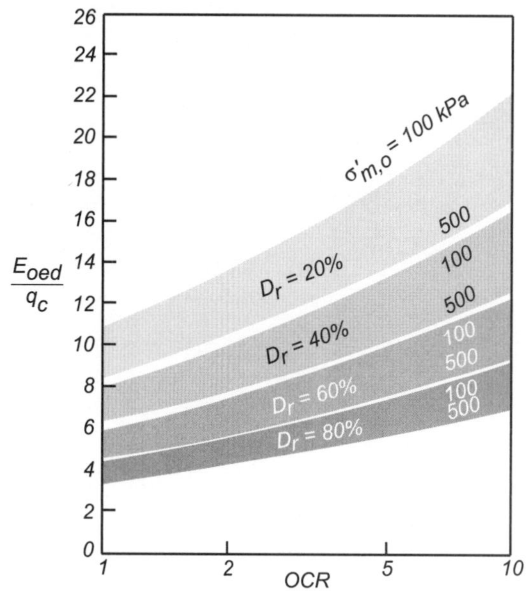

Fig. 3.20 *- Relação entre módulo confinado, densidade relativa e tensão efetiva inicial média (Jamiolkowiski et al., 1988)*

$$S_u = \frac{q_T - \sigma_{vo}}{N_{kT}} \tag{3.8}$$

sendo N_{kT} um fator que varia tipicamente entre 10 e 20. Rad e Lunne (1988) propõem que esse fator seja obtido através de correlação com o *OCR*, enquanto Bowles (1988) sugere uma relação com o Índice de Plasticidade, I_p, dada por:

$$N_{kT} = 13 + \frac{5,5}{50} I_p \pm 2 \tag{3.9}$$

3.3.3 Relação entre o CPT e o SPT

O ensaio de cone (CPT) pode ser relacionado ao ensaio de penetração dinâmica (SPT) por meio de:

$$q_c = k N \tag{3.10}$$

Pesquisas brasileiras sobre o valor de *k* (para cones mecânicos) foram realizadas por Nunes e Fonseca (1959), Alonso (1980), Danziger (1982) e Danziger e Velloso (1986, 1995), entre outros. Resultados deste último trabalho são mostrados na Tab. 3.5, juntamente com uma proposição de Schmertmann (1978) - reconhecida como conservadora pelo próprio autor - e de Ramaswany et al. (1982). A Fig. 3.21 apresenta resultados de pesquisas internacionais.

Tab. 3.5 – Valores de *k* (para q_c em MPa) segundo Schmertmann (1970), Ramaswany et al. (1982) e Danziger e Velloso (1986)

Solo	Schmertman *k*	Ramaswany et al. *k*	Danziger e Velloso *k*
Areia	0,4 - 0,6	0,5 - 0,7	0,60
Areia siltosa, argilosa, siltoargilosa ou argilossiltosa	0,3 - 0,4	0,3	0,53
Silte, silte arenoso; argila arenosa	0,2	-	0,48
Silte arenoargiloso, argiloarenoso; argila siltoarenosa, arenossiltosa	-	0,2	0,38
Silte argiloso	-	-	0,30
Argila, argila siltosa	-	-	0,25

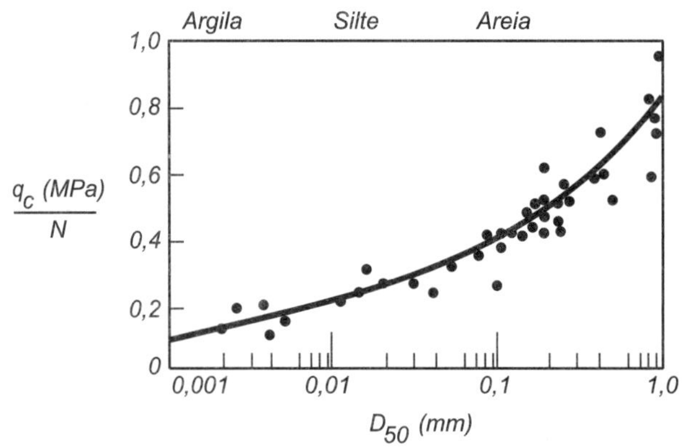

Fig. 3.21 *- Valores de k = q_c / N em função da granulometria do solo (Robertson et al., 1983)*

REFERÊNCIAS

ALMEIDA, M. S. S. *Aterro sobre solos moles: da concepção à avaliação do desempenho* Rio de Janeiro: Editora da UFRJ, 1996.

ALONSO, U. R. Correlações entre resultados de ensaios de penetração estática e dinâmica para a cidade de São Paulo. *Solos e Rochas*, São Paulo, v. 3, n. 3, p. 19-25, 1980.

BAGUELIN, F. et al, Expansion of cylindrical probes in cohesive soils. *Journal Soil Mechanics and Foundations Division ASCE*, v. 98, n. 11 , p. 1129-1142, Nov 1972.

BAGUELIN, F.; JEZEQUEL, J. F.; LE MEHAUTE, A. The self-boring placement method of soil characteristics measurement. In: CONFERENCE ON SUB-SURFACE EXPLORATION FOR UNDERGROUND EXCAVATION AND HEAVY CONSTRUCTION, 1974. *Proceedings*... ASCE, 1974. p. 312-322.

BALDI, R. et al.. Modulus of sands from CPT's and DMT's. In: INTERNACIONAL CONFERENCE ON SOIL MECHANICS AND FOUNDATION ENGINEERING, 12., Rio de Janeiro, 1989. *Proceedings*... Rio de Janeiro: ICSMFE, 1989, v. 1, p. 165-170.

BAZARAA, A. R. S. S. *The use of the Standard Penetration Test for estimating settlement of shallow foundations on sand*. PhD Thesis-Champaigne-Urbana, University of Illinois, 1967.

BEGEMANN, H. K. S. P. Improved method of determining resistance to adhesion by sounding through a loose sleeve placed behind the cone. In: INTERNATIONAL CONFERENCEON SOIL MECHANICS AND FOUNDATION ENGINEERING, 3., Zurich, 1953. *Proceedings*... Zurich: ICSMFE, 1953. v. 1 p. 213-217.

BELLOTTI, R. et al. Deformation characteristics of cohesionless soils from in situ tests. In: CLEMENCE, S. P. (Ed.) *Use of In-Situ Tests in Geotechnical Engineerins*, New York: ASCE, 1986.

BELLOTTI, R. et al. Shear strength of sand from SPT. In: INTERNATIONAL CONFERENCE ON SOIL MECHANICS AND FOUNDATION ENGINEERING, 12., Rio de Janeiro, 1989. *Proceedings*... Rio de Janeiro: ICSMFE, 1989. v. 1, p. 179-184.

BOWLES, J. E. *Foundation analysis and design*. 4. ed. New York: MacGraw-Hill Book Co., 1988.

CAMPANELLA, R. G.; GILLESPIE, D.; ROBERTSON, P. K. Pore pressures during cone penetration testing. In: EUROPEAN SYMPOSIUM ON PENETRATION TESTING, 2., Amsterdam, 1982: *Proceedings*... Amsterdam: ESOPT-2, 1982. v. 2. p. 507-512.

CHANDLER, R. J. The *in-situ* measurement of the undrained shear strength of clays using the field vane. *Vane Shear Strenght Testing in Soils*: Field and Laboratory Studies. Philadelphia: A. F. Richards Ed, 1987. p. 13-44.

COLLET, H. B. *Ensaios de palheta de campo executados em argilas moles da baixada Fluminense*. Tese de M.Sc.Rio de Janeiro, COPPE-UFRJ, 1978.

DANZIGER, B. R. *Estudo de correlações entre os ensaios de penetração estática e dinâmica e suas aplicações ao projeto de fundações profundas*. Tese de M. Sc. COPPE-UFRJ, Rio de Janeiro, 1982.

DANZIGER, B. R.; VELLOSO, D. A. Correlações entre SPT e os resultados dos ensaios de penetração contínua. In: CONGRESSO BRASILEIRO DE MECÂNICA DE SOLOS E ENGENHARIA DE FUNDAÇÕES, 8., Porto Alegre, 1986. *Anais*. Porto Alegre: ABMS, 1986. v. 6, p. 103-113.

DANZIGER, B. R.; VELLOSO, D. A. Correlations between the CPT and the SPT for some Brazilian soils. In: CPT INTERNATIONAL SYMPOSIUM ON PENETRATION TESTING, 1995, Sweden. *Proceedings*... Sweden, CPT International Symposium on Penetration Testing, Linkoping, 1995. p. 155-160.

DANZIGER, F. A. B. *Desenvolvimento de equipamento para realização de ensaio de piezocone*: aplicação a argilas moles., Tese de D. Sc. COPPE-UFRJ, Rio de Janeiro, 1990.

DANZIGER, F. A. B. Ensaio de piezocone: histórico e desenvolvimento. In: COPPEGEO'93 - Simpósio Comemorativo dos 30 anos da COPPE, Rio de Janeiro, 1994. *Anais*... Rio de Janeiro: UFRJ, 1994. 137-172.

DE MELLO, V. F. B. The Standard Penetration Test. In: PANAMERICAN CONFERENCE ON SOIL MECHANICS AND FOUNDATION ENGINEERING, 4. San Juan, 1971. *Proceedings*... San Juan: PCSMFE, 1971. v. 1. p. 1-86.

GIBBS, H. J.; HOLTZ, W. G. Research on determining the density of sands by the spoon penetration test. In: INTERNATIONAL CONFERENCE ON SOIL MECHANICS AND FOUNDATION ENGINEERING, 4., London, 1957. *Proceedings*... London: ICSMFE, 1957. v. 1 p. 35-39.

HOULSBY, G. T.; WROTH, C. P. The influence of soil stiffness and lateral stress on the results of in situ soil tests. In: INTERNATIONAL CONFERENCE ON SOIL MECHANICS AND FOUNDATION ENGINEERING, 12., Rio de Janeiro, 1989. *Proceedings*... Rio de Janeiro: ICSMFE, 1989. v. 1. p. 227-232.

ISSMFE Technical Committee on Penetration Testing of Soils TC-16. *International Reference Test Procedure for Cone Penetration Test (CPT)*. Report f Technical Committee, 1989. (Publicado pela Swedish Geotechnical Society.)

JAMIOLKOWISKI, M. et. al. New correlations of penetration tests in design pratice. In: INTERNATIONAL SYMPOSIUM ON PENETRATION TESTING, 1., Orlando, 1988. *Proceedings*... Orlando: Balkema, 1988. v. 1. p. 263-296.

LIMA, M.J.C.P.A. *Prospecção geotécnica do subsolo*. Rio de Janeiro: Livros Técnicos e Científicos Ltda., 1979. 104 p.

LOPES, F. R. Uma proposta para avaliação da resistência de argilas moles no ensaio SPT. *Solos e Rochas*, v. 18, n. 3, 1995.

LUNNE, T. et al. SPT, CPT, Pressuremeter testing and recent developments on *In-situ* testing of soils - State-of-the-Art-Report. In: INTERNATIONAL CONFERENCE ON SOIL MECHANICS AND FOUNDATION ENGINEERING, 12., 1989, Rio de Janeiro. *Proceedings*... Rio de Janeiro: ICSMFE, 1989.

MARCHETTI, S. *In situ* tests by flat dilatometer. *Journal Geotechnical Engineering Division*, ASCE, v. 106, n. GT3, p. 299-321, 1980.

MÉNARD, L. Mesures *in-situ* des propriétés physiques des sols. *Annales*... Ponts et Chaussées, 1957. n. 14, p. 357-377.

NUNES, A. J. C.; FONSECA, A. M. M. C. C. Estudo da correlação entre o ensaio 'diepsondering' e a resistência à penetração do amostrador em sondagens. *Relatório Interno de Estacas Franki DT 37/59*, Rio de Janeiro, 1959.

ORTIGÃO, J. A. R.; COLLET, H. B. A eliminação de erros de atrito em ensaios de palheta. *Solos e Rochas*, v. 9, n. 2, p. 33-45, 1986.

RAD, N. S.; LUNNE, T. Direct correlations between piezocone test results and undrained strength. In: INTERNATIONAL SYMPOSIUM ON PENETRATION TESTING, 1., Orlando, 1988. *Proceedings*... Orlando: 1988. p. 911-917.

RAMASWANY, S.R.; DAULAH, I.U.; HAZAN, Z. Pressuremeter correlations with Standard Penetration and Cone Penetration Tests. In: EUROPEAN SYMPOSIUM on Penetration Testing, 1982, Amsterdam. *Proceedings*..., Amsterdam: ESOPT, 1982. v. 1, p. 137-142.

RANZINI, S.M.T. SPTF. *Solos e Rochas*, v. 11, 1988.

RANZINI, S.M.T. SPTF: 2ª Parte. *Solos e Rochas*, v. 17, n. 3, 1994.

ROBERTSON, P. K.; CAMPANELLA, R. G. Interpretation of cone penetration tests. Part I: Sand. *Canadian Geotechnical Journal*, v. 20, n. 4, p. 734-745, 1983.

ROBERTSON, P. K.; CAMPANELLA, R.G.; WIGHTMAN, A. SPT-CPT correlations. *Journal Geotechnical Engineering Division*, ASCE, v. 109, n. 11, p. 1449-1459, 1983.

SCHMERTMANN, J. H. Static cone to compute settlement over sand. *Journal Soil Mechanics and Foundations Division*, ASCE, v. 96, n. SM3, p. 1011-1043, 1970.

SOWERS, G.F. *Introductory soil mechanics and foundations*. 4. ed. New York: McMillan, 1979. 621 p.

TERZAGHI, K. PECK, R. B. *Soil mechanics in engineering practice*. New York: John Wiley & Sons, 1948.

TERZAGHI, K.; PECK, R. B. *Soil mechanics in engineering practice*. 2. ed. New York: John Wiley & Sons, 1967.

U.S. NAVY. *Design manual NAVFAC 7*. Naval Facilities Engineering Command. Washington: U.S. Government Printing Office, 1986.

VIEIRA, M. V. C. M. *Ensaios de dilatômetro na argila mole do Sarapuí*. Tese de M. Sc. COPPE/UFRJ, Rio de Janeiro, 1994.

WROTH, C. P.; HUGES, J. M. O. An instrument for the *in-situ* measurement of the properties of soft clays. In: INTERNATIONAL CONFERENCE ON SOIL MECHANICS AND FOUNDATION ENGINEERING, 8., Moscow, 1973. *Proceedings*... Moscow: ICSMFE, 1973. v. 1.2. p. 487-494.

Normas Brasileiras

NBR 6122 (antiga NB 51) - Projeto e execução de fundações

NBR 7421 - Ponte viaduto ferroviário - Fundação - Execução

NBR 5629 - Estrutura ancorada no terreno - Ancoragem injetada no terreno

NBR 9061 - Segurança de escavação a céu aberto

NBR 6497 - Levantamento geotécnico

NBR 8036 (antiga NB 12) - Programação de sondagens de simples reconhecimento dos solos para fundações de edifícios

NBR 6502 - Rochas e Solos - Terminologia

NBR 9603 - Sondagem a trado

NBR 9604 - Abertura de poço e trincheira de inspeção em solo com retirada de amostras deformadas e indeformadas

NBR 6484 - Execução de sondagens de simples reconhecimento dos solos (SPT)

NBR 9820 - Coleta de amostras indeformadas de solo em furos de sondagem

NBR 10905 - Solo: ensaio de palheta *in situ*

NBR 12069 - Solo: ensaio de penetração de cone *in situ* (CPT)

NBR 6489 (antiga NB 27) - Prova de carga direta sobre terreno de fundação

NBR 12131 - Estacas: prova de carga estática

NBR 13208 - Estacas: ensaios de carregamento dinâmico: método de ensaio

Capítulo 4

CAPACIDADE DE CARGA DE FUNDAÇÕES SUPERFICIAIS

Neste capítulo são apresentadas soluções para cálculo da *capacidade de carga na ruptura* ou simplesmente da *capacidade de carga* de fundações superficiais, ou seja, da carga que provoca ruptura do solo sob essas fundações.

4.1 INTRODUÇÃO

Imagine-se uma sapata caracterizada pela dimensão B, assente na superfície do terreno, submetida a uma carga Q crescente a partir de zero. Serão medidos os valores de Q e os deslocamentos verticais (ou recalques) w correspondentes. Para pequenos valores da carga, os recalques lhes serão, aproximadamente, proporcionais. É a chamada fase *elástica*. Os recalques se estabilizam com o tempo, ou seja, a velocidade de deformação diminui e tende a zero. Nessa fase, os recalques são reversíveis. Em uma segunda fase, surgem deslocamentos *plásticos*. O estado plástico aparece, inicialmente, junto às bordas da fundação. Crescendo o carregamento, cresce a *zona plástica*. Essa fase é caracterizada por recalques irreversíveis. Para cargas maiores que um determinado valor crítico, ocorre um processo de recalque continuado. A velocidade de recalque não diminui mesmo para carga constante; ela assume um valor também constante. A resistência ao cisalhamento do solo é, em certas regiões, totalmente mobilizada. Em uma terceira fase, a velocidade de recalque cresce continuamente até que ocorre a *ruptura do solo*. Para o carregamento correspondente, atingiu-se o limite de resistência da fundação, ou seja, sua *capacidade de carga na ruptura* (ou simplesmente *capacidade de carga*). Na Fig. 4.1, estão representados os fenômenos descritos (Kézdi, 1970).

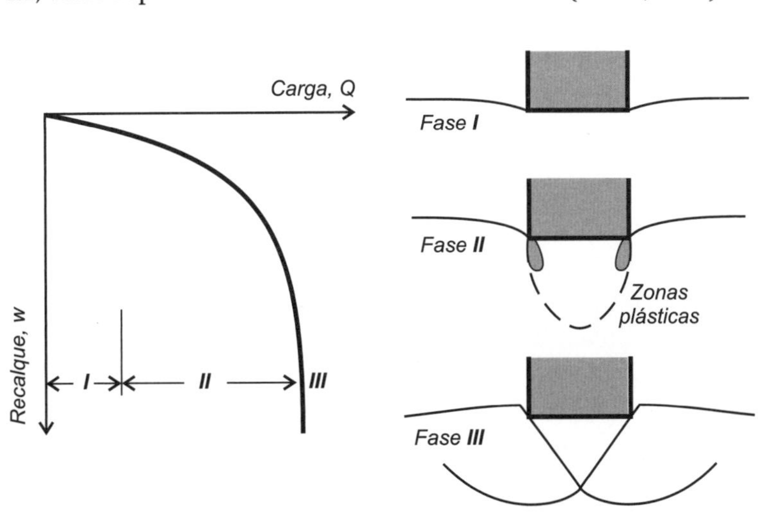

Fig. 4.1 *- Comportamento de uma sapata sob carga vertical (Kézdi, 1970)*

4.2 MECANISMOS DE RUPTURA

4.2.1 Mecanismos em função das características do solo

As curvas carga-recalque podem ter diferentes formas (Fig. 4.2). Há dois tipos característicos. No primeiro tipo, a ruptura ocorre bruscamente, após uma curta transição; a curva tem uma tangente vertical (Fig. 4.2a), e a ruptura é dita *generalizada*. No segundo tipo (Fig. 4.2b), quando a ruptura é dita *localizada*, a curva é mais abatida, quando comparada à primeira, e tem uma tangente inclinada no ponto extremo. O primeiro tipo ocorre nos solos mais rígidos, como areias compactas e muito compactas e argilas rijas e duras. O segundo tipo ocorre em solos mais deformáveis, como areias fofas e argilas médias e moles. Pelo exposto, verifica-se que nem sempre a capacidade de carga fica bem definida. Ver-se-á, a seguir, como essa dificuldade é superada na prática.

Terzaghi (1943) foi quem primeiro distinguiu os dois tipos de ruptura descritos acima. Propôs usar, no segundo caso, fatores de capacidade de carga reduzidos, além de uma redução no valor da coesão a ser utilizada na fórmula de capacidade de carga.

Vesic (1963) distinguiu três tipos de ruptura: (a) *generalizada*, (b) *localizada* e (c) *por puncionamento*, porém associando-os a areias, apenas. Em Vesic (1975), encontra-se uma análise cuidadosa desses mecanismos.

A *ruptura geral* ou *generalizada* caracteriza-se pela existência de um mecanismo de ruptura bem definido e constituído por uma superfície de deslizamento que vai de um bordo da fundação à superfície do terreno (Fig. 4.2a). Em condições de tensão controlada, que é o modo de trabalho da maioria das fundações, a ruptura é brusca e catastrófica. Em condições de deformação controlada (como acontece, por exemplo, quando a carga é aplicada por prensagem), constata-se uma redução da carga necessária para produzir deslocamentos da fundação depois da ruptura. Durante o processo de carregamento, registra-se um levantamento do solo em torno da fundação. Ao atingir a ruptura, o movimento se dá em um único lado da fundação.

Passando para o outro extremo, a *ruptura por puncionamento* é caracterizada por um mecanismo de difícil observação (Fig. 4.2c). À medida que a carga cresce, o movimento vertical da fundação é acompanhado pela compressão do solo imediatamente abaixo. A penetração da

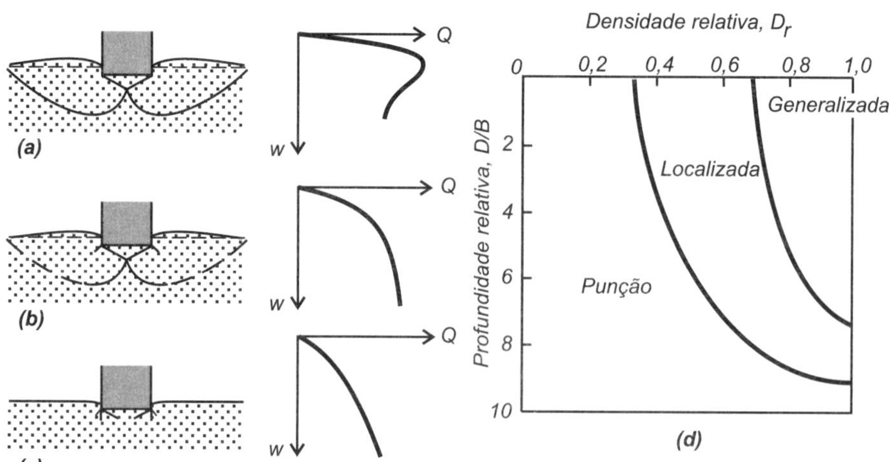

Fig. 4.2 - *Tipos de ruptura: (a) generalizada, (b) localizada, (c) por puncionamento e (d) condições em que ocorrem, em areias (Vesic, 1963)*

fundação é possibilitada pelo cisalhamento vertical em torno do perímetro da fundação. O solo fora da área carregada praticamente não participa do processo.

Finalmente, a *ruptura localizada* caracteriza-se por um modelo que é bem definido apenas imediatamente abaixo da fundação (Fig. 4.2b). Esse modelo consiste de uma cunha e de superfícies de deslizamento que se iniciam junto às bordas da fundação, como no caso da ruptura generalizada. Há uma tendência visível de empolamento do solo aos lados da fundação. Entretanto, a compressão vertical sob a fundação é significativa, e as superfícies de deslizamento terminam dentro do maciço, sem atingir a superfície do terreno. Somente depois de um deslocamento vertical apreciável (da ordem da metade da largura ou diâmetro da fundação) as superfícies de deslizamento poderão tocar a superfície do terreno. Mesmo então, não haverá um colapso ou um tombamento catastrófico da fundação, que permanecerá embutida no terreno, mobilizando a resistência de camadas mais profundas. Assim, a ruptura localizada tem características dos outros dois tipos de ruptura e, por isso, na realidade, ela representa um tipo da transição.

O tipo de ruptura que vai ocorrer, em determinada situação de geometria e carregamento, depende da compressibilidade relativa do solo. Se o solo for praticamente incompressível e tiver uma resistência finitaao cisalhamento finita, a ruptura será *generalizada*. Do contrário, se o solo, com uma certa resistência ao cisalhamento, for muito compressível, a ruptura será por *puncionamento*. Na Fig. 4.2d, há uma tentativa de relacionar o tipo de ruptura, para sapatas em areia, com a densidade relativa e a relação entre a profundidade e a largura da fundação.

Lopes (1979) propôs a análise do campo de deslocamentos (Fig. 4.3) para distinguir o modo de ruptura (válido tanto para areias como para argilas). Caracterizou a *ruptura generalizada* como aquela cujo campo de deslocamentos apresenta:

i. levantamento acentuado da superfície do terreno próximo à carga;
ii. formação de superfícies de ruptura, ou seja, descontinuidade no campo de deslocamentos;
iii. deslocamentos acentuados fora da região comprimida pela sapata, características estas compatíveis tanto com areias densas como com argilas rijas.

E caracterizou a *ruptura por punção* como aquela que apresenta:

i. pequeno (ou ausência de) levantamento da superfície do terreno - caso de areias fofas - ou levantamento discreto e alcançando maior distância - caso de argilas moles;
ii. não formação de superfícies de ruptura (tanto areias fofas como argilas moles).

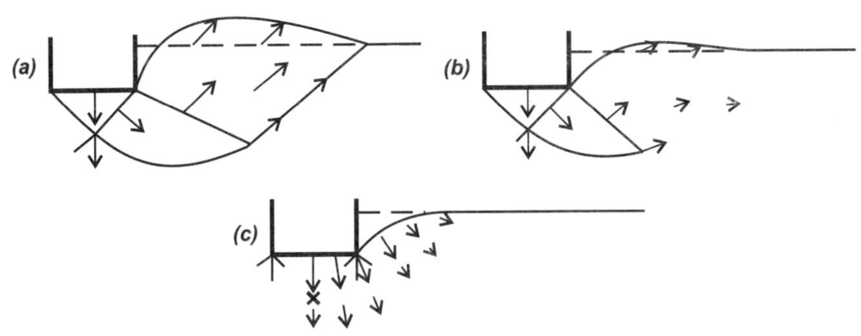

Fig. 4.3 *- Campos de deslocamentos das rupturas (a) generalizada, (b) localizada e (c) por punção (Lopes, 1979)*

Observou ainda o efeito da geometria da placa: uma placa circular apresenta, para o mesmo solo, um modo de ruptura mais próximo de punção (ou localizada) que uma placa corrida. Assim, os fatores que afetam o modo de ruptura são:

a. propriedades do solo (relação rigidez/resistência) - quanto maior a rigidez, mais próxima da generalizada;
b. geometria do carregamento
   - b.1 profundidade relativa (*D*/*B*) - quanto maior *D*/*B*, mais próxima da punção;
   - b.2 geometria em planta (*L*/*B*) - não parece haver uma tendência clara;
c. tensões iniciais - quanto maior o coeficiente de empuxo inicial K_0, mais próxima da generalizada.

O objetivo de se considerar o efeito da rigidez do solo é determinar uma carga de ruptura de caráter prático, definida por uma penetração da fundação no solo, que caracteriza o processo de ruptura deste, e não a carga última ou limite, que seria atingida, no caso de um solo de baixa rigidez, após um deslocamento muito grande. Esse deslocamento muito grande, além de impraticável de ser alcançado em provas de carga, tornaria questionável a interpretação, devido à alteração da geometria. Quanto à escolha de um recalque que caracterize a ruptura numa prova de carga, por exemplo, utiliza-se normalmente uma percentagem da dimensão da placa, como 10% (ou seja, $w_{rup} = 0{,}1\ B$).

4.2.2 Mecanismos em função da excentricidade e da inclinação da carga

Os mecanismos de ruptura são afetados também pelas características do carregamento. Os mecanismos descritos no item anterior são válidos para um carregamento vertical e centrado. Mecanismos associados a outros tipos de carregamento podem ser vistos na Fig. 4.4. Conforme pode ser observado nessa figura, duas outras características do carregamento precisam ser examinadas: a excentricidade e a inclinação da carga.

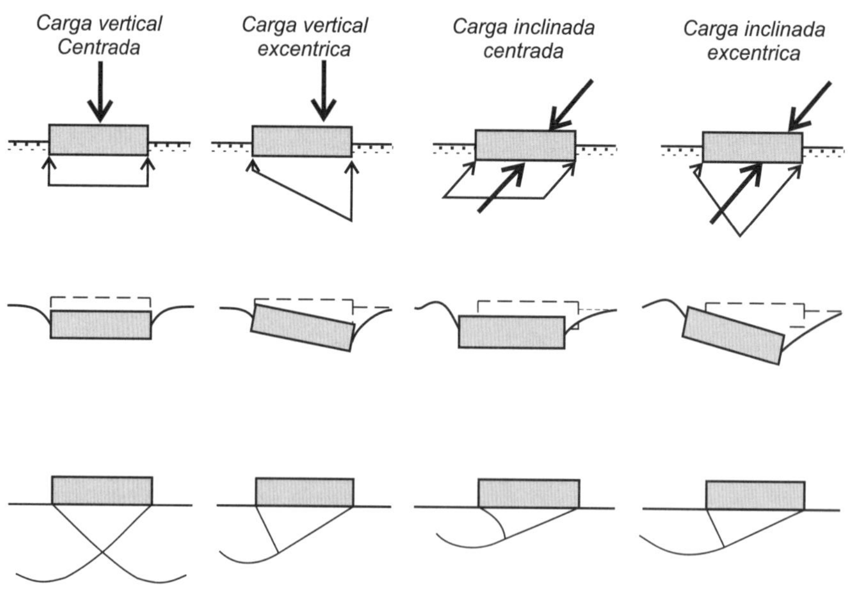

Fig. 4.4 *- Pressões de contato (com variação linear), deslocamentos e mecanismos de ruptura em função da excentricidade e da inclinação da carga*

4.3 CAPACIDADE DE CARGA PARA CARREGAMENTOS VERTICAIS E CENTRADOS

O primeiro autor a apresentar fórmulas para o cálculo da capacidade de carga das fundações superficiais e profundas foi Terzaghi (1925). Posteriormente, Terzaghi (1943) deu ao problema um tratamento racional, utilizando-se de resultados obtidos por Prandtl (1920) na aplicação da Teoria da Plasticidade aos metais. Além das contribuições de Prandtl (1920) e Reissner (1924), anteriores à de Terzaghi (1925), merecem destaque Meyerhof (1951), Balla (1962), Vesic (1973, 1975), Hansen (1961, 1970) e De Beer (1970).

4.3.1 Teoria de Terzaghi

Para Terzaghi (1943), uma fundação superficial é aquela cuja largura $2b$ é igual ou maior que a profundidade D da base da fundação. Satisfeita essa condição, pode-se desprezar a resistência ao cisalhamento do solo acima do nível da base da fundação, substituindo-o por uma sobrecarga $q = \gamma D$. Com isso, o problema passa a ser o de uma faixa (sapata corrida) de largura $2b$, carregada uniformemente, localizada na superfície horizontal de um maciço semi-infinito. O estado de equilíbrio plástico é mostrado na Fig. 4.5.

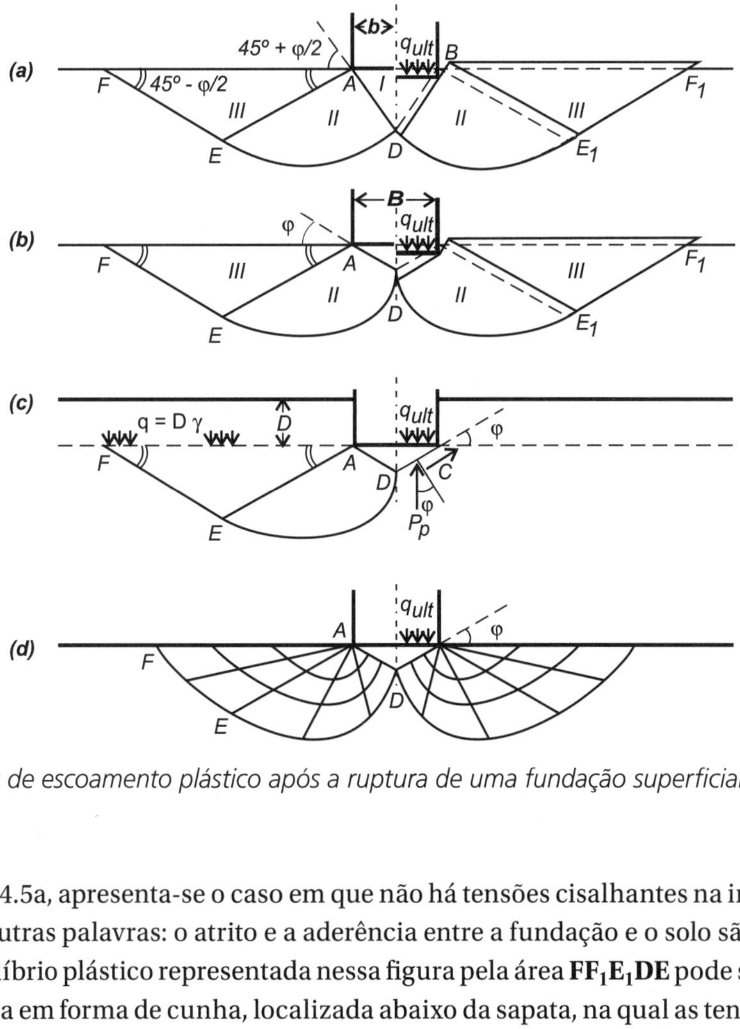

Fig. 4.5 - Zonas de escoamento plástico após a ruptura de uma fundação superficial (Terzaghi, 1943)

Na Fig. 4.5a, apresenta-se o caso em que não há tensões cisalhantes na interface fundação-solo. Em outras palavras: o atrito e a aderência entre a fundação e o solo são desprezados. A zona de equilíbrio plástico representada nessa figura pela área $\mathbf{FF_1E_1DE}$ pode ser subdividida em (I) uma zona em forma de cunha, localizada abaixo da sapata, na qual as tensões principais máximas são verticais, (II) duas zonas de cisalhamento radial, **ADE** e $\mathbf{BDE_1}$, irradiando-se das arestas da fundação, cujas fronteiras fazem com a horizontal ângulos de $45^o + \varphi/2$ e $45^o - \varphi/2$ e (III) duas zonas passivas de Rankine. As linhas tracejadas na metade da direita da Fig. 4.5a representam as fronteiras das zonas I a III no instante da ruptura do solo, e as linhas cheias, as mesmas fronteiras quando a fundação penetra no solo. O solo localizado dentro da zona I espalha-se lateralmente, e uma seção dessa zona experimenta a distorção indicada na figura.

Se, como na realidade acontece, a base da fundação é rugosa (Fig. 4.5b), a tendência do solo da zona I de se espalhar é contrariada pelo atrito e pela aderência na interface fundação-solo. Isso faz com que o solo da zona I se comporte como se fizesse parte da própria fundação. A penetração da fundação só é possível se o solo imediatamente abaixo do ponto **D** se deslocar verticalmente para baixo. Esse tipo de movimento requer que a superfície de deslizamento **DE** que passa por **D** tenha aí uma tangente vertical. A fronteira **AD** da zona de cisalhamento radial **ADE** é, também, uma superfície de deslizamento. Do estudo de equilíbrio plástico nos solos, sabe-se que as superfícies de deslizamento se interceptam segundo um ângulo igual a $90^o - \varphi$. Consequentemente, a fronteira **AD** deve fazer um ângulo φ com a horizontal, desde que o atrito e a aderência entre o solo e a base da fundação sejam suficientes para impedir um deslizamento na base. A metade da direita da Fig. 4.5b mostra a deformação associada à penetração da fundação. O levantamento brusco do solo nos dois lados da fundação tem suscitado algumas especulações e é chamado de *efeito de bordo*. Ele nada mais é que a manifestação visível da existência das duas zonas de cisalhamento radial. Pode-se verificar que o ângulo de atrito na base da fundação, necessário para produzir o estado de escoamento plástico mostrado na Fig. 4.5b, é muito menor que o ângulo de resistência ao cisalhamento do solo. Consequentemente, pode-se admitir que a fronteira inferior da zona central (I) faça um ângulo φ com a horizontal. Entretanto, teoricamente, o ângulo de inclinação dessas fronteiras pode ter qualquer valor ψ compreendido entre φ e $45^o + \varphi/2$.

Qualquer que seja o ângulo de inclinação das fronteiras, a fundação não pode penetrar no solo enquanto a pressão exercida sobre o solo junto às fronteiras inclinadas da zona (I) não se torne igual à pressão passiva. Partindo dessa condição, pode-se calcular a capacidade de carga da fundação.

Considere-se a fundação representada na Fig. 4.5c. Se a fundação é superficial, o solo situado acima da base é substituído pela sobrecarga $q = \gamma\, D$. A resistência ao cisalhamento do solo é dada pela equação de Coulomb:

$$s = c + \sigma \, tg\,\varphi \qquad \textbf{(4.1a)}$$

e as tensões cisalhantes em **AD** no instante da ruptura valem:

$$\tau = c + p_n \, tg\,\varphi \qquad \textbf{(4.1b)}$$

onde:

p_n é a componente normal da pressão passiva em **AD**.

O empuxo passivo em **AD** (ou **BD**) consiste de duas componentes, P_P atuando segundo um ângulo δ (ângulo de atrito solo-parede) com a normal à face de contato e a componente da aderência

$$C = \frac{b}{cos\,\varphi} c$$

O equilíbrio do solo em (I) permite escrever:

$$Q_{ult} + \gamma\, b^2\, tg\,\varphi \,-\, 2\, P_P - 2\, b\, c\, tg\,\varphi = 0 \tag{4.2a}$$

onde:

Q_{ult} = capacidade de carga da fundação;

$\gamma\, b^2\, tg\,\varphi$ = peso do solo em (I);

$b\, c\, tg\,\varphi$ = componente vertical de C.

Daí:

$$Q_{ult} = 2\, P_P + 2\, b\, c\, tg\,\varphi - \gamma\, b^2\, tg\,\varphi \tag{4.2b}$$

Essa equação fornece a solução do problema desde que conhecido P_P.

Se $D = 0$, $q = 0$ e $c = 0$, isto é, se a base da fundação repousa sobre a superfície de uma areia, tem-se:

$$Q_{ult} = 2\, P_P - \gamma\, b^2\, tg\,\varphi \tag{4.3a}$$

Se se tiver um anteparo, conforme mostrado na Fig. 4.6, o empuxo passivo será:

$$Pp = \frac{1}{2}\, \gamma\, H^2\, \frac{K_{P\gamma}}{sen\,\alpha\, \cos\delta} \tag{4.3b}$$

sendo $K_{P\gamma}$ o coeficiente de empuxo passivo para $c = 0$, $q = 0$, $\alpha = 180° - \varphi$ e $\delta = \varphi$.

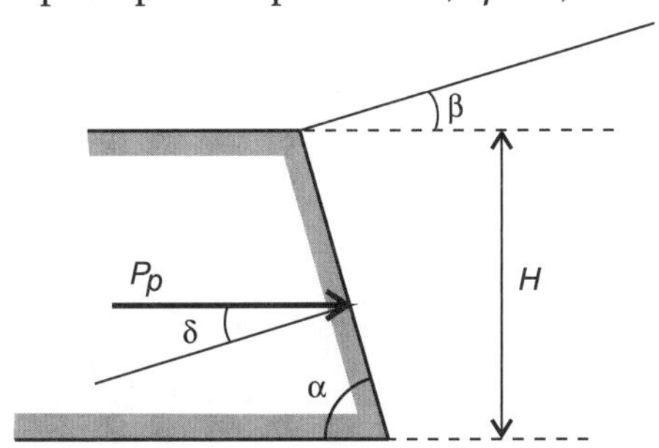

Fig. 4.6 *- Esquema de cálculo do empuxo passivo*

No caso presente, $\alpha = 180° - \varphi$; $\delta = \varphi$; $H = b\, tg\varphi$ e a Eq. (4.3b) fornece:

$$P_P = \frac{1}{2}\, \gamma\, b^2\, \frac{tg\,\varphi}{\cos^2\,\varphi} K_{P\gamma} \tag{4.3c}$$

Substituindo (4.3c) em (4.3a), obtém-se:

$$Q_{ult} = Q_\gamma = 2\, \frac{1}{2}\, \gamma\, b^2\, tg\,\varphi\, \left(\frac{K_{P\gamma}}{\cos^2\varphi} - 1 \right) = 2\, b^2\, \gamma\, N_\gamma \tag{4.4}$$

onde:

$$N_\gamma = \frac{1}{2}\, tg\,\varphi\, \left(\frac{K_{P\gamma}}{\cos^2\varphi} - 1 \right) \tag{4.5}$$

Como $K_{P\gamma}$ depende, nesse caso particular, apenas de φ, o mesmo acontecerá com N_γ, que é um dos três *fatores de capacidade de carga* instituídos por Terzaghi.

Para levar em conta a coesão e a sobrecarga, Terzaghi parte da expressão que deduziu para a componente normal do empuxo passivo:

$$P_n = \frac{H}{sen\,\alpha}(c\, K_{Pc} + q\, K_{Pq}) + \frac{1}{2}\gamma\, H^2\, \frac{K_{P\gamma}}{sen\alpha} \tag{4.6}$$

sendo os coeficientes K_{Pc}, K_{Pq} e $K_{P\gamma}$ independentes de H e de γ. Tendo em vista a Fig. 4.5c,

$$H = b\ tg\varphi\ ; \quad \alpha = 180^o - \varphi\ ; \quad \delta = \varphi\ ; \quad c_a = c$$

Considerando, além disso, que o empuxo passivo total é:

$$P_P = \frac{P_n}{\cos\delta} = \frac{P_n}{\cos\phi}$$

vem:

$$P_P = \frac{b}{\cos^2\phi}(c\,K_{Pc} + q\,K_{Pq}) + \frac{1}{2}\gamma\,b^2 = \frac{tg\,\phi}{\cos\phi}K_{P\gamma}$$

e levando em (4.2b), tem-se:

$$Q_{ult} = 2\ b\ c\left(\frac{K_{Pc}}{\cos^2\phi} + tg\,\phi\right) + 2\,b\,q\,\frac{K_{Pq}}{\cos^2\phi} + \gamma\ b^2 tg\,\phi\left(\frac{K_{P\gamma}}{\cos^2\phi} - 1\right) \qquad \textbf{(4.7)}$$

Essa equação é válida para a condição de *ruptura generalizada*.

Na parte superior da Fig. 4.7, está representada uma sapata corrida de largura *2b*, com base rugosa. Se $\gamma = 0$, a ruptura ocorre ao longo da superfície $\mathbf{DE_1F_1}$. O trecho curvo $\mathbf{DE_1}$ dessa superfície é uma espiral logarítmica cujo centro está localizado em **B** e cuja equação é:

$$r = r_o\ e^{\theta\ tg\,\varphi} \qquad \textbf{(4.8)}$$

onde:

θ é o ângulo central medido em radianos a partir de $\mathbf{BD} = r_o$.

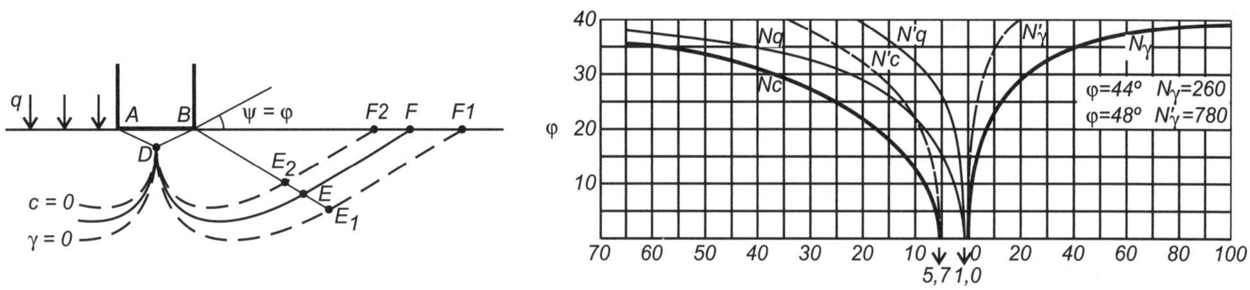

Fig. 4.7 *- Superfícies de deslizamento e ábaco para obtenção dos fatores de capacidade de carga*

Para $\varphi = 0$, a Eq. (4.8) representa um círculo de raio r_o. Visto que a equação que representa a superfície de deslizamento não contém c nem q, a forma dessa superfície será, também, independente da coesão e da sobrecarga. Para $\gamma = 0$, obtém-se, para a carga necessária à ruptura generalizada:

$$Q_c + Q_q = 2\,b\,c\left(\frac{K_{Pc}}{\cos^2\phi} + tg\,\phi\right) + 2\,b\,q\,\frac{K_{Pq}}{\cos^2\phi} = 2\,b\,c\,N_c + 2\,b\,q\,N_q \qquad \textbf{(4.9)}$$

Nessa equação, N_c e N_q são grandezas que dependem apenas de φ. São os outros dois fatores de capacidade de carga. Q_c é a carga que um solo sem peso suportaria, se $q = 0$, e Q_q é a carga que suportaria se $\gamma = 0$ e $c = 0$.

Por outro lado, se $c = 0$, $q = 0$ e $\gamma > 0$, a superfície de deslizamento seria $\mathbf{DE_2F_2}$. Cálculos aproximados mostram que o ponto mais baixo da curva $\mathbf{DE_2}$ está acima do ponto mais baixo de $\mathbf{DE_1}$. A carga crítica capaz de produzir uma ruptura, segundo $\mathbf{DE_2F_2}$, é determinada pela equação:

$$Q_\gamma = \gamma\, b^2\, tg\,\phi \left(\frac{K_{P\gamma}}{cos^2\, \phi} - 1 \right) = 2\, b^2\, \gamma\, N_\gamma \qquad (4.10)$$

Se os valores de c, D e γ forem maiores do que zero, a ruptura ocorrerá ao longo de uma superfície de deslizamento **DE** localizada entre $\mathbf{BE_1F_1}$ e $\mathbf{BE_2F_2}$. Cálculos numéricos mostraram que, nesse caso geral, a capacidade de carga é apenas ligeiramente maior que a soma das cargas $Q_c + Q_q$ dada pela Eq. (4.9), com a carga Q_γ dada por (4.10). Assim, pode-se escrever a expressão aproximada da capacidade de carga (de uma fundação de largura 2b):

$$Q_{ult} = Q_c + Q_q + Q_\gamma = 2\, b\, c\, N_c + 2\, b\, q\, N_q + 2\, b^2 \gamma\, N_\gamma \qquad (4.11)$$

Fazendo $q = \gamma\, D$, vem:

$$Q_{ult} = Q_c + Q_q + Q_\gamma = 2\, b\, (c\, N_c + \gamma\, D\, N_q + \gamma\, b\, N_\gamma) \qquad (4.12)$$

A capacidade de carga unitária será:

$$q_{ult} = \frac{Q_{ult}}{2b} = c\, N_c + \gamma\, D\, N_q + \gamma\, b\, N_\gamma \qquad (4.13a)$$

Se a largura da fundação for B, essa equação assumirá a forma mais usual:

$$q_{ult} = c\, N_c + \gamma\, D\, N_q + \gamma \frac{B}{2} N_\gamma \qquad (4.13b)$$

Trabalhos de Prandtl (1920) e Reissner (1924) conduziram às expressões:

$$N_c = cot\,\varphi \left[\frac{a_\theta^2}{2 cos^2 (45^o + \varphi/2)} - 1 \right] \qquad (4.14)$$

$$N_q = \frac{a_\theta^2}{2 cos^2 (45^o + \varphi/2)} \qquad (4.15)$$

com:

$$a_\theta = e^{\left(\frac{3\pi}{4} - \frac{\varphi}{2} \right) tg\,\varphi} \qquad (4.16)$$

Os valores de N_c, N_q e N_γ são calculados pelas Eqs. (4.14), (4.15) e (4.5) e estão apresentados na forma de ábaco na Fig. 4.7.

Para $\varphi = 0$, obtém-se:

$$N_c = \frac{3}{2}\pi + 1 = 5{,}7 \quad ; \quad N_q = 1 \quad ; \quad N_\gamma = 0 \qquad (4.17)$$

No caso de uma fundação com base lisa (sem aderência), obtém-se:

$$N_c = cot\,\varphi \left[a_\theta\; tg^2 \left(45^o + \frac{\varphi}{2} \right) - 1 \right] \qquad (4.18)$$

$$N_q = a_\theta^2\; tg^2 \left(45^o + \frac{\varphi}{2} \right) \qquad (4.19)$$

sendo:

$$a_\theta = e^{\frac{\pi}{2} tg\,\varphi} \tag{4.20}$$

Se $\varphi = 0$

$$N_c = \pi + 2 = 5{,}14 \quad ; \quad N_q = 1 \quad ; \quad N_\gamma = 0 \tag{4.21}$$

Tudo o que foi escrito até aqui se refere a um processo de *ruptura generalizada*. Para a *ruptura localizada*, Terzaghi sugere adotar para os parâmetros de resistência do solo:

$$tg\,\varphi^* = \frac{2}{3}\,tg\,\varphi \qquad\qquad c^* = \frac{2}{3}\,c$$

Uma alternativa para se calcular os fatores da capacidade de carga com φ^* é utilizar os valores de N'_c, N'_q e N'_γ, fornecidos na Fig. 4.7.

Sapatas com outras formas

Para sapatas circulares de raio *R* e sapatas quadradas de lado *B*, Terzaghi propõe que a fórmula deduzida para a sapata corrida seja modificada para as seguintes:

$$Q_{ult} = \pi\,R^2 (1{,}3\,c\,N_c + \gamma\,D\,N_q + 0{,}6\,\gamma\,R\,N_\gamma) \tag{4.22}$$

e:

$$Q_{ult} = B^2 \left(1{,}3\,c\,N_c + \gamma\,D\,N_q + 0{,}8\,\gamma\,\frac{B}{2}\,N_\gamma\right) \tag{4.23}$$

Skempton (1951) obteve resultados experimentais que suportam o valor de $N_c = 5{,}14$ de Prandtl para sapatas corridas e de $N_c = 6{,}20$ para sapatas circulares, o que indica um fator de correção de forma de *1,2*, um pouco inferior ao sugerido por Terzaghi, acima. Também estudos com o Método dos Elementos Finitos feitos por Lopes (1979) confirmam os valores *5,14* para sapatas corridas e *6,20* para sapatas circulares.

4.3.2 Teoria de Meyerhof

A teoria de Meyerhof (1951, 1963) representa, pode-se dizer, um aperfeiçoamento da de Terzaghi. Ele não despreza a resistência ao cisalhamento do solo acima da base da fundação. A superfície de deslizamento intercepta a superfície do terreno, no caso das fundações superficiais, e estará totalmente contida no solo, no caso das fundações profundas (Fig. 4.8).

No instante da ruptura, a região acima da superfície de ruptura composta é, em geral, considerada como constituída de duas zonas principais (Fig. 4.8), de cada lado da zona central **ABC**: uma zona de cisalhamento radial **BCD** e uma zona de cisalhamento mista **BDEF**, em que o cisalhamento varia entre os limites de cisalhamento radial e plano, dependendo da rugosidade e da profundidade da fundação. O equilíbrio plástico nessas zonas pode ser estabelecido pelas condições de fronteira partindo das paredes da fundação. Para simplificar a análise, a resultante das forças em **BF** e o peso da cunha de solo adjacente **BEF** são substituídos pelas tensões equivalentes p_o e s_o, normal e tangencial, respectivamente, ao plano **BE**. Esse plano pode ser considerado uma "superfície livre equivalente". A inclinação β da superfície livre equivalente cresce com a profundidade da fundação e, juntamente com as pressões p_o e s_o, constitui um parâmetro daquela profundidade.

Tal como Terzaghi, Meyerhof resolve o problema em duas etapas: (i) na primeira etapa, utiliza os trabalhos de Prandtl (1920) e Reissner (1924), para um material sem peso; (ii) na segunda, utiliza um trabalho de Ohde (1938), para levar em conta o peso do solo.

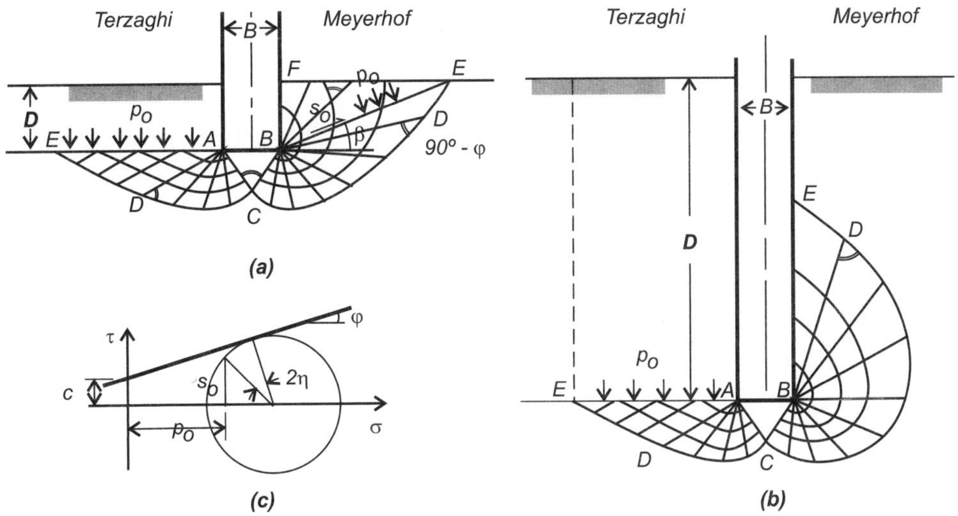

Fig. 4.8 *- Teoria de Meyerhof: mecanismos de ruptura de (a) fundações superficiais e (b) fundações profundas (β = 90°); (c) círculo de Mohr para obtenção do angulo β*

Na Fig. 4.9, são apresentados os fatores de capacidade de Meyerhof a serem introduzidos na expressão (para uma fundação corrida):

$$q_{ult} = c\,N_c + p_o\,N_q + \gamma\frac{B}{2}N_\gamma \qquad (4.24)$$

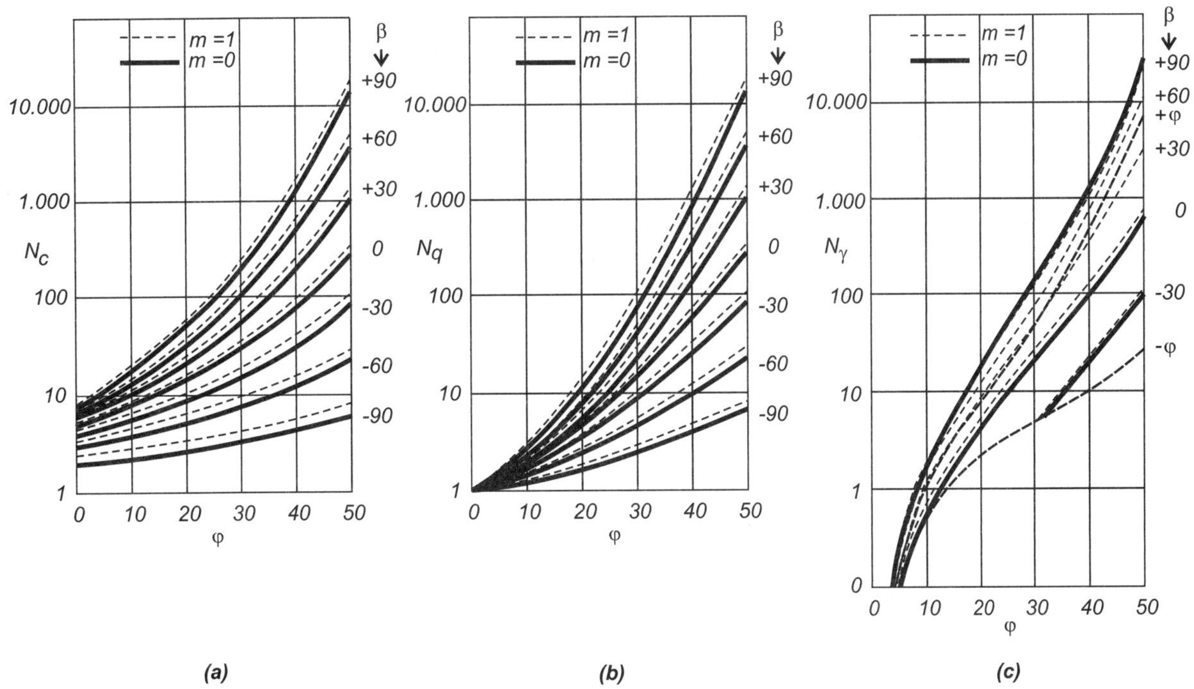

Fig. 4.9 *- Fatores de capacidade de carga (a) N_c, (b) N_q e (c) N_γ para sapata corrida, segundo a teoria de Meyerhof*

A Fig. 4.9 mostra que, na teoria de Meyerhof, os fatores de capacidade de carga dependem de φ, do ângulo β de inclinação da *superfície livre equivalente* e do parâmetro *m*.

Para a determinação do angulo β, Monteiro (1997) sugere o seguinte procedimento:

(i) Arbitra-se um valor para β: β_1. O peso da cunha de solo **BEF** é equilibrado por uma força de coesão e uma de atrito, ambas ao longo de **BF**, e por uma força suposta uniformemente distribuída ao longo de **BE**. Desprezando aquelas duas forças, obtém-se para a componente normal $(p_o)_1 = {}^1/_2 \gamma\, D \cos^2 \beta_1$ e para a componente tangencial $(s_o)_1 = m\,(c + (p_o)_1\, tg\varphi)$. Com esses valores de $(p_o)_1$ e $(s_o)_1$, traça-se um círculo de Mohr, que tangencia a envoltória de ruptura (Fig. 4.8c). Referindo-se à Fig. 4.8b, tem-se:

$$E\hat{B}D = \eta \qquad ; \qquad D\hat{B}C = \theta \qquad ; \qquad A\hat{B}C = 45^o + {}^{\varphi}/_2$$

Logo $45^o + {}^{\varphi}/_2 + \theta + \eta - \beta = 180^o$, donde $\theta_1 = 135^o + \beta_1 - \eta_1 - {}^{\varphi}/_2$.

(ii) Com os valores de θ_1 e η_1, calcula-se um novo valor de β pela expressão:

$$\frac{D}{B} = \frac{sen\beta \ \cos\varphi \ \ e^{\theta\, tg\varphi}}{2\, sen\,(45^o - \frac{\varphi}{2})\ \cos(\eta - \varphi)}$$

(iii) Repetem-se as operações até que $\beta_{i-1} \cong \beta_i$.

O parâmetro m, dado por $m = (s_o)\,/\,(c + p_o\, tg\varphi)$, exprime o grau de mobilização da resistência ao cisalhamento ao longo da superfície livre equivalente ($0 \leq m \leq 1$) e tem pequena influência nos fatores de capacidade de carga, como pode ser visto na Fig. 4.9.

Há outras teorias que permitem a consideração da resistência ao cisalhamento do solo acima do nível da base da sapata, sendo a mais conhecida aquela desenvolvida por Balla (1962).

4.3.3 Outras soluções para capacidade de carga

A determinação da capacidade de carga, conforme fizeram Prandtl, Terzaghi e Meyerhof, é dada pela aplicação do chamado Método do Equilíbrio Limite. Quando se obtém uma solução por esse método, não se sabe se ela está acima ou abaixo do valor correto da capacidade de carga. Em 1952, Drucker et al. (1952) enunciaram dois teoremas que constituem o fundamento do Método da Análise Limite. Esse método permite que se conheçam os limites entre os quais se situa a solução correta e permite avaliar, portanto, se uma solução obtida por qualquer outro método é a favor ou contra a segurança. Além desses métodos, há o Método das Linhas de Deslizamento (*Slip Line Method*), estudado por Sokolovski (1960, 1965), entre outros.

Análise Limite

São os seguintes os dois teoremas (Chen, 1976).

Teorema do Limite Inferior - "As cargas determinadas a partir de tensões que satisfaçam as equações de equilíbrio e as condições de fronteira em tensões e não violem a condição de escoamento (ruptura) em nenhum ponto *não são maiores* que as cargas reais de colapso".

O campo de tensões que satisfaz às três condições enunciadas é denominado *estaticamente admissível*, e o *teorema do limite inferior* assume a forma:

Se um campo de tensões estaticamente admissível puder ser obtido, não ocorrerá escoamento ou ruptura.

Deve-se notar que, quando se aplica o *teorema do limite inferior*, não há qualquer preocupação com a cinemática do problema. Consideram-se, apenas, o equilíbrio e o escoamento.

Teorema do Limite Superior - "As cargas que forem determinadas, igualando a potência de dissipação externa à potência de dissipação interna em um dado mecanismo de deformação (ou campo de velocidades) que satisfaça às condições de fronteiras em termos de velocidade e às condições de compatibilidade entre deformações e velocidades, *não são menores* que as cargas de colapso".

A potência de dissipação associada a um tal campo de velocidades, que é dito *cinematicamente admissível*, pode ser calculada a partir da relação idealizada entre tensões e velocidade de deformação, ou seja, da chamada *lei de escoamento*, e o Teorema do Limite Superior pode ser enunciado da seguinte forma:

Se se puder encontrar um campo de velocidades cinematicamente admissível, ocorrerá o escoamento ou ruptura.

Esse teorema se preocupa, portanto, apenas com o *aspecto cinemático do problema*. A distribuição de tensões não precisa satisfazer as leis do equilíbrio e é definida somente nas regiões que se deformam.

Mediante uma escolha adequada de campos de tensões e de velocidades, os dois teoremas permitem calcular cargas de ruptura que se aproximam da real, conforme mostrado no esquema a seguir.

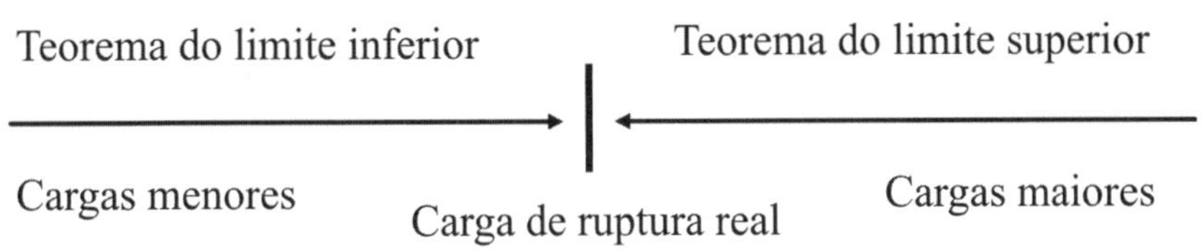

Os dois teoremas não requerem continuidade dos campos de tensões e velocidades. Por outro lado, requerem que o material tenha um comportamento elastoplástico perfeito, satisfazendo o critério de Coulomb e a *lei de escoamento associada*.

Pelo critério de Coulomb, o solo rompe por cisalhamento quando a tensão cisalhante em qualquer faceta em torno de um ponto atinge o valor dado pela Eq. (4.1).

Na Fig. 4.10, a Eq. (4.1) está representada pelas retas $\mathbf{M_0M}$ e $\mathbf{M_0M_1}$. A ruptura ocorre quando o raio do círculo de Mohr correspondente atinge o valor:

$$R = c\ \cos\varphi + \frac{(\sigma_x + \sigma_y)\ sen\varphi}{2} \qquad \textbf{(4.25)}$$

Pela lei de escoamento associada, o vetor velocidade é normal à superfície de escoamento. No caso bidimensional, se se superpõem ao sistema de coordenadas σ, τ, as componentes $\dot{v}$ e $\dot{u}$ da velocidade, ter-se-á o que mostra a Fig. 4.10; a uma velocidade de deslizamento $\delta\dot{u}$ corresponderá uma velocidade $\delta\dot{v}$ perpendicular à superfície de deslizamento.

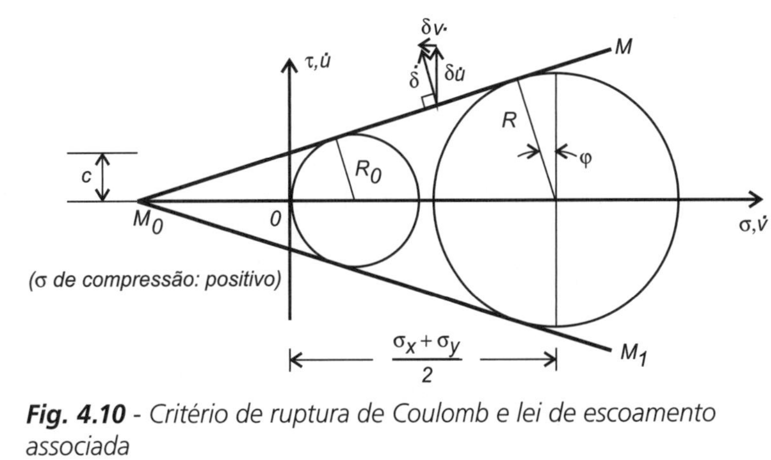

Fig. 4.10 *- Critério de ruptura de Coulomb e lei de escoamento associada*

Para ser aplicado o teorema do limite superior, há necessidade de se conhecer a energia dissipada no mecanismo de deformação. Segundo Chen (1976), pode-se deduzir essa energia em três casos: (i) ao longo de uma zona de transição delgada, (ii) em uma zona de cisalhamento radial (material com $\varphi = 0$) e (iii) em uma zona de cisalhamento em espiral logarítmica (material com c, φ).

(a) Zona de cisalhamento delgada

A Fig. 4.11 mostra uma camada de material plástico que, na ruptura, obedece ao critério de Coulomb, separando dois corpos rígidos. Se imaginarmos que o corpo superior desliza para a direita de um valor $\delta\dot{u}$ haverá, necessariamente, uma separação dos dois corpos rígidos de valor $\delta\dot{v} = \delta\dot{u}\, tg\,\varphi$. Essa separação implica um aumento de volume do corpo plástico, que é a *dilatância*.

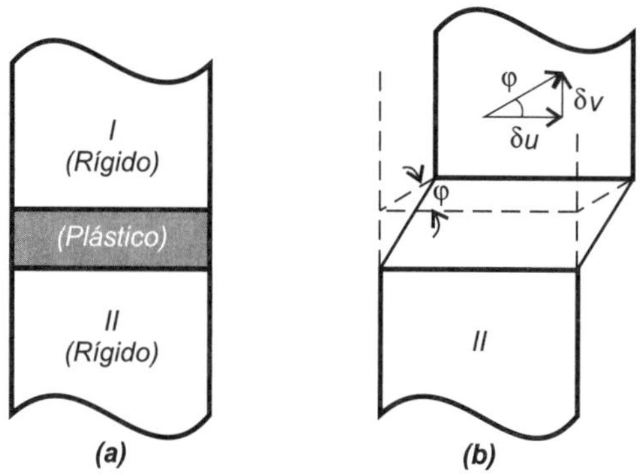

Fig. 4.11 - *Deslizamento acompanhado de separação*

A energia dissipada pode ser calculada pelo produto escalar do vetor tensão (σ, τ) pelo vetor velocidade de deslocamento $(\delta\dot{v}, \delta\dot{u})$:

$$D = -\sigma\,\delta\dot{v} + \tau\,\delta\dot{u} = -\sigma\,\delta\,\dot{u}\,tg\varphi + (c + \sigma\ tg\varphi)\,\delta\,\dot{u} = c\,\delta\,\dot{u} \tag{4.26}$$

lembrando que σ e $\delta\dot{v}$ têm sentidos opostos.

Quando $\varphi \neq 0$, a superfície plana e a superfície em espiral logarítmica são as duas únicas superfícies de descontinuidade que permitem o movimento em relação a um corpo rígido.

(b) Zona de cisalhamento radial ($\varphi = 0$)

A Fig. 4.12 mostra uma zona de cisalhamento radial **ODG**. Para calcular a energia nela dissipada, pode-se supô-la decomposta em triângulo rígidos que deslizam entre si e ao longo da superfície de descontinuidade em relação ao corpo rígido.

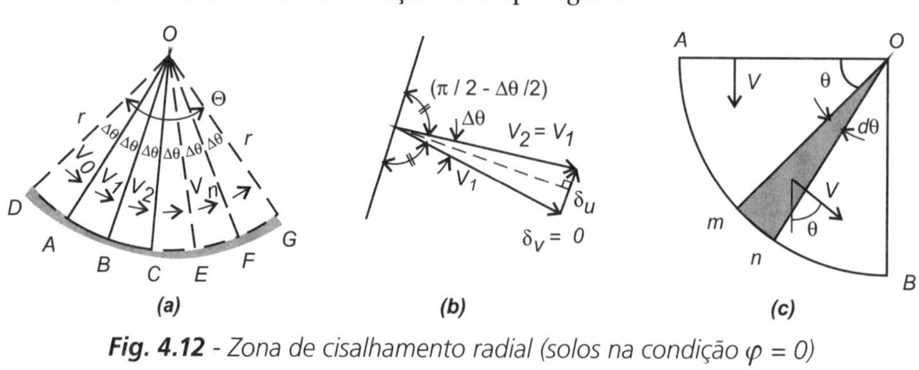

Fig. 4.12 - *Zona de cisalhamento radial (solos na condição $\varphi = 0$)*

Visto que o material deve permanecer em contato com a superfície **DABCEFG**, os triângulos devem mover-se paralelamente a **DA**, **AB**, **BC**, **CE**, **EF** e **FG**. Além disso, os triângulos devem permanecer em contato entre si. O diagrama de velocidades da Fig. 4.12b mostra, então, que os triângulos terão, todos, a mesma velocidade.

Isso posto, a energia dissipada pode ser calculada com a Eq. (4.26) . A energia dissipada ao longo de **OB** será:

$$c\,\delta\dot{u}\,r = 2\,c\,r\,V\,sen\,\frac{\Delta\theta}{2} \qquad \textbf{(4.27a)}$$

onde:

V é a velocidade de deslizamento.

A energia dissipada ao longo de **AB** será:

$$c\,V\,\overline{AB} = c\,V\,2\,r\,sen\,\frac{\Delta\theta}{2} \qquad \textbf{(4.27b)}$$

Conclui-se, então, que a energia dissipada ao longo do raio **OB** é igual à energia dissipada ao longo do arco **AB**. Consequentemente, a energia dissipada na zona de cisalhamento radial **DOG**, definida pelo ângulo central θ, será igual à energia dissipada ao longo do arco **DG**. Isso ocorre porque, quando n cresce, o setor **ODG** se aproxima da zona de cisalhamento radial, a qual ocorrerá quando n tender para o infinito. A energia dissipada no setor plástico será:

$$\lim_{n\to\infty}\ n\,2\,c\,V\,r\,sen\,\frac{\theta}{2n} = 2\,c\,r\,V\ \lim_{n\to\infty}\left(n\,sen\frac{\theta}{2n}\right) = c\,V\,(r\,\theta) \qquad \textbf{(4.28)}$$

(c) Zona de cisalhamento em espiral logarítmica (solos com c, φ)

A Fig. 4.13 mostra uma zona de cisalhamento em espiral logarítmica. Agora, um deslizamento δu é acompanhado por uma separação $\delta v = \delta u\ tg\phi$. Se $\Delta\theta$ é suficientemente pequeno, as velocidades nos triângulos elementares são obtidas sucessivamente:

$$V_1 = V_0\,(1 + \Delta\theta\ \ tg\,\varphi)$$
$$V_2 = V_1\,(1 + \Delta\theta\ \ tg\,\varphi)$$
$$\vdots$$
$$V_n = V_{n\text{-}1}\,(1 + \Delta\theta\ \ tg\,\varphi)$$

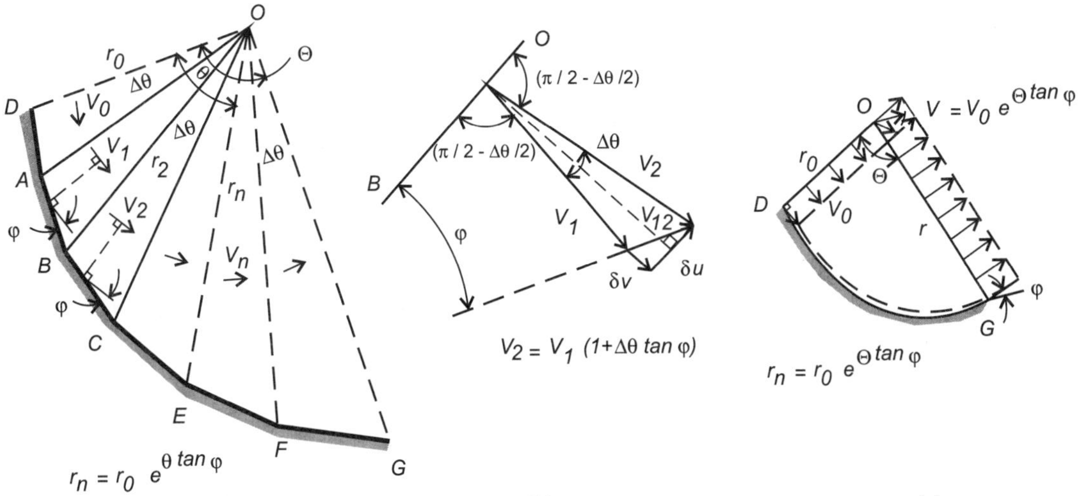

***Fig. 4.13** - Zona de cisalhamento em espiral logarítmica*

Daí:

$$V_n = V_o (1 + \Delta\theta \ tg\varphi)^n \tag{4.29}$$

Fazendo $\Delta\theta = \theta/n$ e fazendo n tender para o infinito, obtém-se:

$$\lim_{n\to\infty} V_o \left(1 + \frac{\theta}{n} tg \ \varphi\right)^n = V_o \ e^{\theta \ tg \ \varphi} \tag{4.30a}$$

ou

$$V_v = V_o \ e^{\theta \ tg \ \phi} \tag{4.30b}$$

onde V é a velocidade correspondente a uma abertura θ.

A energia dissipada ao longo de um raio **OB**, por exemplo, será:

$$c \ r_2 \delta\dot{u} = c \ r_2 \ V_1 \ \Delta\theta \tag{4.31}$$

Analogamente, a energia dissipada ao longo do arco **AB** da espiral será:

$$c \left(\frac{r_2 \ \Delta\theta}{cos \ \varphi}\right) (V cos\varphi) = c \ r_2 \ V_1 \ \Delta\theta \tag{4.32}$$

Assim, também aqui, a energia dissipada ao longo de um raio é igual à energia dissipada no longo do arco correspondente, desde que o ângulo $\Delta\theta$ seja pequeno. Consequentemente, a energia dissipada na zona limitada por um arco de espiral logarítmica será igual à energia dissipada ao longo da espiral que será obtida integrando a Eq. (4.32):

$$c \int r \ Vd\theta = c \int (r_o \ e^{\theta \ tg\varphi})(V_o \ e^{\theta \ tg\varphi}) \ d\theta = \frac{1}{2} c \ V_o \ r_o \ cot \ \varphi \ (e^{2\theta \ tg\varphi} - 1) \tag{4.33}$$

Aplicação a sapata corrida em solo com $\varphi = 0$

A título de ilustração, determinaremos a capacidade de carga de uma sapata corrida em solo com $\varphi = 0$ (Chen, 1976, 1991).

(a) Aplicação do Teorema do Limite Superior

Na Fig. 4.14, são apresentados 4 mecanismos de ruptura. Para exemplificar, vejamos a aplicação do teorema ao mecanismo da Fig. 4.14b. Imaginemos que, na ruptura, a sapata sofra um deslocamento de velocidade V. A energia dissipada pelas forças externas vale:

$$W_{ext} = Q \ V - \frac{B^2}{2} \gamma \ V - B \ D \gamma \ V + \frac{B^2}{2} \gamma \ V \tag{4.34}$$

onde $Q \ V$ decorre da carga $Q = q_{ult} \ B$ aplicada ao solo pela sapata, o segundo termo decorre do peso do solo de **OBC**, o terceiro termo é devido à sobrecarga e o quarto, ao peso próprio do solo na região **OAB**.

A energia dissipada pelo peso próprio do solo em **OBC** é igual ao produto do peso próprio pela velocidade de deslocamento vertical V ou:

$$1/2 \ B^2 \gamma \ V \tag{4.35}$$

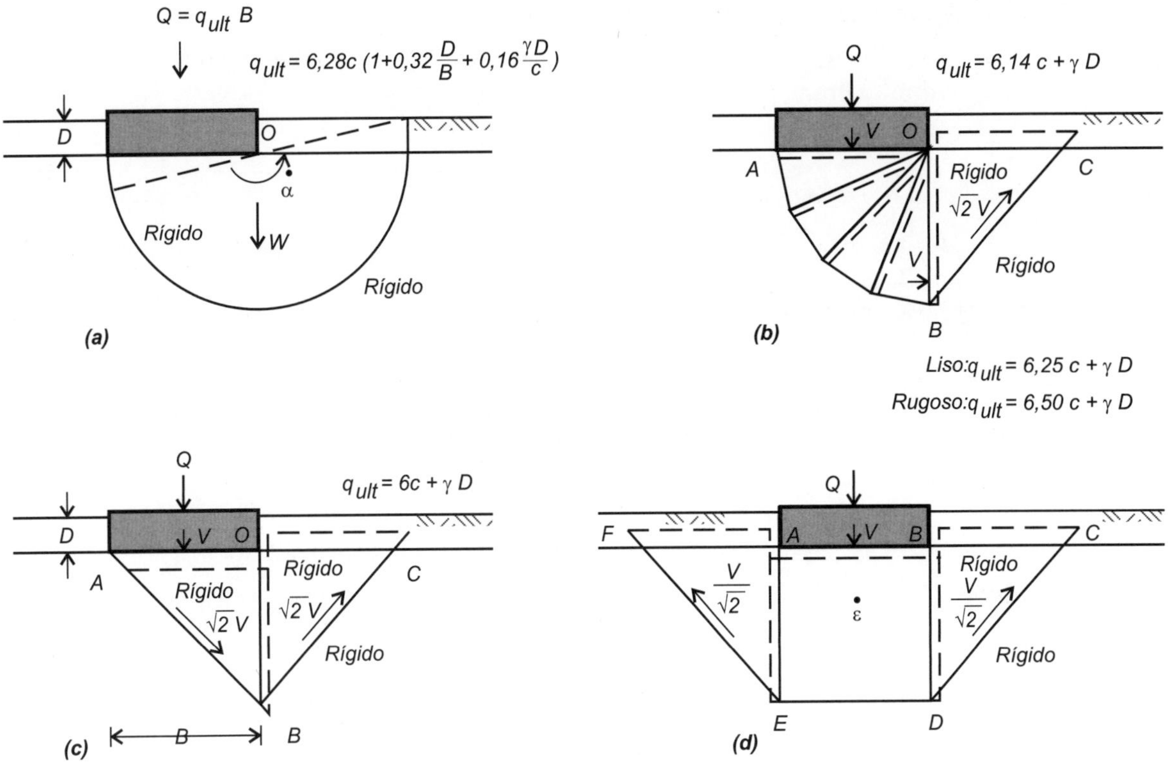

***Fig. 4.14** - Aplicação do Teorema do Limite Superior a sapata corrida na condição $\varphi = 0$*

A energia dissipada pelo peso próprio do solo em **OAB** é obtida da seguinte forma (Santa Maria, 1995): considerando-se o triângulo elementar **Omn** (Fig. 4.12c) de peso $1/2\, B^2\, d\theta\, \gamma$ e a velocidade de deslocamento para baixo $V \cos\theta$, a energia dissipada será:

$$1/2\, B^2\, V\gamma\ \cos\theta\ d\theta \qquad \textbf{(4.36)}$$

Assim, a energia dissipada pelo setor **OAB** será:

$$\int_o^{2\pi} \frac{1}{2} B^2\ V\ \gamma\ \cos\theta\ d\theta\ =\ \frac{1}{2}\ B^2\ V\ \gamma \qquad \textbf{(4.37)}$$

Desprezaram-se as parcelas correspondentes ao peso do solo em **OAB** (positiva) e em **OBC** (negativa).

A energia dissipada pelas forças internas é:

$$W_{int} = W_{oab} + W_{ab} + W_{bc} + W_{ob} + W_{ce} = \qquad \textbf{(4.38)}$$

$$= c\frac{\pi B}{2}\ V + c\ \frac{\pi B}{2}\ V + c\ \sqrt{2\,B}.\ \sqrt{2}\ \ V + cBV + cDV = c\ \pi BV + 3\ c\ B + cDV$$

Igualando W_{ext} e W_{int}, tem-se:

$$Q_{ult} = 6{,}14\ c\ B + c\ D + \gamma\ B\ D \qquad \textbf{(4.39a)}$$

ou

$$q_{ult} = 6{,}14\ c + c\frac{D}{B} + \gamma\ D \qquad \textbf{(4.39b)}$$

(b) Aplicação do Teorema do Limite Inferior

Na Fig. 4.15, são mostradas 3 distribuições de tensões estaticamente admissíveis. A Fig. 4.15c conduz ao limite inferior para a capacidade de carga:

$$q_{ult} = 4\,c + \gamma\,D \tag{4.40}$$

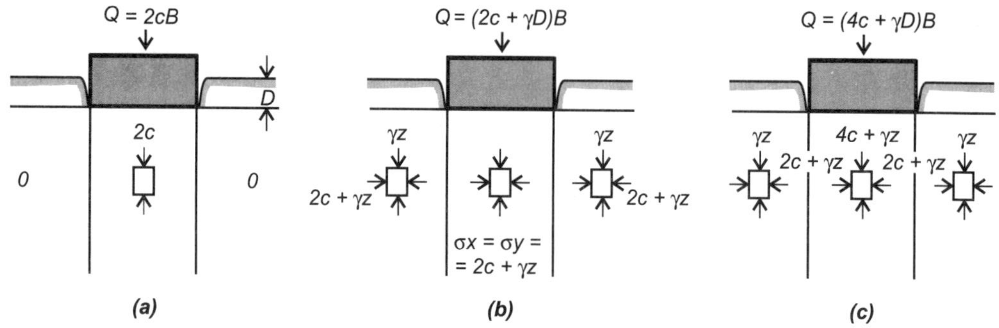

Fig. 4.15 - Aplicação do teorema do limite inferior a sapata corrida na condição $\varphi = 0$

Se se fizer $D = 0$, tem-se que a capacidade de carga do solo na condição $\varphi = 0$ estará compreendida entre $4\,c$ e $6{,}14\,c$.

A Fig. 4.16 apresenta - em ordem cronológica - as diferentes soluções obtidas para a capacidade de carga de sapata sobre solo com $\varphi = 0$, mostrando que a solução que corresponde ao limite inferior foi obtida ainda no século passado, embora na época não se tivesse estabelecido a Análise Limite. É interessante notar, ainda, que a solução de Prandtl, que se situa no meio do intervalo entre o limite superior (com o mecanismo da Fig. 4.14a) e o inferior, é aquela que tem respaldo experimental (tanto em valor como em mecanismo de ruptura) e que foi confirmada recentemente por Análise Limite via Método dos Elementos Finitos (Pontes Filho, 1993). Para um estudo mais detalhado, recomenda-se, além dos trabalhos já mencionados de Chen, Atkinson (1981, 1993).

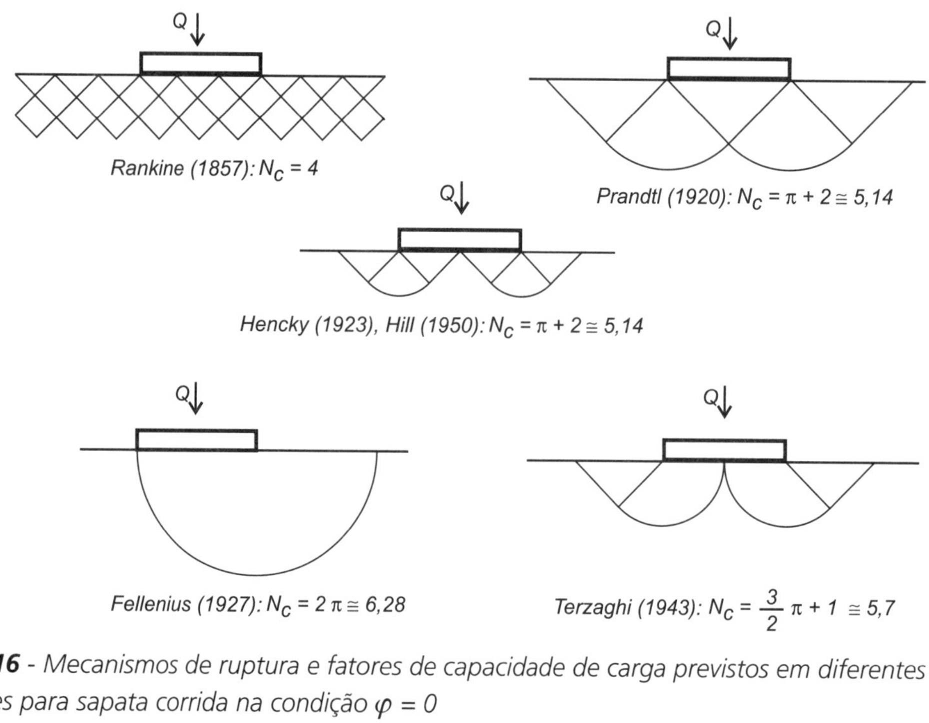

Fig. 4.16 - Mecanismos de ruptura e fatores de capacidade de carga previstos em diferentes soluções para sapata corrida na condição $\varphi = 0$

4.4 CAPACIDADE DE CARGA PARA CARREGAMENTOS INCLINADOS E EXCÊNTRICOS - FÓRMULAS GERAIS

4.4.1 Contribuição de Hansen

Hansen (1961) fez importante contribuição ao cálculo da capacidade de carga das fundações submetidas a um carregamento qualquer. Para o caso de uma carga excêntrica, utilizou o conceito de *área efetiva da fundação*. Para levar em conta a forma da fundação, sua profundidade e a inclinação da carga, introduziu os *fatores de forma, de profundidade* e *de inclinação da carga*, respectivamente. Em trabalho posterior (Hansen, 1970), introduziu os *fatores de inclinação do terreno e de inclinação da base da fundação*. Com isso, chegou à fórmula geral:

$$q_{ult} = \frac{Q_{ult}}{A'} = c\,N_c\,s_c\,d_c\,i_c\,b_c\,g_c + q\,N_q\,s_q\,d_q\,i_q\,b_q\,g_q + \frac{B'}{2}\gamma\,N_\gamma\,s_\gamma\,d_\gamma\,i_\gamma\,b_\gamma\,g_\gamma \qquad (4.41)$$

onde:

s_c, s_q, s_γ = fatores de forma;
d_c, d_q, d_γ = fatores de profundidade;
i_c, i_q, i_γ = fatores de inclinação da carga;
b_c, b_q, b_γ = fatores de inclinação da base da fundação;
g_c, g_q, g_γ = fatores de inclinação do terreno;
A' = área efetiva de fundação.

Esta expressão fornece a tensão de ruptura q_{ult} que atua na área mais fortemente carregada da fundação, A', chamada de *área efetiva*. O conceito da *área efetiva*, introduzido por Meyerhof (1953), caracteriza uma área da sapata na qual as tensões (compressivas), mais elevadas, podem ser supostas uniformes. A área efetiva é determinada de maneira que a resultante das cargas atuantes passe pelo seu centro de gravidade. A Fig. 4.17 mostra alguns exemplos de sua determinação. No caso de uma fundação retangular (Fig. 4.17a), a área efetiva é um retângulo, de onde se tira a dimensão do lado menor B' para uso na Eq. (4.41). Nos outros casos mostrados nessa figura, a área efetiva é determinada por simetria em relação ao ponto de passagem da resultante e precisa ser transformada em um retângulo (chamado de *retângulo equivalente*). O retângulo deve ter a mesma área A' e possuir os mesmos eixos principais de inércia.

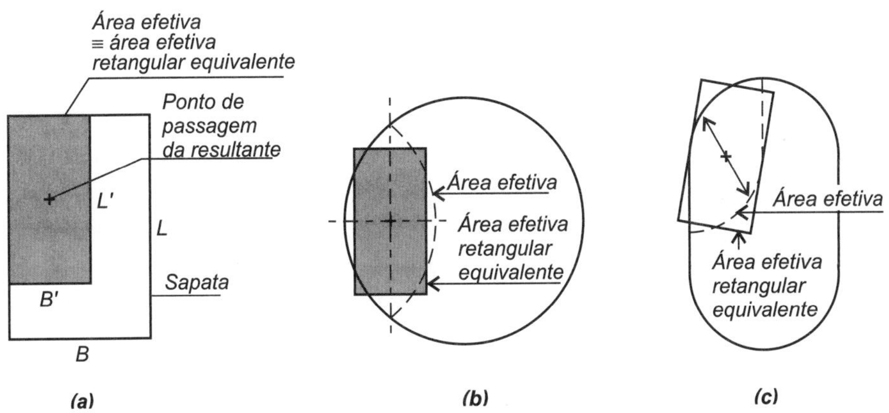

Fig. 4.17 - *Áreas efetivas de fundação, inclusive áreas retangulares equivalentes*

Para os fatores de capacidade de carga, são fornecidas as expressões :

$$N_c = (N_q - 1)\ cot\, \varphi \tag{4.42}$$

$$N_q = e^{\pi\, tg\, \phi}\ tg^2 \left(45^o + \frac{\phi}{2}\right) \tag{4.43}$$

$$N_\gamma = 1{,}5\,(N_q - 1)\ tg\, \varphi \tag{4.44}$$

4.4.2 Contribuição de Vesic

Vesic (1965, 1969, 1973, 1975) tem importantes contribuições para o cálculo da capacidade de carga das fundações superficiais e profundas. Para as primeiras, pode-se dizer que seus estudos estão resumidos em seu trabalho de 1975.

Mantendo a Eq. (4.18), Vesic propôs, para os fatores de capacidade de carga devidos à coesão (N_c) e à sobrecarga (N_q), as mesmas expressões (4.42) e (4.43) de Hansen. Para o fator de peso próprio propôs:

$$N_\gamma = 2\,(N_q + 1)\ tg\, \varphi \tag{4.45}$$

Os fatores propostos por Vesic estão indicados na Tab. 4.1. Para os fatores de correção, são recomendadas as expressões apresentadas a seguir.

Tab. 4.1 - Fatores de Capacidade de Carga

φ	N_c	N_q	N_γ	φ	N_c	N_q	N_γ
0	5,14	1,00	0,00	28	25,80	14,72	16,72
				29	27,86	16,44	19,34
5	6,49	1,57	0,45	30	30,14	18,40	22,40
				31	32,67	20,63	25,99
10	8,35	2,47	1,22	32	35,49	23,18	30,22
				33	38,64	26,09	35,19
15	10,98	3,94	2,65	34	42,16	29,44	41,06
16	11,63	4,34	3,06	35	46,12	33,30	48,03
17	12,34	4,77	3,53	36	50,59	37,75	56,31
18	13,10	5,26	4,07	37	55,63	42,92	66,19
19	13,93	5,80	4,68	38	61,35	48,93	78,03
20	14,83	6,40	5,39	39	67,87	55,96	92,25
21	15,82	7,07	6,20	40	75,31	64,20	109,41
22	16,88	7,82	7,13	41	83,86	73,90	130,22
23	18,05	8,66	8,20	42	93,71	85,38	155,55
24	19,32	9,60	9,44	43	105,11	99,02	186,54
25	20,72	10,66	10,88	44	118,37	115,31	224,64
26	22,25	11,85	12,54	45	133,88	134,88	271,76
27	23,94	13,20	14,47				

(a) Fatores de Forma

Os fatores de forma são indicados na Tab. 4.2.

Tab. 4.2 - Fatores de Forma

Forma da base	s_c	s_q	s_γ
corrida	1,0	1,0	1,0
retangular	$1 + (B'/L')\,(N_q / N_c)$	$1 + (B'/L')\ \mathrm{tg}\,\varphi$	$1 - 0{,}4B'/L'$
circular e quadrada	$1 + (N_q / N_c)$	$1 + \mathrm{tg}\,\varphi$	0,60

(b) Fatores de Inclinação da Carga

Para os fatores de inclinação da carga, são recomendadas as expressões:

$$i_c = 1 - \frac{m\,H}{B'\,L'\,c\,N_c} \qquad (\text{para } \varphi = 0) \tag{4.46a}$$

$$i_q = \left[1 - \frac{H}{V + B'\,L'\,c\,\cot\varphi}\right]^m \tag{4.46b}$$

$$i_\gamma = \left[1 - \frac{H}{V + B'\,L'\,c\,\cot\varphi}\right]^{m+1} \tag{4.46c}$$

com:

$$m = m_B = \frac{2 + B/L}{1 + B/L} \tag{4.46d}$$

ou:

$$m = m_L = \frac{2 + L/B}{1 + L/B} \tag{4.46e}$$

conforme a carga seja inclinada paralelamente à menor dimensão B ou à maior dimensão L, respectivamente. Se a inclinação da carga fizer um ângulo θ com a direção de L, adota-se:

$$m = m_n = m_L \cos^2\theta + m_B \,\mathrm{sen}^2\,\theta \tag{4.46f}$$

Nessas expressões, V e H são as componentes vertical e horizontal da carga. A componente horizontal H deve satisfazer à condição:

$$H \le V\,\mathrm{tg}\,\delta + A'\,c_a \tag{4.47}$$

onde:

A' = área efetiva da fundação;

c_a = aderência entre o solo e a fundação;

δ = ângulo de atrito entre o solo e a fundação.

Os autores recomendam tomar, no caso de solos arenosos, $\delta = \varphi'$ e $c_a = 0$; no caso de solos argilosos saturados, em condição não drenada, $\delta = 0$ e $c_a = S_u$.

(c) Fatores de Profundidade

Os fatores de profundidade são calculados como indicado a seguir.

(c.1) Se D / B ≤ 1

$$d_c = 1 + 0{,}4\frac{D}{B} \quad \text{(para } \varphi = 0\text{)} \qquad (4.48a)$$

$$d_q = 1 + 2\,tg\,\varphi\,(1 - sen\,\varphi)^2\,\frac{D}{B} \qquad (4.48b)$$

$$d_\gamma = 1 \qquad (4.48c)$$

(c.2) Se D / B > 1

$$d_c = 1 + 0{,}4\,arctg\left(\frac{D}{B}\right) \qquad (4.48d)$$

$$d_q = 1 + 2\,tg\,\varphi\,(1 - sen\,\varphi)^2\,arctg\left(\frac{D}{B}\right) \qquad (4.48e)$$

$$d_\gamma = 1 \qquad (4.48f)$$

Tendo em vista o procedimento executivo usual das fundações superficiais (escava-se, executa-se a fundação, reaterra-se), Vesic desaconselha a utilização dos fatores de profundidade, com o que estes autores concordam.

(d) Fatores de inclinação da base da fundação e do terreno

Para levar em conta a inclinação da base da fundação, são sugeridas as expressões (Fig. 4.18):

$$b_c = 1 - [2\alpha / (\pi + 2)] \qquad (4.49a)$$

$$b_q = b_\gamma = (1 - \alpha / tg\,\varphi)^2 \qquad (4.49b)$$

com α expresso em radianos.

Para levar em conta o fato de a superfície do terreno ao lado da fundação estar inclinada (em talude), são sugeridas as expressões:

$$g_c = 1 - [2\omega / (\pi + 2)] \qquad (4.50a)$$

$$g_q = g_\gamma = (1 - tg\,\omega)^2 \qquad (4.50b)$$

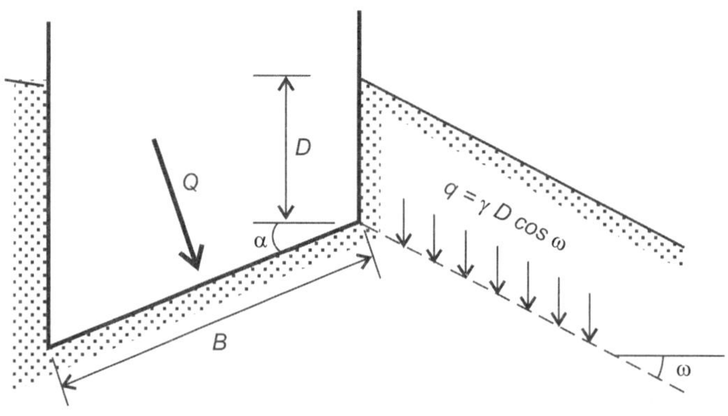

Fig. 4.18 - Fundação com base inclinada e terreno em talude

Cabe uma observação: as expressões (4.50) não levam em conta as tensões cisalhantes no solo. O efeito dessas tensões pode ser desprezado desde que $0 < \omega < \varphi/2$. É aconselhável proceder-se a uma análise de estabilidade quando $\omega > \varphi/2$. (Para fundações em taludes, recomenda-se ver Meyerhof, 1957.)

(e) Influência da compressibilidade do solo

Vesic estudou mais detalhadamente o *efeito da compressibilidade* do solo e concluiu que a sugestão de Terzaghi pode dar resultados satisfatórios em alguns casos, embora nem sempre do lado da segurança. Desenvolveu, então, uma teoria bastante elaborada para a consideração desse efeito e propôs sua inclusão na equação de capacidade de carga (Eq. 4.41), por meio de fatores de correção c_c, c_q e c_γ:

$$c_c = 0{,}32 + 0{,}12\, B/L + 0{,}60 \log I_r \tag{4.51a}$$

$$c_q = c_\gamma = \exp\{[(-4{,}4 + 0{,}6\, B/L) tg\, \varphi] + [(3{,}07\, sen\, \varphi)(\log 2I_r)/(1 + sen\, \varphi)]\} \tag{4.51b}$$

onde I_r é o *índice de rigidez*, definido como a razão entre o módulo cisalhante e a resistência ao cisalhamento:

$$I_r = \frac{G}{c + \sigma\, tg\, \phi} = \frac{E}{2(1+\upsilon)(c + \sigma\, tg\, \phi)} \tag{4.52}$$

O σ que aparece no denominador deve representar a tensão vertical efetiva na região mais comprimida pela sapata (pode-se tomar a tensão vertical geostática a $B/2$ abaixo da sapata) e o E é o módulo de Young do solo naquela região (no caso de areias, ambos em termos de tensões efetivas). As Eqs. 4.51a e 4.51b devem ser utilizadas enquanto fornecerem valores menores que a unidade.

De (4.51a) pode-se determinar o índice de rigidez para qualquer valor de φ e da relação B/L, abaixo do qual é necessário reduzir a capacidade de carga para levar em conta os efeitos da compressibilidade. É o chamado *índice de rigidez crítico*:

$$I_{r,crit} = 1/2 \exp\{(3{,}30 - 0{,}45\, B/L) \cot(45^o - \varphi/2)\} \tag{4.53}$$

A Tab. 4.3 fornece os valores de $I_{r,crit}$ para os casos de sapatas corridas ($B/L = 0$) e quadradas ($B/L = 1$). O índice I_r, no caso de areias, é de difícil determinação na prática, uma vez que o módulo cisalhante G (ou o E') varia com as tensões confinantes σ'. No caso não drenado, em que se tem um G associado a um S_u (que substituiria $c + \sigma\, tg\, \varphi$ no denominador), essa determinação é mais fácil; porém, os índices obtidos na prática são sempre maiores que $I_{r,crit}$. Caso não se consiga uma redução com a proposta de Vesic, acima, a proposta mais simples de Terzaghi (1943) pode ser adotada.

Tab. 4.3 – Índices de rigidez críticos

φ	Sapata corrida (B/L = 0)	Sapata quadrada (B/L = 1)
0	13	8
5	18	11
10	25	20
15	37	30
20	55	30
25	89	44
30	152	70
35	283	120
40	592	225
45	1442	486
50	4330	1258

Vesic discutiu, ainda, a questão do *efeito de escala* (ou seja, se o aumento da dimensão da sapata é acompanhado de uma variação na capacidade de carga, além daquela prevista na Eq. 5.11). Como essa é uma questão controvertida, e, aparentemente, de pouca influência no caso de sapatas, preferimos não incluí-la como uma das correções a serem feitas.

4.5 CONDIÇÕES NÃO HOMOGÊNEAS DO SOLO

No que tange à heterogeneidade, podemos ter duas condições (Fig. 4.19):

- estratificação e
- variação linear de propriedades com a profundidade (chamada "heterogeneidade linear").

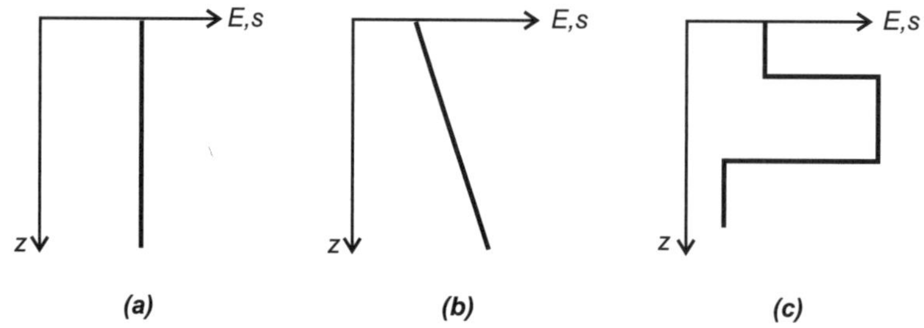

Fig. 4.19 - *Condições de variação das propriedades (módulo E e resistência s) com a profundidade: (a) homogêneo, (b) linearmente heterogêneo e (c) estratificado*

4.5.1 Argilas com resistência linearmente crescente com a profundidade

Em geral, a resistência ao cisalhamento nãodrenada de uma argila, c_u ou S_u, sobretudo quando há deposição marinha ou fluvial, cresce com a profundidade, em consequência do adensamento provocado pelo peso próprio das camadas superiores. Quando esse crescimento é linear, pode-se escrever:

$$c_u = c_o + \rho\, z \qquad \textbf{(4.54)}$$

onde:

c_o = coesão da argila no nível da base da fundação;

ρ = acréscimo da coesão por unidade de profundidade.

Pinto (1965) obteve para os fatores de capacidade de carga N_c, que devem multiplicar c_o, os valores dados na Tab. 4.4, na qual N_c varia com o parâmetro adimensional:

$$p = c_o / \rho\, b \qquad \textbf{(4.55)}$$

onde:

b é a semilargura da fundação.

Tab. 4.4 – Valores de N_c em função de $p = c_o/(\rho\ b)$

p	∞	10	5	2	1	0,5	0,2	0,1	0,05
N_c	5,50	5,97	6,40	7,55	9,31	12,49	21,07	34,34	61,47

Davis e Booker (1973) apresentam uma solução para este mesmo caso, em que a capacidade de carga é calculada com:

$$q_{ult} = F\left(5{,}14\, c_o + \rho\, \frac{B}{4}\right) \qquad \textbf{(4.56)}$$

sendo F obtido do ábaco da Fig. 4.20.

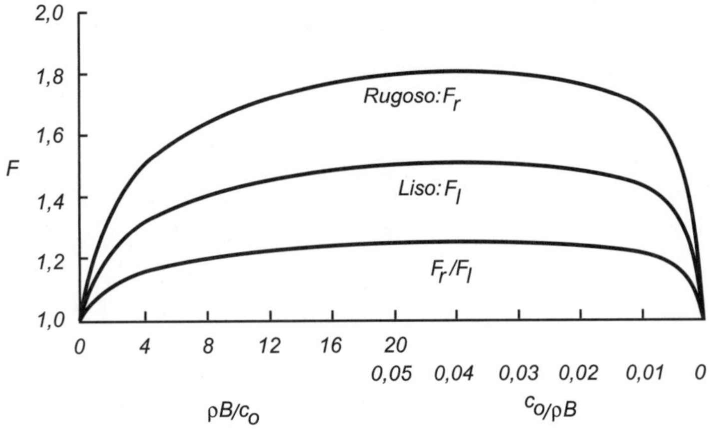

Fig. 4.20 - Solução de Davis e Booker (1973)

4.5.2 Condições Heterogêneas do Solo por Estratificação

Button (1953) analisou o caso de duas camadas com coesões diferentes e $\varphi = 0$, admitindo uma superfície de ruptura circular. Brown e Meyerhof (1969) mostraram que alguns casos são tratados de maneira não realista por Button (1953), como o caso de uma camada muito resistente em cima, que seria puncionada.

(a) Camada fraca sobrejacente a uma camada resistente

Segundo Vesic (1975), a capacidade de carga pode ser calculada pela expressão:

$$q_{ult} = c_1 N_m + q \qquad (4.57)$$

onde:

c_1 = resistência ao cisalhamento não drenada da camada superior;

N_m = um fator de capacidade de carga modificado, que depende da relação $k = c_2/c_1$, da espessura relativa da camada superior H/B e da forma da fundação.

Para o caso de uma camada de argila mole sobrejacente a uma camada de argila rija, Vesic sugere:

$$N_m = \frac{k N_c^*(N_c^* + \beta - 1)\left[(k+1)N_c^{*2} + (1+k\beta)N_c^* + \beta - 1\right]}{\left[k(k+1)N_c^* + k + \beta - 1\right]\left[(N_c^* + \beta)N_c^* + \beta - 1\right] - (kN_c^* + \beta - 1)(N_c^* + 1)} \qquad (4.58)$$

onde $\beta = BL/[2(B+L)H]$, que pode ser chamado de *índice de puncionamento da sapata*; $N^*_c = s_c N_c$ é o fator de capacidade de carga N c corrigido pelo fator de forma (para uma sapata circular ou quadrada b = $B/4H$ e N^*_c = 6,17; para uma sapata corrida $\beta = B/2H$ e $N^*_c = 5{,}14$).

A Tab. 4.5 fornece valores de N_m para sapatas quadradas ou circulares ($L/B = 1$) e para sapatas corridas ($L/B > 5$).

Vesic recomenda que o valor de c_1 na Eq. (4.33) seja reduzido por um fator apropriado que, no caso de argilas com sensibilidade da ordem de 2, é 0,75.

(b) Camada granular resistente sobrejacente a camada mole

Meyerhof e colaboradores (Meyerhof, 1974; Hanna e Meyerhof, 1980) fizeram importantes contribuições à solução do problema de uma camada granular resistente sobrejacente a uma camada argilosa mole (Fig. 4.21), situação que ocorre com frequência na prática.

Tab. 4.5 - Fatores de capacidade de carga modificados N_m (Vesic, 1975)

(i) Sapatas corridas (L/B > 5)

c_2/c_1 \ B/H	2	4	6	8	10	20	∞
1,0	5,14	5,14	5,14	5,14	5,14	5,14	5,14
1,5	5,14	5,31	5,45	5,59	5,70	6,14	7,71
2	5,14	5,43	5,69	5,92	6,13	6,95	10,28
3	5,14	5,59	6,00	6,38	6,74	8,16	15,42
4	5,14	5,69	6,21	6,69	7,14	9,02	20,56
5	5,14	5,76	6,35	6,90	7,42	9,66	25,70
10	5,14	5,93	6,69	7,43	8,14	11,40	51,40
∞	5,14	6,14	7,14	8,14	9,14	14,14	∞

(ii) Sapatas circulares ou quadradas (L/B = 1)

c_2/c_1 \ B/H	4	8	12	16	20	40	∞
1,0	6,17	6,17	6,17	6,17	6,17	6,17	6,17
1,5	6,17	6,34	6,49	6,63	6,76	7,25	9,25
2	6,17	6,46	6,73	6,98	7,20	8,10	12,34
3	6,17	6,63	7,05	7,45	7,82	9,36	18,51
4	6,17	6,73	7,26	7,75	8,23	10,24	24,68
5	6,17	6,80	7,40	7,97	8,51	10,88	30,85
10	6,17	6,89	7,74	8,49	9,22	12,58	61,70
∞	6,17	7,17	8,17	9,17	10,17	15,17	∞

Segundo Meyerhof (1974), a capacidade de carga de uma fundação nessa situação deve ser calculada considerando-se as duas possibilidades de ruptura mostradas na Fig. 4.21, devendo ser adotado o menor valor obtido. A expressão que corresponde ao primeiro modo é:

$$q_{ult} = \gamma D N_q + \gamma \frac{B}{2} N_\gamma \quad (4.59)$$

(com os fatores de capacidade de carga obtidos com o φ' da areia) e, não sendo uma sapata corrida, devem ser introduzidos fatores de forma (p. ex., da Tabela 4.2).

Para o segundo modo (estudado por Hanna e Meyerhof, 1980) fica mais simples calcular a carga de ruptura como:

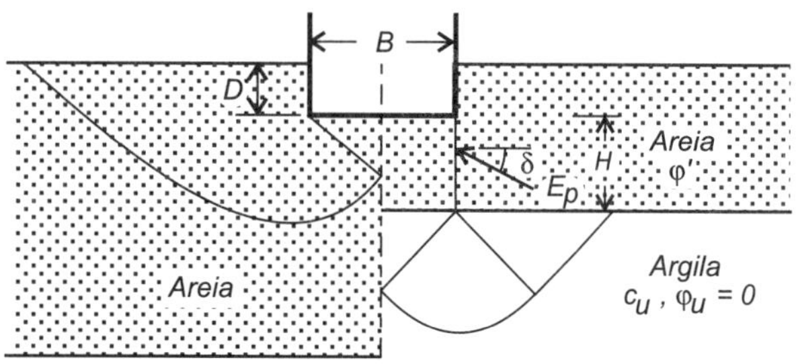

Fig. 4.21 - *Modos de ruptura de sapata em meio heterogêneo (Hanna e Meyerhof, 1980)*

$$Q_{ult} = A_{lat}\tau_{ult} + A\ q_{ult} = UH(\sigma'_v\ K_s)\, tg\,\phi' + A\, S_u\, N_c\, s_c \quad (4.60)$$

onde σ'_v é a tensão vertical efetiva a meia altura entre a base da sapata e o topo da argila, U o perímetro da sapata e A a área da sapata.

Para a expressão acima (válida para qualquer forma de sapata), o coeficiente de empuxo na punção K_s pode ser adotado como uma média entre o empuxo no repouso e passivo.

Aos estudos de Hanna e Meyerhof (1980) se seguiram ensaios em modelos físicos por Kenny e Andrawes (1997).

4.6 CAMADA DE ESPESSURA LIMITADA

(a) Camada de argila com coesão constante

Segundo Matar e Salençon (1977), a capacidade de carga de uma sapata corrida de largura B assente numa camada de argila de espessura H é dada pela expressão:

$$q_{ult} = c_u N'_c + q \tag{4.61}$$

onde:

N'_c = fator de capacidade de carga, que depende da relação B/H, dado na Fig. 4.22.

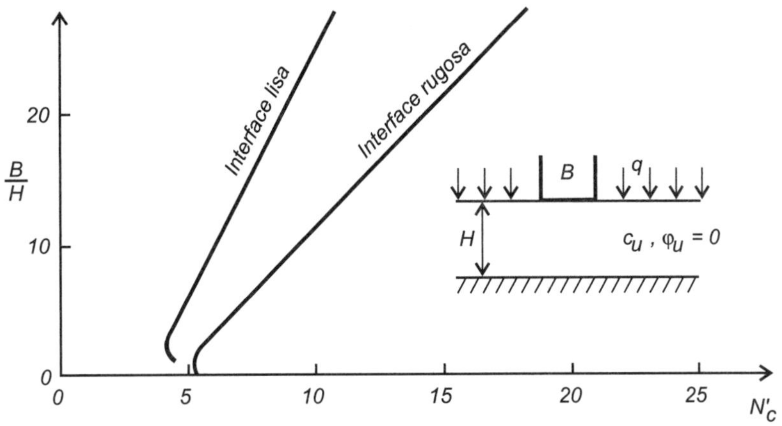

Fig. 4.22 *- Fatores de capacidade de carga N'_c de Matar e Salençon (1977)*

(b) Camada de argila com coesão variável linearmente com a profundidade

Nesse caso, a capacidade de carga é dada pela expressão (Matar e Salençon, 1977):

$$q_{ult} = \mu_c c_o \left(N'_c + \frac{1}{4} \frac{\rho B}{c_o} \right) + q \tag{4.62}$$

onde:

N'_c e μ_c são tirados do gráfico da Fig. 4.23.

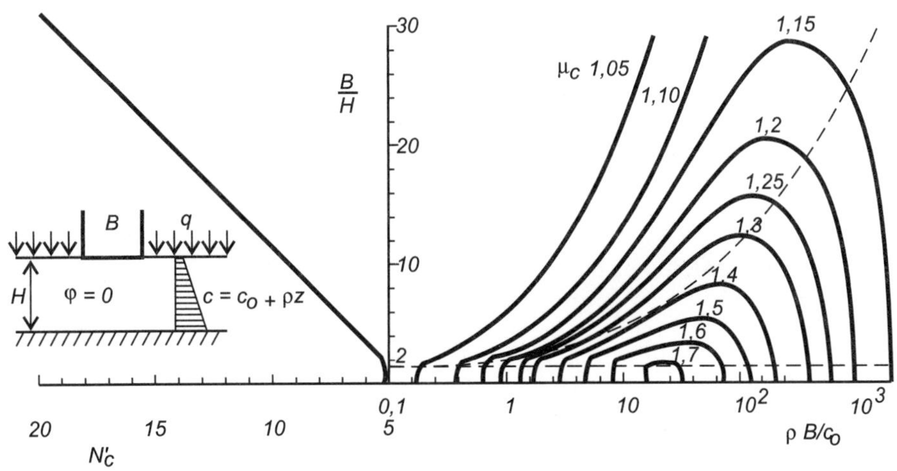

Fig. 4.23 *- Fatores de capacidade de carga N'_c de Matar e Salençon (1977)*

4.7 INFLUÊNCIA DO LENÇOL FREÁTICO

Ao observarmos uma fórmula de capacidade de carga, como a de Terzaghi (Eq. 4.13b), vemos que a água, ao submergir o solo, afeta o valor de γ, que está presente em dois termos:

- o termo $\gamma\, D\, N_q$
- o termo $B/2\, \gamma\, N_\gamma$

A influência é considerada apenas na capacidade de carga drenada.

Podemos distinguir dois casos, como mostrado na Fig. 4.24:

- o nível d'água está entre o nível do terreno e a base da fundação (Caso 1) e
- o nível d'água está entre a base da fundação e o limite da superfície de ruptura (Caso 2).

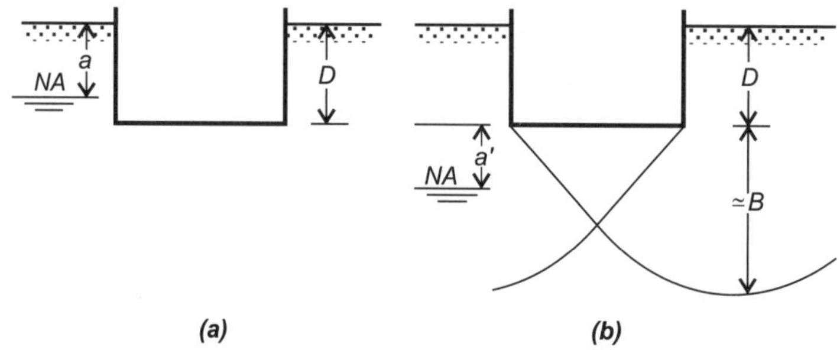

Fig. 4.24 - *Influência do lençol d'água: (a) Caso 1 e (b) Caso 2*

O procedimento no Caso 1 deve ser:

- termo em q, calcular com $q = \gamma_{nat}\, a + \gamma'\, (D - a)$
- usar γ' no termo em γ

onde:

γ' é o peso específico submerso;

γ_{nat} é o peso específico para o solo acima do lençol d'água.

Um procedimento simples para o Caso 2:

- termo em q, calcular com γ_{nat}
- termo em γ, calcular com

$$\gamma = \gamma' + \frac{a'}{B}\,(\gamma_{nat} - \gamma') \tag{4.63}$$

Esta expressão se baseia na hipótese de que a profundidade da superfície de ruptura é igual à dimensão B da sapata (Fig. 4.24b). Um procedimento mais rigoroso para se calcular o valor de γ para o termo em N_γ no Caso 2 foi desenvolvido por Meyerhof (1955).

Como o peso específico do solo submerso é da ordem da metade do seu valor quando acima do lençol d'água, a submersão do solo de fundação reduz apreciavelmente a sua capacidade de carga. Assim, o cálculo da capacidade de carga deve ser feito para a posição mais elevada do lençol d'água.

REFERÊNCIAS

ATKINSON, J. *Foundations and slopes*. London: McGraw-Hill Book Co. Ltd., 1981.

ATKINSON, J. *An introduction to the mechanics of soils and foundations*. London: McGraw-Hill Book Co. Ltd., 1993.

BALLA, A. Bearing capacity of foundations, *Journal Soil Mechanics and Foundations Division, ASCE*, v. 89, n. 5, p. 13-34, 1962.

BROWN, J. D.; MEYERHOF, G. G. Experimental study of bearing capacity of layered clays. In: INTERNATIONAL CONFERENCE ON SOIL MECHANICS AND FOUNDATION ENGINEERING, 7., Mexico, 1969. *Proceedings*... Mexico, ICSMFE, 1969. v. 2. p. 45-51.

BUTTON, S. J. The bearing capacity of footings on a two-layer cohesive subsoil. In: INTERNATIONAL CONFERENCE ON SOIL MECHANICS AND FOUNDATION ENGINEERING, 3., Zurich, 1953. *Proceedings*... Zurich, ICSMFE, 1953. v. 1. p. 332-335.

CAQUOT, A.; KERISEL, J., Sur le terme de surface dans le calcul des foundations en milieu pulverulent. In: INTERNATIONAL CONFERENCE ON SOIL MECHANICS AND FOUNDATION ENGINEERING, 3., Zurich, 1953. *Proceedings*... Zurich: ICSMFE, 1953. v. 1. p. 336-331.

CHEN, W. F. *Limit a Analysis and soil plasticity*. Amsterdam: Elsevier Scientific Publishing Co., 1975.

CHEN, W. F.; LIU, X.L. *Limit analysis in soil mechanics*. Amsterdam: Elsevier Scientific Publishing Co., 1990.

DAVIS, E. H.; BOOKER, J. R. The effect of increasing strength with depth on the bearing-capacity of clays. *Geotechnique*, v. 23, n. 4, p. 551-563, 1973.

de BEER, E. E. Experimental determination of the shape factors and the bearing capacity factors of sand. *Geotechnique*, v. 20, n. 4, 1970.

DRUCKER, D. C.; GREENBERG, H. J.; PRAGER, W. Extended limit design theorems for continuous media. *Quarterly of Applied Mathematics*, v. 9, n. 4, 1952.

FELLENIUS, W. *Erdstatische Berechnungen*. Berlin: Ernst, 1927. (*apud* Chen, 1975).

HANNA, A. M.; MEYERHOF, G. G. Design charts for ultimate bearing capacity of foundations on sand overlying soft clay. *Canadian Geotechnical Journal*, v. 17, p. 300-303, 1980.

HANSEN, J. B. A general formula for bearing capacity. (Danish) Geoteknisk Institut, *Bulletin n. 11*, Copenhagen, 1961.

HANSEN, J. B. The philosophy of foundation design: design criteria, safety factors and settlement limits. In: Symposium on Bearing Capacity and Settlement of Foundations, 1965, Durham. *Proceedings*... Durham: Duke University, 1965. p. 9-13.

HANSEN, J. B. A revised and extended formula for bearing capacity. Danish Geoteknisk Institut, *Bulletin n. 28*, Copenhagen, 1970, p. 5-11.

HENCKY, H. Uber einige statisch bestimmte Falle des Gleichgewichts in plastichen Körpern. *Zeitschrift Angew. Math. und Mech.*, v. 3, p. 241-246, 1923. (*apud* Vesic, 1975).

HILL, R. *The mathematical theory of plasticity*. Oxford: Oxford University Press, 1950.

KENNY, M. J.; ANDRAWES, K. Z., The bearing capacity of footings on a sand layer overlying soft clay. *Geotechnique*, v. 47, n. 2, p. 339-345, 1997.

KÉZDI, A. *Handbuch der Bodenmechanik*. Berlin: VEB Verlag fur Bauwesen, 1970. Band 2.

LOPES, F. R. *The undrained bearing capacity of piles and plates studied by the Finite Element Method*. Ph.D. Thesis-University of London, London, 1979.

MATAR, M.; SALENÇON, J. Capacité portante d'une ssemelle filante sur sol purement cohérent d'epaisseur limitée et de cohésion variable avec la profundeur. *Annales de l'Institut Technique du Bâtiment et des Travaux Publiques*, 1977. n. 352.

MEYERHOF, G. G. The ultimate bearing capacity of foundations. *Geotechnique*, v. 2, p. 301-332, 1951.

MEYERHOF, G. G. The bearing capacity of foundations under eccentric and inclined loads. In: INTERNATIONAL CONFERENCE ON SOIL MECHANICS AND FOUNDATION ENGINEERING, 3., Zurich, 1953. *Proceedings*... Zurich: ICSMFE, 1953. v. 1. p. 440-445.

MEYERHOF, G. G. Influence of roughness of base and ground-water conditions on the ultimate bearing capacity of foundations. *Geotechnique*, v. 5, n. 3, p. 227-242, 1955.

MEYERHOF, G. G. The ultimate bearing capacity of foundations on slopes. In: INTERNATIONAL CONFERENCE ON SOIL MECHANICS AND FOUNDATION ENGINEERING, 4., London, 1957. *Proceedings*... London: ICSMFE, 1957. v. 1.

MEYERHOF, G. G. Some recent research on the bearing capacity of foundations, *Canadian Geotechnical Journal*, v. 1, n. 1, p. 16-26, 1963.

MEYERHOF, G.G. Ultimate bearing capacity of footings on sand layer overlying clay, *Canadian Geotechnical Journal*, v. 11, n. 2, p. 223- 229, 1974.

MONTEIRO, P. F. F. Comunicação pessoal. 1997.

OHDE, J. Zur theorie des erddruckes unter besonderer berucksichtigung der erddruckverteilung. *Bautechnick*, v. 16, p. 150, 1938.

PINTO, C.S. Capacidade de carga de argilas com coesão linearmente crescente com a profundidade. *Jornal de Solos*, São Paulo, v. 3, n. 1, 1965.
PONTES FILHO, I. D. S. *Análise Limite não linear em problemas geotécnicos*. Tese de D. Sc. COPPE-UFRJ, Rio de Janeiro, 1993.
PRANDTL, L. Uber die härte plasticher körper. *Nachr. Kgl. Ges. Wiss. Gottigen, Math. Phys. Klasse*. (*apud* Terzaghi, 1943).
REISSNER, H. Zum erddruckproblem. In: INTERNATIONAL CONGRESS OF APPLIED MECHANICS, 1., 1924, Delft. *Proceeding*... Delft: International Congress of Applied Mechanics, 1924. p.295-311.
SANTA MARIA, P. E. L. Comunicação pessoal. 1995.
SKEMPTON, A. W. The bearing capacity of clays. In: BUILDING RESEARCH CONGRESS, London, 1951. *Proceedings*... London: Building Research Congress, 1951. p. 180-189.
SOKOLOVSKI, V. V. *Statics of soil media*. London: Butterworths Scientific Publications, 1960.
SOKOLOVSKI, V. V. *Statics of granular media*. London: Pergamon Press, 1965.
TERZAGHI, K.. *Erdbaumechanik auf bodenphysikalischer grundlage*. Wien: Franz Deuticke, 1925.
TERZAGHI, K. *Theoretical soil mechanics*. New York: John Wiley & Sons, 1943.
TERZAGHI, K.:PECK, R.B. *Soil mechanics in engineering practic*. New York: John Wiley & Sons, 1948.
VESIC, A.S. Bearing capacity of deep foundations in sand. *Highway Research Record*, n. 39, p. 112-153, 1963.
VESIC, A.S. Effects of scale and compressibility on bearing capacity of surface foundations. In: INTERNATIONAL CONFERENCE ON SOIL MECHANICS AND FOUNDATION ENGINEERING, 7., Mexico, 1969. *Proceedings*... Mexico: ICSMFE, 1969. v. 3.
VESIC, A. S. Analysis of ultimate loads of shallow foundations. *Journal Soil Mechanics and Foundations Division, ASCE*, v. 99, n. SM1, 1973.
VESIC, A. S. Research on bearing capacity of soils. 1970. Inédito. (*apud* Vesic, 1975).
VESIC, A. S. Bearing capacity of shallow foundations. In: WINTERKORN, H.F.; FANG, H.-Y. (Eds.). *Foundation engineering handbook*. New York: Van Nostrand Reinhold Co., 175. p. 121-147.

Capítulo 5

CÁLCULO DE RECALQUES

Este capítulo apresenta metodologias para previsão do recalque de uma fundação superficial, sem levar em conta sua flexibilidade, ou seja, como se ela fosse rígida. O recalque assim calculado deve ser considerado como um recalque médio da fundação (ou o próprio recalque real se a fundação for rígida); a distribuição real do recalque será obtida quando se introduzir a flexibilidade da fundação, numa análise da interação solo-fundação, que será apresentada nos Caps. 6 a 9. É importante ressaltar que a previsão de recalques é um dos exercícios mais difíceis da Geotecnia e que o resultado dos cálculos, por mais sofisticados que sejam, deve ser encarado como uma estimativa.

5.1 INTRODUÇÃO

Observa-se que uma fundação, ao ser carregada, sofre recalques que se processam, em parte, imediatamente após o carregamento e, em parte, com o decorrer do tempo. O recalque que ocorre imediatamente após o carregamento é chamado de *recalque instantâneo* ou *imediato*, indicado como w_i na Fig. 5.1. A parcela que ocorre com o tempo está indicada como w_t na mesma figura. Assim, o *recalque total* ou *final* será:

$$w_f = w_i + w_t \tag{5.1a}$$

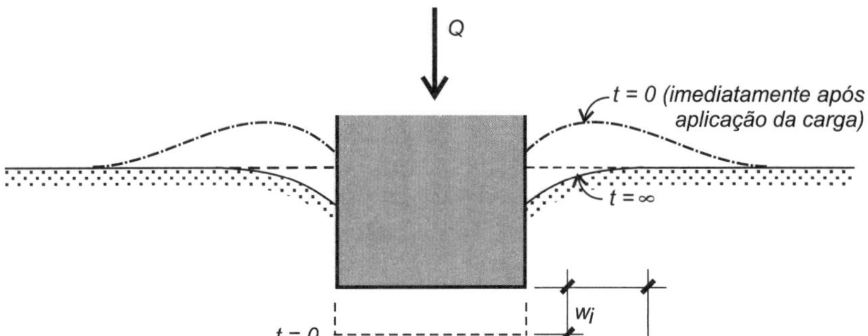

Fig. 5.1 - Recalques de uma fundação superficial sob carga vertical centrada

O recalque que se processa com o tempo - chamado *recalque no tempo* - se deve ao adensamento (migração de água dos poros com consequente redução no índice de vazios) e a fenômenos viscosos (*creep*). O *creep*, também chamado de *fluência*, é tratado como "adensamento secundário" nos capítulos de adensamento dos livros-texto. Assim:

$$w_t = w_a + w_v \tag{5.1b}$$

onde:

w_a = parcela devida ao adensamento;

w_v = parcela devida a fenômenos viscosos.

Em solos de drenagem rápida (areias ou solos argilosos parcialmente saturados), w_f ocorre relativamente rápido, pois não há praticamente geração de excessos de poropressão com o carregamento.

A Fig. 5.2 mostra a evolução dos recalques com o tempo de uma fundação sob três níveis de carga, sendo que para o terceiro nível não houve estabilização. O gráfico da evolução dos recalques no tempo é dado pela curva **ABCDEFG**. A evolução dos recalques para os segundo e terceiro estágios pode ser mais bem observada trazendo-se para o início do gráfico (ponto **A**) o ponto do início do estágio. Assim, a curva do segundo estágio, **CDE**, passa a **AD'E'**, e a curva do terceiro estágio (que não apresenta estabilização) passa a **AF'G'**.

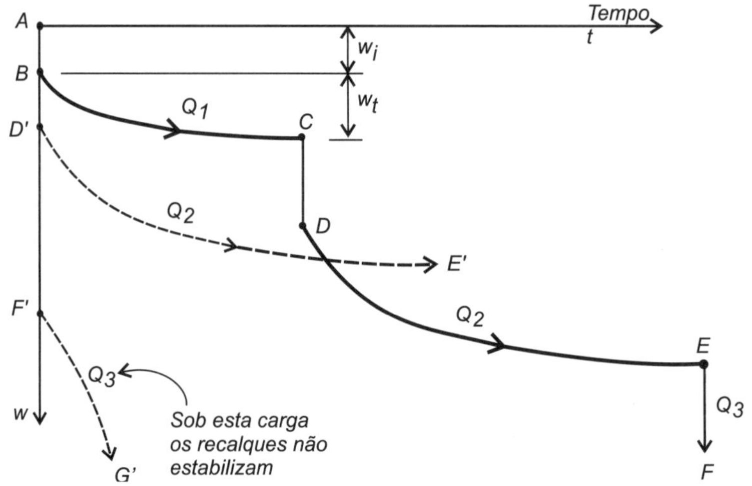

Fig. 5.2 *- Curvas recalque-tempo de uma fundação em três níveis de carga*

O tempo necessário para que cesse praticamente o *recalque no tempo* depende da permeabilidade do solo (e também da distância das fronteiras drenantes) e do seu potencial de *creep*. Em areias, que têm alta permeabilidade e são pouco sujeitas a *creep*, esse tempo pode ser de alguns minutos ou mesmo dias, enquanto em argilas plásticas, o tempo pode ser de vários anos.

A Fig. 5.3 mostra duas possibilidades de comportamento carga-recalque da fundação da Fig. 5.1: sob carregamento (i) rápido, não drenado e (ii) lento, drenado. As curvas **ABC** e **AD'E'** da Fig. 5.2 são aproveitadas nesta nova figura, na parte recalque-tempo. Ao se aplicar

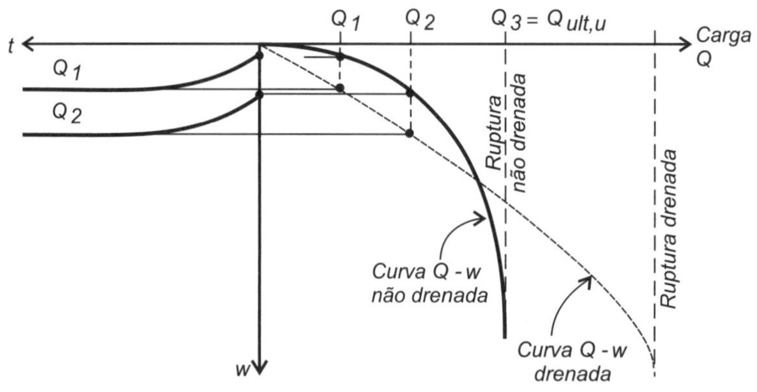

Fig. 5.3 *- Curvas carga-recalque de uma fundação em carregamento não drenado e drenado*

a carga Q_1, por exemplo, tem-se um recalque instantâneo e outro após estabilização (drenagem). Esses pontos, juntamente com seus equivalentes de outros níveis de carga, definem duas curvas, uma de carregamento rápido, não drenado, e outra de carregamento lento, drenado. A curva de carregamento rápido apresenta comportamento mais rígido que a de carregamento lento. O nível de carga que se atinge, entretanto, é maior no carregamento lento.

No laboratório, em um ensaio de compressão triaxial, observa-se um comportamento similar, como pode ser visto na Fig. 5.4. Nesta figura são comparados os resultados de dois ensaios triaxiais convencionais, sendo um drenado e outro, não drenado, em termos da *curva tensão-deformação*, e observando os respectivos *caminhos de tensão*. Para ambos os ensaios, o *caminho de tensões totais* (CTT) parte de **A** com uma inclinação de 1:1 (45º). Os caminhos de tensões efetivas (CTE), entretanto, seguem diferentes direções. No ensaio drenado, as poropressões mantêm-se constantes, e o caminho de tensões efetivas é paralelo ao caminho de tensões totais, atingindo a linha ou envoltória de ruptura em um ponto elevado (**C**'). No ensaio não drenado, as poropressões geradas pelo carregamento não se dissipam, e o caminho de tensões efetivas se distancia do caminho de tensões totais, atingindo a linha de ruptura em um ponto mais baixo (**B**'). Por outro lado, o ensaio não drenado apresenta uma curva tensão-deformação mais rígida que o drenado.

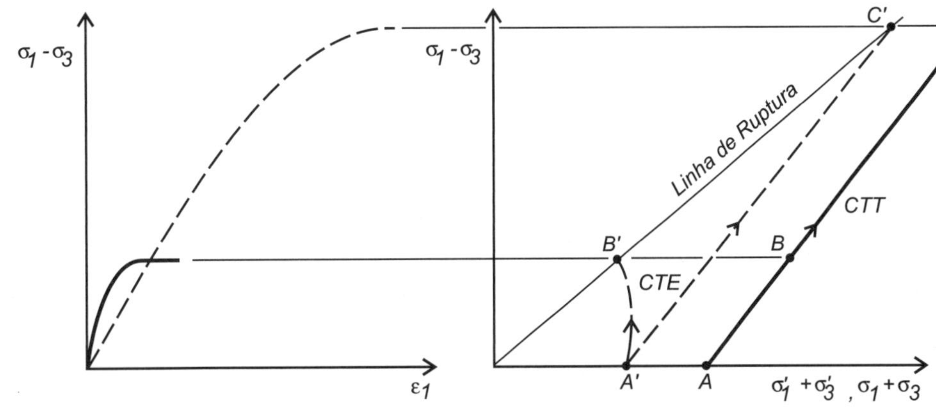

Fig. 5.4 *- Resultados de ensaios triaxiais não drenado e drenado*

A relação entre os recalques de uma fundação superficial (Fig. 5.3) e as deformações específicas num elemento de solo (Fig. 5.4) pode ser entendida com o auxílio da Fig. 5.5. Inicialmente é preciso lembrar que o recalque de um ponto é igual à integral das deformações verticais abaixo do ponto em estudo, ou:

$$w = \int \varepsilon_z \, dz \tag{5.2}$$

Na Fig. 5.5, está representado por **A** o *estado de tensão e deformação* inicial de um ponto sob a fundação (cujas deformações serão associadas aos recalques da fundação). A evolução de **O** até **A** se deve ao processo de formação do depósito (o solo aqui imaginado é sedimentar). Normalmente, quando se analisa uma fundação, desprezam-se as deformações ocorridas antes da obra, o que equivale a trazer a origem do gráfico para a vertical do ponto **A**. Após a escavação (acrescentada, em relação à Fig. 5.3, mais esta etapa das obras reais), há um levantamento do fundo da escavação em consequência de as deformações serem negativas (trecho **AB**). Com a execução da fundação e seu carregamento, a fundação recalca um certo valor. Se essa fase ocorreu em condições rápidas e não drenadas, o estado final é dado pelo ponto **C**, e o recalque da fundação terá sido w_i da Eq. (5.1a). Com o tempo, ocorre migração da água dos poros (adensamento), e o estado final é dado pelo ponto **D**.

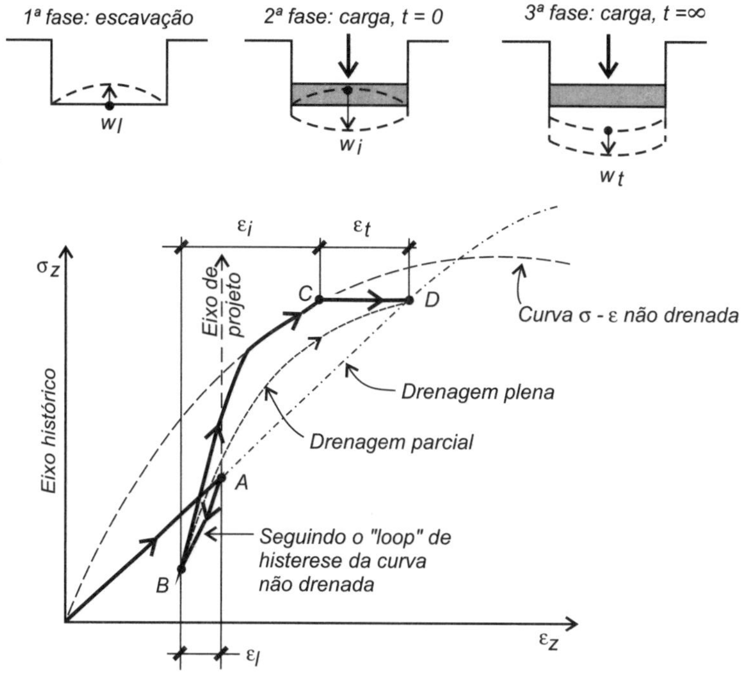

Fig. 5.5 *- Recalques de uma fundação associados às deformações sob a mesma*

A sequência que acaba de ser descrita - mostrada com linhas cheias na Fig. 5.5 - só ocorrerá se as duas primeiras fases forem executadas muito rapidamente e se o solo tiver baixíssima permeabilidade. Na prática, tem-se uma condição de drenagem parcial, também mostrada naquela figura. A evolução dos recalques da fundação acima, com o tempo, considerando as diferentes etapas de obra, para dois solos - um de drenagem rápida e outro de drenagem lenta - é representada na Fig. 5.6.

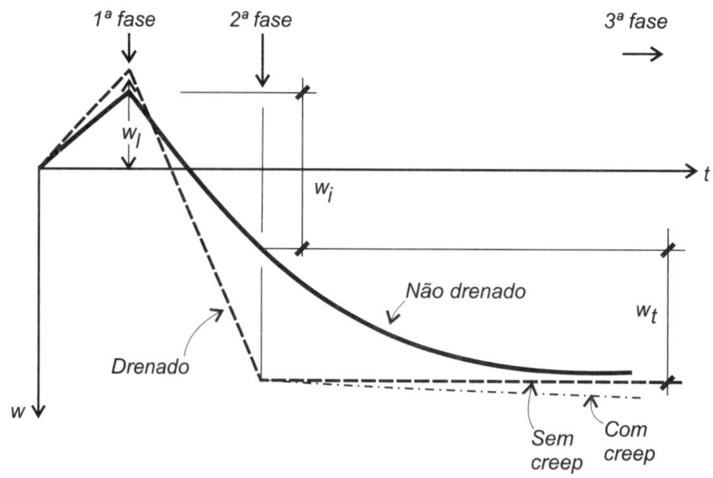

Fig. 5.6 *- Curva carga-recalque-tempo de uma fundação*

5.2 MÉTODOS DE PREVISÃO DE RECALQUES

Os métodos de previsão de recalques podem ser separados em três grandes categorias:

- Métodos racionais;
- Métodos semiempíricos;
- Métodos empíricos.

Nos *métodos racionais*, os parâmetros de deformabilidade, obtidos em laboratório ou *in situ* (ensaio pressiométrico e de placa[1]), são combinados a modelos para previsão de recalques teoricamente exatos. Esses métodos são objeto do item 5.4.

Nos *métodos semiempíricos*, os parâmetros de deformabilidade - obtidos por correlação com ensaios *in situ* de penetração (estática, CPT, ou dinâmica, SPT) - são combinados a modelos para previsão de recalques teoricamente exatos *ou adaptações deles*. Esses métodos são objeto do item 5.5.

Pode-se chamar de *método empírico* o uso de tabelas de valores típicos de tensões admissíveis para diferentes solos. Embora as tabelas não forneçam recalques, as tensões ali indicadas estão associadas a recalques usualmente aceitos em estruturas convencionais. Esses métodos são objeto do item 5.6.

5.3 OBTENÇÃO DE PARÂMETROS EM LABORATÓRIO

5.3.1 Aspectos gerais dos ensaios de laboratório

Além de parâmetros de resistência ao cisalhamento, os ensaios de laboratório fornecem parâmetros de deformabilidade dos solos, para cálculo de recalques de fundações. Os resultados, entretanto, estão sujeitos a perturbações inerentes à amostragem, estocagem e ao posterior ensaio em laboratório, e são, via de regra, inferiores aos reais. Essas perturbações são particularmente importantes nos solos granulares e nos solos parcialmente saturados. Uma maneira de minimizar esses problemas consiste em tirar proveito do *comportamento normalizado*, que vale para a maioria dos solos normalmente adensados. Esse procedimento, chamado de método SHANSEP (Ladd e Foott, 1974), consiste em: (1º) readensar a amostra a tensões acima das de campo, a fim de "apagar" as perturbações mencionadas, e aí realizar o ensaio, e (2º) estabelecer uma relação entre o comportamento do solo (resistência e módulo de elasticidade) e a tensão de adensamento, de maneira que os resultados dos ensaios possam ser extrapolados para as tensões de campo.

História das tensões

É importante observar que há uma mudança de rigidez do solo quando é ultrapassado o estado de tensões a que o solo já esteve submetido historicamente. (Diz-se comumente que o solo possui memória e que guarda a sua *história das tensões*.) O estado de tensões no qual ocorre a mudança de comportamento é chamado de *pré-adensamento*; usualmente se faz uma simplificação, tomando-se, para representá-lo, a tensão vertical (ou a de adensamento hidrostático), que é chamada de *tensão de pré-adensamento*. O estado de tensões de pré-adensamento é considerado um divisor entre o *comportamento elástico* e o

1. Ensaios de placa servem ainda para extrapolação de recalques para as fundações reais, desde que executados em três dimensões e em perfis em que o módulo E varie linearmente com z (ver item 5.7).

comportamento plástico do solo. O solo apresenta um comportamento tipicamente elástico quando é recarregado até o estado de pré-adensamento (no caso de *areias*, seria melhor dizer *de pré-compressão*), e um comportamento tipicamente plástico quando é solicitado a partir daí (quando é submetido à chamada *compressão primária* ou *virgem*). Assim, é importante avaliar se o estado de tensões após o carregamento da fundação ultrapassa ou não o de pré-adensamento, para que os parâmetros de deformação sejam tirados dos trechos corretos das curvas de laboratório.

Na Fig. 5.7b, está representado o resultado de um ensaio triaxial onde se pode notar uma mudança na curva tensão-deformação, que passa de um trecho praticamente linear para um trecho nitidamente curvo. Aquele ponto de mudança está associado ao pré-adensamento. A Fig. 5.8 apresenta um módulo de descarregamento-recarregamento, E_{ur}, que representa o comportamento elástico do solo, e que poderá ser usado quando as tensões finais não ultrapassarem as de pré-adensamento.

É preciso que se entendam os efeitos da amostragem (e outros problemas com os ensaios de laboratório, como a acomodação da amostra na fase inicial do ensaio), bem como os efeitos da história das tensões, para que se faça uma correta seleção de parâmetros para projeto.

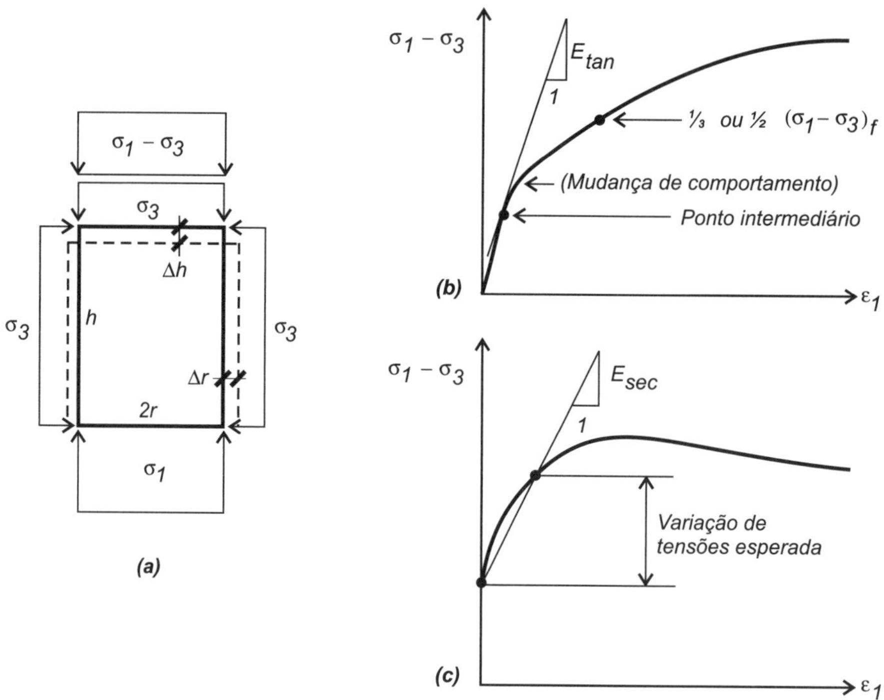

***Fig. 5.7** - Ensaio triaxial convencional*

5.3.2 Ensaio de compressão triaxial convencional

Parâmetros de deformabilidade podem ser obtidos de ensaios de compressão triaxial (usualmente chamados de ensaios triaxiais). Os ensaios ditos convencionais são aqueles nos quais a tensão confinante (σ_3) é mantida constante. A interpretação das deformações de um corpo de prova cilíndrico neste ensaio está representada na Fig. 5.7a e b. Os parâmetros obtidos são o Módulo de Young e o Coeficiente de Poisson, por meio de:

$$E = \frac{\Delta \sigma_1}{\Delta \varepsilon_1} = \frac{\sigma_1 - \sigma_3}{\varepsilon_1} \quad \textbf{(5.3a)}$$

$$\nu = \frac{\Delta r / r}{\Delta h / h} = - \frac{\Delta \varepsilon_3}{\Delta \varepsilon_1} \tag{5.3b}$$

Os ensaios não drenados (UU ou CU) fornecem E_u, ν_u , enquanto os ensaios drenados (CD) fornecem E', ν'. O primeiro par de parâmetros é associado a um estado de tensão de campo ou umidade (que se supõe se manterá inalterado durante o carregamento), enquanto o segundo é associado a um nível de tensão confinante. Com base na hipótese de que o módulo cisalhante, G, é o mesmo nos dois tipos de ensaios, dispõe-se da relação elástica:

$$\frac{E_u}{1 + \nu_u} = \frac{E'}{1 + \nu'} \tag{5.4}$$

A fase de adensamento *hidrostático*[2] de um ensaio triaxial pode fornecer o *Módulo de Compressibilidade Volumétrica, K'*, por meio de:

$$K' = \frac{\Delta \sigma_3}{\Delta \varepsilon_{vol}} \tag{5.5}$$

Esse módulo, entretanto, é empregado juntamente com o módulo cisalhante, G, que é obtido pelo *ensaio de cisalhamento simples* (*"simple shear"*), pouco difundido entre nós.

O procedimento mais simples de ensaio é aquele em que a amostra sofre adensamento *isotrópico* (antes da fase de carregamento uniaxial). Um procedimento de ensaio mais rigoroso é aquele em que a amostra sofre adensamento *anisotrópico*, representando o estado de tensões do campo, e o Módulo de Young é tirado na faixa de variação de tensões esperada, como mostra a Fig. 5.7c.

A interpretação mostrada na Fig. 5.7b indica um *módulo tangente*, obtido num ponto intermediário entre a origem e uma tensão que corresponde a 1/2 ou 1/3 da tensão de ruptura (supõe-se que a tensão de trabalho não ultrapassará essa tensão em função do coeficiente de segurança). Na Fig. 5.7c está indicado um *módulo secante*. Na realidade, pode-se tirar o Módulo de Young de diferentes formas, a saber (Fig. 5.8):

- módulo tangente na origem ($E_{t,o}$);
- módulo tangente na variação de tensões esperada ($E_{t,\Delta\sigma}$);
- módulo de descarregamento-recarregamento (E_{ur});

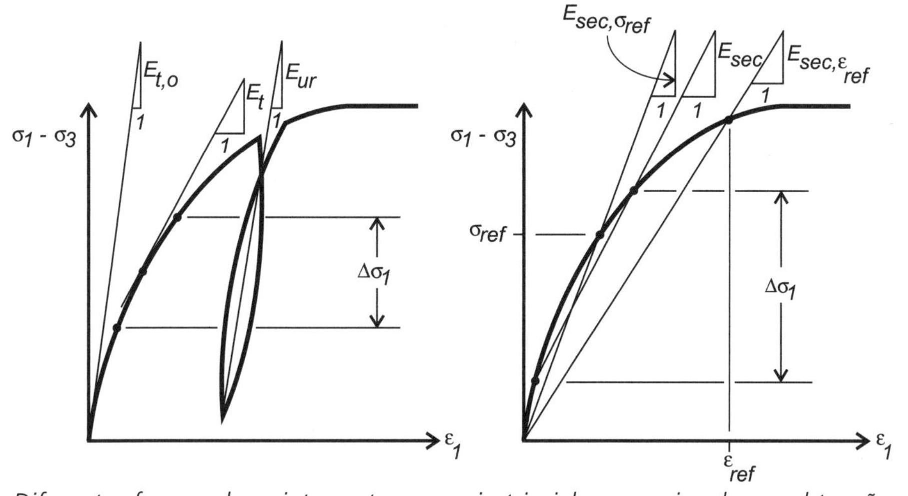

Fig. 5.8 - *Diferentes formas de se interpretar o ensaio triaxial convencional para obtenção do Módulo de Young*

2. Utilizou-se a expressão *hidrostático*, que é a mais correta, embora a mais usual seja *isotrópico*.

- módulo secante entre a origem e a tensão esperada ou de referência ($E_{sec,o\text{-}\sigma\,ref}$);
- módulo secante na variação de tensões esperada ($E_{sec,\Delta\sigma}$);
- módulo secante no nível de deformação esperado ou de referência ($E_{sec,o\text{-}\varepsilon\,ref}$).

Os módulos secantes na faixa de variação de tensões, avaliando-se corretamente se as tensões de pré-adensamento serão ultrapassadas, são mais representativos do que ocorrerá no campo.

5.3.3 Ensaio triaxial especial tipo K constante

Outro tipo de ensaio triaxial é aquele em que a tensão na célula (tensão confinante) varia com a aplicação da tensão vertical, mantendo com esta uma relação constante ($K = \sigma_3 / \sigma_1$ = constante). O módulo obtido diretamente na curva tensão-deformação não é mais o Módulo de Young, mas outro, que receberá a notação M (ver Fig. 5.9a).

$$M = \frac{\Delta\sigma_v}{\Delta\varepsilon_v} \tag{5.6}$$

Este módulo pode ser não drenado (M_u) ou drenado (M'). Janbu (1963) propôs o uso deste módulo no cálculo de recalques de fundações em que a dependência do nível de tensão é expressa por (ver Fig. 5.9b):

$$M = m\sigma_{atm}\left(\frac{\sigma_v}{\sigma_{atm}}\right)^{1-a} \tag{5.7}$$

A relação elástica entre o Módulo de Young, E, e o módulo M é:

$$M = \frac{E}{1 - 2\nu K} \tag{5.8}$$

É interessante notar que a curva tensão-deformação deste ensaio pode seguir diferentes tendências em função do valor de K, como mostra a Fig. 5.9c.

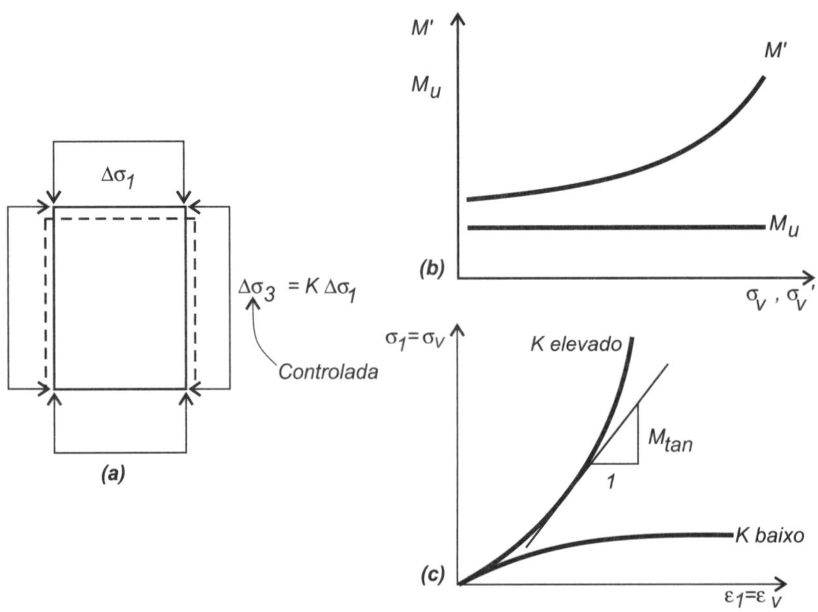

Fig. 5.9 *- Ensaio triaxial tipo K constante*

5.3.4 Ensaio oedométrico

O ensaio de adensamento em oedômetro é o ensaio mais utilizado na previsão de recalques em argilas. A sua interpretação pode ser feita tanto em termos de *Módulo Oedométrico* (Fig. 5.10b):

$$E'_{oed} = \frac{\Delta\sigma_v}{\Delta\varepsilon_v} = \frac{1}{mv} = \frac{1+e_o}{\Delta e}\Delta\sigma_v \tag{5.9}$$

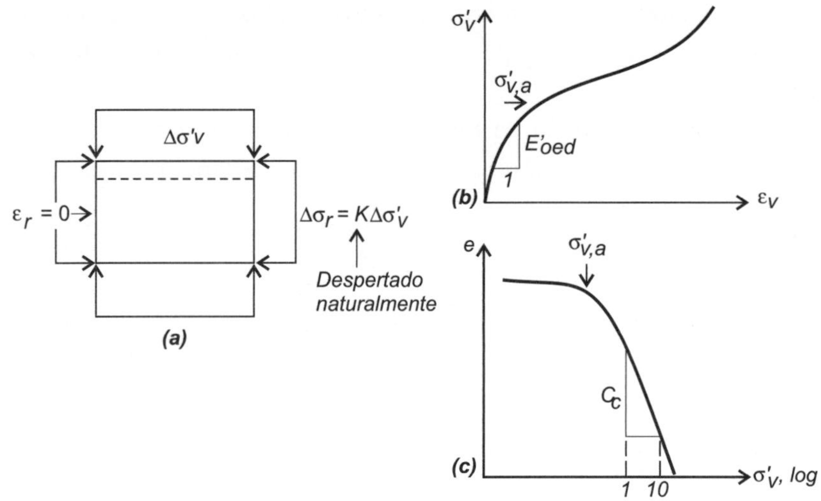

Fig. 5.10 - Ensaio oedométrico

como em termos de *índice de compressão* (Fig. 5.10c) :

$$C_c = \frac{\Delta e}{\log \dfrac{\sigma'_{v,f}}{\sigma'_{v,i}}} \tag{5.10}$$

Este ensaio, naturalmente, só pode ser drenado. Dispõe-se da relação elástica:

$$E'_{oed} = \frac{E'(1-\nu')}{(1+\nu')(1-2\nu')} \tag{5.11}$$

Mais informações sobre procedimentos de ensaio e interpretação podem ser encontradas, por exemplo, em Head (1986).

5.4 MÉTODOS RACIONAIS

Os procedimentos para cálculo de recalques podem ser separados em dois grupos, dependendo de o recalque ter sido fornecido:

a. cálculos diretos - o recalque é fornecido diretamente pela solução empregada ou
b. por cálculos "indiretos" - o recalque é fornecido por cálculo (à parte) de deformações específicas, posteriormente integradas.

5.4.1 Cálculo direto de recalques

O cálculo direto de recalques pode ser feito por:

- solução da Teoria da Elasticidade;
- métodos numéricos (Método das Diferenças Finitas, Método dos Elementos Finitos e Método dos Elementos de Contorno).

Na prática de fundações, métodos numéricos são raramente empregados numa análise apenas de deformações, visando à obtenção de recalques. Por essa razão, não serão abordados neste capítulo. Esses métodos são bastante utilizados - embora com modelos simplificados de comportamento de solos - na análise da *interação solo-fundação* ou *solo-fundação-estrutura*, como se verá nos Cap. 8 e 9.

Existem soluções da Teoria da Elasticidade que permitem o cálculo de recalques para um número de casos. Por exemplo, o recalque de uma sapata sob carga centrada pode ser previsto por:

$$w = q\,B\,\frac{1-\nu^2}{E}\,I_s\,I_d\,I_h \qquad \textbf{(5.12)}$$

onde:

q = pressão média aplicada;
B = menor dimensão da sapata;
n = Coeficiente de Poisson;
E = Módulo de Young;
I_s = fator de forma da sapata e de sua rigidez (no caso flexível, depende da posição do ponto: centro, bordo etc.);
I_d = fator de profundidade/embutimento;
I_h = fator de espessura de camada compressível.

Fatores de forma, I_s, para carregamentos na superfície ($I_d = 1,0$) de um meio de espessura infinita ($I_h = 1,0$) são mostrados na Tab. 5.1.[3]

Fatores de embutimento devem ser usados com restrição. Na realidade, o efeito da profundidade se deve mais ao fato de se alcançar um material de diferentes propriedades do que pelo efeito geométrico previsto nas soluções da Teoria da Elasticidade (segundo Fox, 1948: $0,5 < I_d < 1,0$). Assim, é recomendável desprezar esse fator (Lopes, 1979). Valores de $I_s\,.I_h$ para carregamentos na superfície ($I_d = 1,0$) de um meio de espessura finita são mostrados na Tab. 5.2.

Há diversas publicações que apresentam uma coleção de soluções da Teoria da Elasticidade para cálculo de acréscimos de tensão e recalques, como: Harr (1966), Giroud (1973), Poulos e Davis (1974), Perloff (1975), Padfield e Sharrock (1983) e U.S. Army Corps of Engineers (1994). Soluções para meios com o Módulo de Young crescente linearmente com a profundidade foram desenvolvidas por Gibson (1967, 1974).

3. Há também uma fórmula análoga à Eq. (5.12) fornecida pela teria da Elasticidade para o cálculo da rotação de uma *sapata rígida*, θ, submetida a um momento aplicado, M (Bowles, 1988):

$$tg\theta = \frac{M}{BL^2}\,\frac{1-\nu^2}{E}\,I_m$$

onde L = dimensão da sapata no plano do momento, B = outra dimensão da sapata e I_m = fator de forma (igual a 3,7 para sapatas quadradas, p. ex.). No caso de caga vertical e momento (ou de carga excêntrica), os resultados da equação acima e da Eq. (5.12) podem ser combinados.

Tab. 5.1 - Fatores de forma I_s para carregamentos na superfície de um meio de espessura infinita (Perloff, 1975)

Forma	Flexível Centro	Flexível Borda	Flexível Média	Rígido
Círculo	1,00	0,64	0,85	0,79
Quadrado	1,12	0,56	0,95	0,99
Retângulo				
L/B = 1,5	1,36	0,67	1,15	
2	1,52	0,76	1,30	
3	1,78	0,88	1,52	
5	2,10	1,05	1,83	
10	2,53	1,26	2,25	
100	4,00	2,00	3,70	
1000	5,47	2,75	5,15	
10000	6,90	3,50	6,60	

Embora o cálculo direto de recalques usando soluções da Teoria da Elasticidade seja mais frequentemente empregado para meios homogêneos, ele também pode ser usado em meios heterogêneos por meio do *Artifício de Steinbrenner*. Segundo esse artifício, o recalque na superfície de um meio estratificado é obtido pela soma das parcelas de recalque das camadas, sendo a parcela de cada camada calculada pela diferença entre os recalques do topo e da base da camada obtidos com as propriedades da camada em questão. Para uso desse artifício, pode-se lançar mão de tabelas para cálculo dos recalques de pontos no interior do meio, como a Tab. A1.1 do Apêndice 1.

Tab. 5.2 - Valores de $I_s \cdot I_h$ para carregamentos na superfície (I_d = 1,0) de um meio de espessura finita (Harr, 1966)

h/a	Círculo	Retângulo $m = 1$	$m = 2$	$m = 3$	$m = 5$	$m = 7$	$m = 10$	$m = \infty$
0	0,000	0,000	0,000	0,000	0,000	0,000	0,000	0,000
0,2	0,096	0,096	0,098	0,098	0,099	0,099	0,099	0,100
0,5	0,225	0,226	0,231	0,233	0,236	0,237	0,238	0,239
1	0,396	0,403	0,427	0,435	0,441	0,444	0,446	0,452
2	0,578	0,609	0,698	0,727	0,748	0,757	0,764	0,784
3	0,661	0,711	0,856	0,910	0,952	0,965	0,982	1,018
5	0,740	0,800	1,010	1,119	1,201	1,238	1,256	1,323
7	0,776	0,842	1,094	1,223	1,346	1,402	1,442	1,532
10	0,818	0,873	1,155	1,309	1,475	1,556	1,619	1,758
∞	0,849	0,946	1,300	1,527	1,826	2,028	2,246	∞

h = espessura do meio; a = B/2; m = L/B

Limitação do uso da teoria da elasticidade para cálculo de recalques drenados

Nas literaturas inglesa e norte-americana, soluções da Teoria da Elasticidade são utilizadas apenas para se estimar *recalques não drenados* (calculados com E_u , ν_u) de solos saturados, enquanto nas literaturas alemã e francesa, por exemplo, essas soluções são usadas também para os *recalques finais* ou *drenados* (calculados com E', ν'), sendo os recalques *por adensamento* obtidos pela diferença. Uma explicação para essa restrição das literaturas inglesa e norte-americana está no fato de que as soluções da Teoria da Elasticidade utilizam um único valor para os parâmetros elásticos, o que vale para o *caso não drenado*. Nesse caso, as tensões efetivas não mudam com o carregamento, e o módulo E_u é único (independente do caminho de tensões totais, ver Fig. 5.11a) e $\nu_u \cong 0{,}5$. Já no *caso drenado*, as tensões efetivas variam com o carregamento (Fig. 5.11b), daí resultando diferentes *E*'s. Esse último ponto pode ser mais bem entendido estudando um caminho de tensões de campo em particular (Fig. 5.11c), que cruza vários caminhos de laboratório, ou seja, passa de um comportamento próprio de uma tensão confinante para outro, o que causa uma curva tensão-deformação de campo de rigidez crescente.

Essa discussão vale para cálculos de recalques drenados a partir de ensaios de laboratório. As soluções da Teoria da Elasticidade como a Eq. (5.12) são empregadas, por outro lado, com Módulos de Young drenados (*E*'s) obtidos a partir de retroanálise de provas de carga no campo, como será visto no item 5.5.

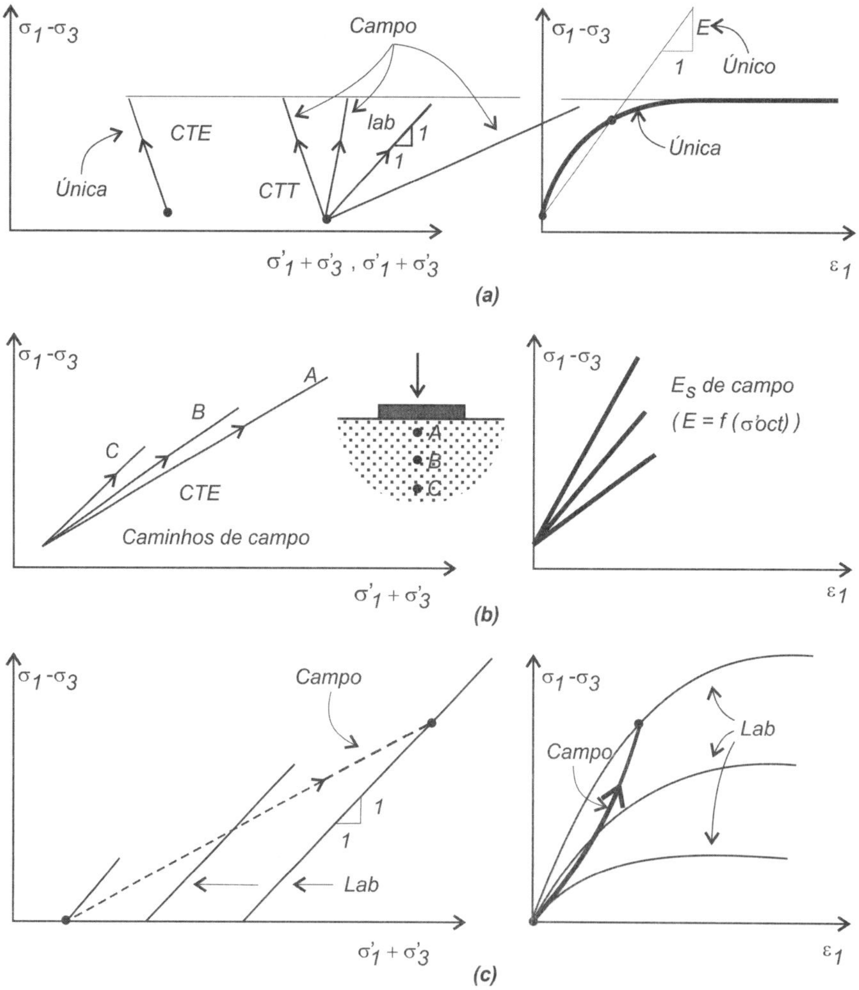

Fig. 5.11 *- Dificuldades no uso de solução linear para cálculo de recalques drenados (Vaughan, 1977)*

5.4.2 Cálculo de recalques indiretamente

(a) Procedimento

No cálculo de recalques por meio "indireto" ou "por camadas", segue-se o procedimento descrito a seguir (ver Fig. 5.12).

i. Divisão do terreno em subcamadas, em função de:

- propriedades dos materiais (nas mudanças de material, iniciam-se novas subcamadas);
- proximidade da carga - ou variação no estado de tensão - (subcamadas devem ser menos espessas onde são maiores as variações no estado de tensão).

ii. Cálculo - no ponto médio de cada subcamada e na vertical do ponto onde se deseja conhecer o recalque - das tensões iniciais (ou geostáticas), σ_o, e o acréscimo de tensão, $\Delta\sigma$, por solução da Teoria da Elasticidade.

iii. Combinando (no ponto médio de cada subcamada) as tensões iniciais, o acréscimo de tensão e as propriedades de deformação da subcamada, obtém-se a *deformação (específica) média da subcamada*, ε_z. O produto da deformação pela espessura da camada, Δh, fornece a parcela de recalque da subcamada, ou seja:

$$\Delta w = \varepsilon_z \, \Delta h \tag{5.13}$$

iv. Somando-se as parcelas de recalques das subcamadas, obtém-se o recalque total:

$$w = \Sigma \, \Delta w \tag{5.14}$$

(Vale observar que o recalque da fundação - ou de qualquer ponto abaixo dela - será a área do diagrama deformação-profundidade abaixo do ponto em estudo.)

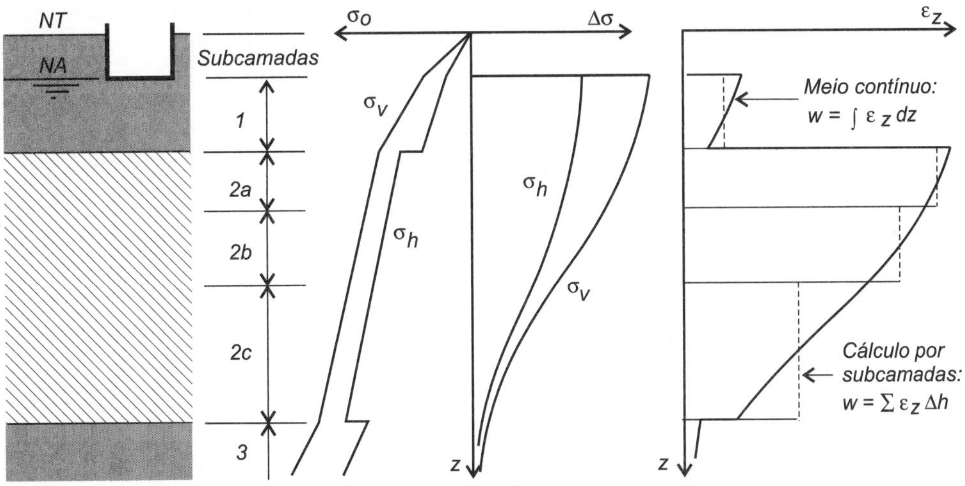

Fig. 5.12 - Esquema de cálculo "indireto" de recalques

(b) Cálculo dos acréscimos de tensão

Para o cálculo das tensões devidas a um carregamento na superfície ou mesmo no interior do terreno, há disponíveis várias soluções da Teoria da Elasticidade, baseadas na integração das equações de Boussinesq ou de Mindlin. No caso de um retângulo ou um círculo carregado, podem ser utilizados as tabelas e ábacos do Apêndice 1.

No caso de um carregamento retangular, os ábacos fornecem tensões apenas sob o canto do retângulo. Para o cálculo das tensões sob o centro, a sapata pode ser dividida por quatro, e o resultado assim obtido, multiplicado por quatro. Para o cálculo das tensões em outras verticais, fora do retângulo carregado, usa-se o princípio da superposição indicado na Fig. 5.13a.

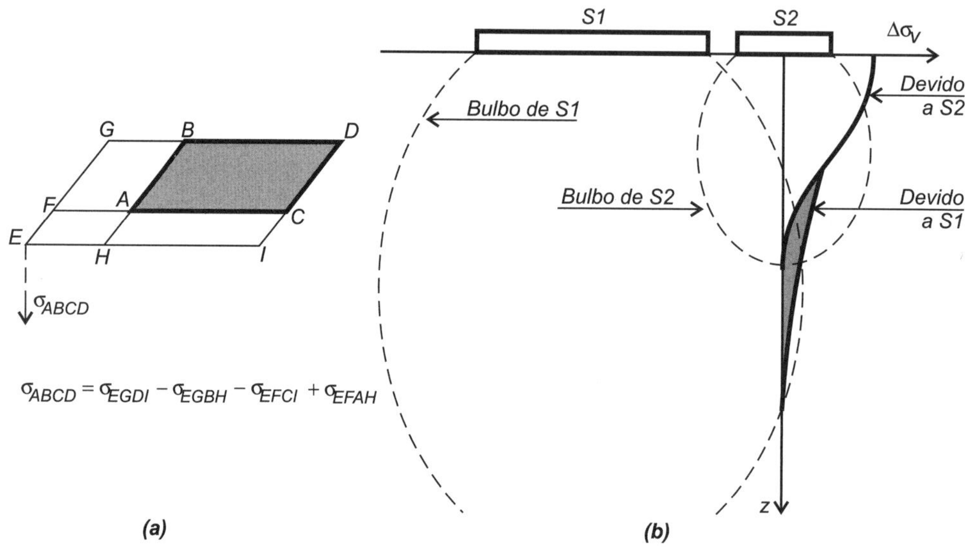

Fig. 5.13 - (a) Artifício para cálculo das tensões devidas a um retângulo carregado e (b) interação de tensões entre fundações próximas

O cálculo de tensões fora da área carregada é importante no caso de fundações próximas, quando uma sapata (ou *radier*) impõe tensões sob um elemento de fundação vizinho (ver Fig. 5.13b). Nesta figura, está representado o *bulbo de pressões*, definido como a região abaixo de uma fundação que sofre um aumento de tensão vertical de pelo menos 10% da pressão aplicada pela fundação.

Quando se deseja calcular as tensões em um ponto (sob uma sapata, p. ex.) devidas a um conjunto de áreas carregadas, dispõe-se de *ábacos de influência*, como os de Newmark (ver, p. ex., Bowles, 1988) e de Salas (1948, 1951). O método de Salas, apresentado no Apêndice 2, tem como vantagem sobre o de Newmark o fato de não requerer que as fundações sejam redesenhadas para cada profundidade em estudo.

(c) Considerações sobre o cálculo de deformações

As deformações a serem calculadas nas subcamadas podem ser consideradas parte de um *estado unidimensional* (1-D) ou *tridimensional* (3-D) de deformação, dependendo da importância das deformações horizontais em relação às verticais.

Deformação Unidimensional - O exemplo clássico de deformação 1-D é o aterro extenso mostrado na Fig. 5.14a. Neste caso, as deformações horizontais são nulas. O ensaio de laboratório que reproduz essa condição é o ensaio oedométrico.

Deformação Tridimensional - Nos casos em que as deformações horizontais são importantes, diz-se que se trata de um caso de deformação 3-D (Fig. 5.14b). Um ensaio de laboratório que reproduz essa condição é o ensaio de compressão triaxial.

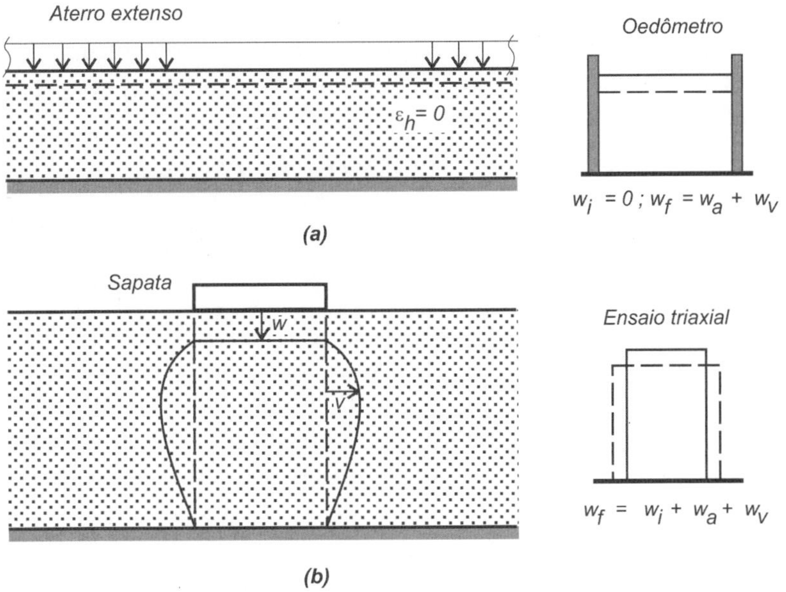

Fig. 5.14 - *Relação entre condições no campo e em laboratório para deformação (a) unidimensional e (b) tridimensional*

Observando a Fig. 5.14, conclui-se que a deformação será predominantemente 1-D se a sobrecarga for extensa em relação à espessura da camada compressível. Assim, um *radier*, que é uma fundação extensa, poderá produzir um estado de deformação 3-D se a espessura da camada deformável for grande (e mesmo uma sapata poderá criar um estado predominantemente 1-D se a espessura for muito pequena), como mostrado na Fig. 5.15.

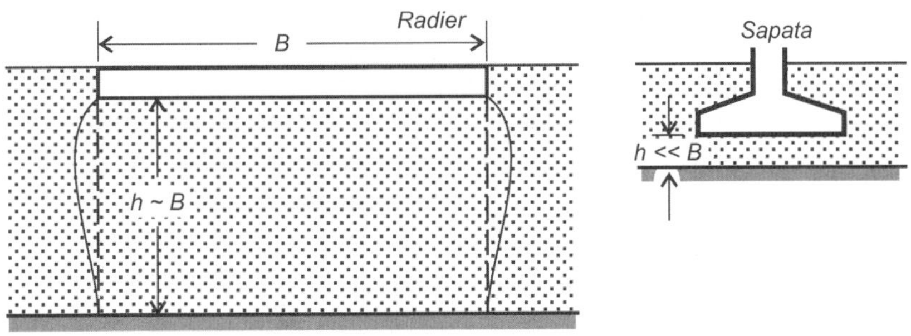

Fig. 5.15 - *Casos de deformação 3-D e 1-D*

(d) Cálculo de deformações

(d.1) Caso unidimensional

Para este caso, apresentar-se-á apenas a interpretação baseada no ensaio oedométrico, que reproduz as condições de campo. A fórmula para deformação - válida para qualquer situação - é aquela que utiliza a variação no índice de vazios:

$$\varepsilon_v = \frac{\Delta e}{1+e_o} \qquad (5.15)$$

onde:

Δ_e = variação no índice de vazios;

e_o = índice de vazios inicial.

Outras fórmulas que empregam as tensões serão mostradas a seguir, dependendo do resultado da comparação da *tensão de pré-adensamento* - revelada pelo ensaio - com a *tensão vertical geostática calculada no nível da amostra* (calculada com os pesos próprios das camadas). Dessa comparação podem resultar três situações: (a) argilas *normalmente adensadas*, (b) argilas *subadensadas* e (c) argilas *sobreadensadas*.

i. Argilas normalmente adensadas: quando $\sigma'_{v,o} = \sigma'_{v,a}$ (Fig. 5.16a)

Neste caso, a expressão a aplicar é :

$$\varepsilon_v = \frac{C_c}{1+e_o} \log \frac{\sigma'_{v,f}}{\sigma'_{v,o}} \tag{5.16}$$

Na Fig. 5.16a, está representada uma curva obtida em laboratório e aquela que seria obtida sem amolgamento, segundo Schmertmann (1955). Nesta figura, indica-se também a obtenção da tensão vertical de pré-adensamento, $\sigma'_{v,a}$, pelo método de Casagrande. Para um estudo mais aprofundado sobre a determinação dessa tensão, o leitor deverá consultar Schmertmann (1955), Leonards (1962, 1976), Silva (1970) e Martins e Lacerda (1994).

ii. Argilas subadensadas: quando $\sigma'_{v,o} > \sigma'_{v,a}$ (Fig. 5.16b)

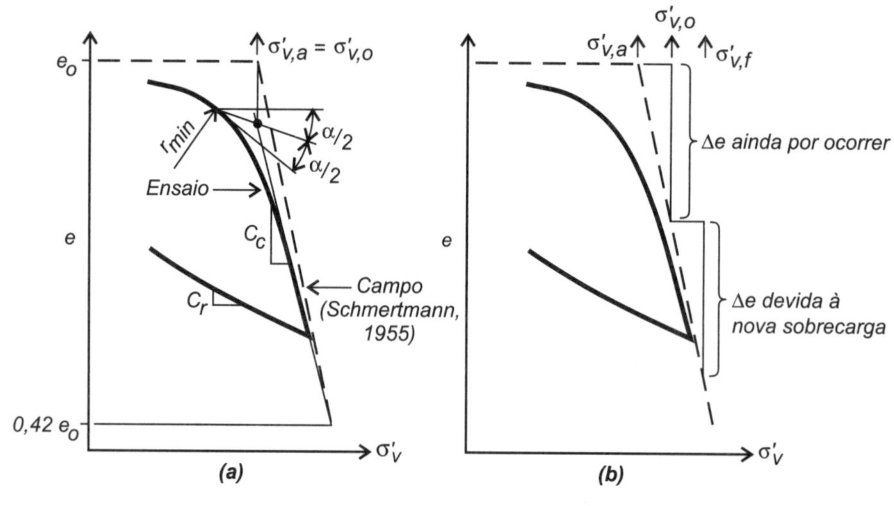

Fig. 5.16 - *Ensaio oedométrico em argila (a) normalmente adensada e (b) subadensada*

Neste caso, a expressão a utilizar é:

$$\varepsilon_v = \frac{C_c}{1+e_o} \log \frac{\sigma'_{v,f}}{\sigma'_{v,a}} \tag{5.17}$$

iii. Argilas sobreadensadas: quando $\sigma'_{v,o} < \sigma'_{v,a}$ (Fig. 5.17a)

Neste caso, a expressão a aplicar vai depender de se a tensão final ultrapassa ou não a tensão de pré-adensamento. Existem as seguintes possibilidades:

- caso $\sigma'_{v,f} < \sigma'_{v,a}$ (Fig. 5.17b):

$$\varepsilon_v = \frac{C_r}{1+e_o} \log \frac{\sigma'_{v,f}}{\sigma'_{v,o}} \tag{5.18a}$$

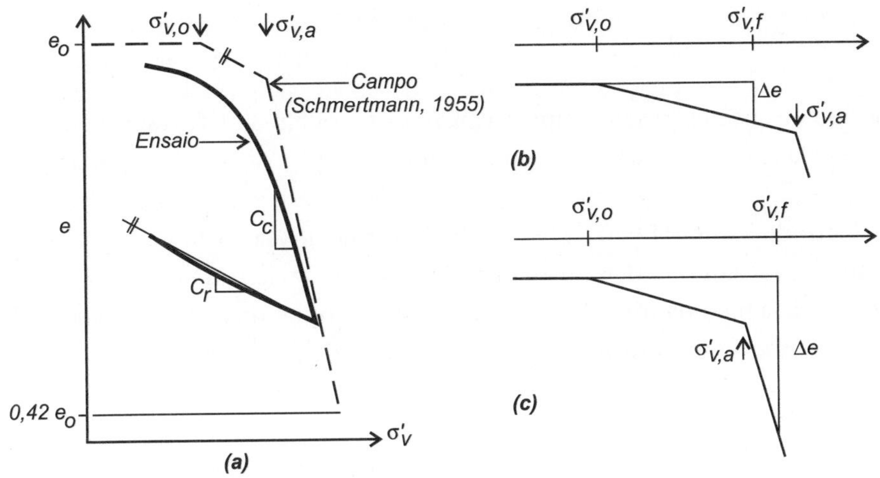

Fig. 5.17 *- Ensaio oedométrico em argila sobreadensada*

- caso $\sigma'_{v,f} > \sigma'_{v,a}$ (Fig. 5.17c):

$$\varepsilon_v = \frac{C_r}{1+e_o} \log \frac{\sigma'_{v,a}}{\sigma'_{v,o}} + \frac{C_c}{1+e_o} \log \frac{\sigma'_{v,f}}{\sigma'_{v,a}} \qquad \textbf{(5.18b)}$$

Os casos mais comuns de sobreadensamento são:

- Processos naturais: erosão, elevação do nível d'água;
- Processos artificiais (para se tirar proveito do sobreadensamento): sobreaterros, rebaixamento temporário do nível d'água;
- Escavações para implantação de *"fundações compensadas"*;
- Envelhecimento (*aging*), decorrente da idade do depósito (ver, p. ex., Bjerrum, 1967).

É interessante notar que o ensaio de adensamento inclui uma parcela de deformação viscosa (*creep*), comumente chamada de *adensamento secundário* (Buisman, 1936). As deformações viscosas são usualmente admitidas após cessar o processo de dissipação dos excessos de poropressão, embora, na realidade, ocorram ao mesmo tempo. Assim, quanto maior o tempo em que uma amostra é mantida em carga, maior será a parcela de deformação viscosa incorporada. Sobre o assunto, o leitor deverá consultar Crawford (1964) e Bjerrum (1967).

(d.2) Caso Tridimensional

i. Pela Teoria da Elasticidade

Para o cálculo de deformações, dispõe-se da equação clássica da Teoria da Elasticidade:

$$\varepsilon_z = \frac{1}{E}\left[\Delta\sigma_z - \nu\,(\Delta\sigma_x + \Delta\sigma_y)\right] \qquad \textbf{(5.19)}$$

sendo E, ν obtidos de ensaios triaxiais convencionais (ver item 5.3) ou, preferivelmente, por retroanálise de *ensaios triaxiais especiais* - do tipo *caminho de tensões controlado* - (ver Davis e Poulos, 1963, 1968).

ii. Segundo Janbu (1963)

Janbu (1963) propôs o uso da expressão:

$$\varepsilon_z = \frac{\Delta\sigma_z}{M} \tag{5.20}$$

sendo M obtido de ensaios triaxiais tipo *K constante* (ver item 5.3). O valor de K a adotar pode ser calculado pela razão entre os acréscimos de tensão $\Delta\sigma_h$ / $\Delta\sigma_v$ sob a fundação.

iii. Segundo Lambe (1964) - Método do Caminho de Tensões

Lambe (1964), em seu *Método do Caminho de Tensões* (*stress path method*), propôs que a deformação ε_z seja medida diretamente na amostra submetida a *ensaio triaxial de caminho de tensões controlado* (com caminho igual àquele esperado no campo).

iv. Segundo Skempton e Bjerrum (1957)

Segundo Skempton e Bjerrum (1957), o recalque final de uma fundação sobre argila saturada pode ser estimado pela soma do recalque instantâneo (não drenado) com o recalque por adensamento 3-D. O recalque instantâneo pode ser previsto com a Eq. (5.12), por exemplo (usando-se E_u, ν_u). O recalque por adensamento 3-D, por outro lado, pode ser estimado a partir de um cálculo 1-D (convencional) ao qual se irá aplicar um fator μ. O raciocínio é apresentado a seguir.

O recalque 3-D deveria ser calculado com:

$$w_{3D} = m_v \sum \Delta u \, \Delta h \tag{5.21a}$$

sendo que:

$$\Delta u = B \left[\Delta\sigma_3 + A \left(\Delta\sigma_1 - \Delta\sigma_3\right)\right]$$

onde A e B são os *parâmetros de poropressão* de Skempton (1954).

Como sob o eixo da fundação $\Delta\sigma_1 = \Delta\sigma_z$ e $\Delta\sigma_3 = \Delta\sigma_x$, e lembrando que $B \cong 1$ para solos saturados, vem:

$$w_{3D} = m_v \sum \left[\Delta\sigma_3 + A \left(\Delta\sigma_1 - \Delta\sigma_3\right)\right] \Delta h \tag{5.21b}$$

Já o recalque 1-D é normalmente calculado com a hipótese de que $\Delta u = \Delta\sigma_z$, o que conduz a:

$$w_{1D} = m_v \sum \Delta u \, \Delta h = m_v \sum \Delta\sigma_z \, \Delta h \tag{5.22}$$

Skempton e Bjerrum (1957) propuseram, então, que o resultado do cálculo 1-D fosse corrigido de acordo com:

$$w_{3D} = \mu \, w_{1D} \tag{5.23}$$

onde μ depende do parâmetro de poropressão A (que é função do tipo de solo e do nível de carregamento) e da geometria do carregamento, sendo fornecido pelo ábaco da Fig. 5.18.

5.5 MÉTODOS SEMIEMPÍRICOS

A expressão "semiempírico", associada aos métodos de cálculo de recalques, deve-se à introdução de correlações para a definição de propriedades de deformação dos solos. As corre-

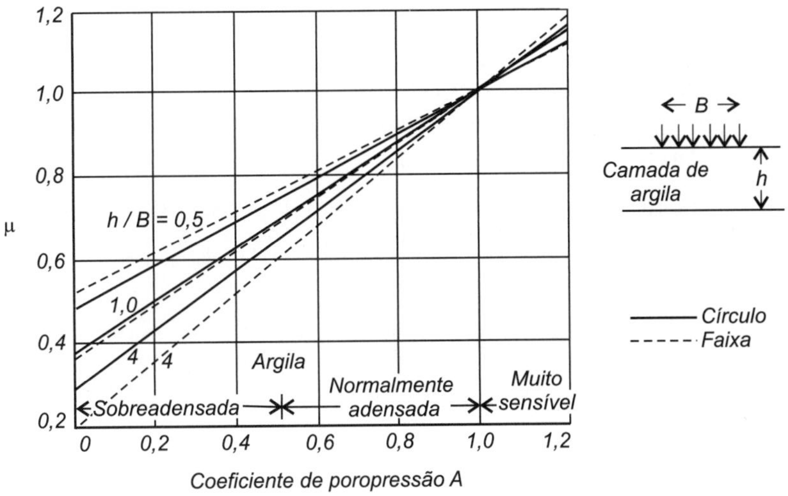

Fig. **5.18** - *Fator de correção* μ *(Skempton e Bjerrum, 1957)*

lações permitem a estimativa de propriedades de deformação por meio de ensaios outros que não aqueles que visam observar o comportamento tensão-deformação dos solos (no laboratório: ensaios triaxiais, oedométrico etc.; no campo: ensaios de placa e pressiométrico, PMT). Outros ensaios seriam os de penetração estática ou de cone (CPT) e dinâmica (SPT).

As correlações podem ser estabelecidas entre resultados de ensaios de penetração e

i. propriedades de deformação obtidas em ensaios (tipo tensão-deformação) executados em amostras retiradas próximo ao local do ensaio de penetração e
ii. propriedades de deformação obtidas por retroanálise de medições de recalques de fundações.

No segundo caso, em que se retroanalisam recalques medidos para se obter propriedades de deformação, é importante notar que assim se cria um vínculo entre a correlação e o método de análise a ser usado nas futuras previsões de recalque (o método deverá ser o mesmo usado na retroanálise para estabelecer a correlação).

Os métodos semiempíricos foram desenvolvidos inicialmente para prever recalques em areias, devido à dificuldade em se amostrar e ensaiar esses materiais em laboratório de maneira representativa das condições de campo. Em seguida, passaram a ser aplicados em argilas parcialmente saturadas e, depois, a argilas em geral.

Os métodos apresentados neste item são aqueles em que há correlações vinculadas a eles. As correlações apresentadas no Cap. 3 (item 3.3) também podem ser utilizadas, embora sem vínculo especial com algum método de cálculo.

5.5.1 Métodos Baseados no SPT

(a) Método de Terzaghi e Peck

Num trabalho pioneiro sobre o uso do ensaio SPT na previsão de recalques e de tensão admissível de sapatas em areia, Terzaghi e Peck (1948, 1967) indicaram que a tensão que provoca um recalque de 1 polegada pode ser obtida com:

$$q_{adm} = 4{,}4\left(\frac{N\text{-}3}{10}\right)\left(\frac{B+1'}{2B}\right)^2 \qquad \textbf{(5.24)}$$

onde:

q_{adm} = tensão, em kgf/cm^2, que produz $w = 1''$;

B = menor dimensão em pés ($B \geq 4'$);

N = número de golpes no ensaio SPT.

Terzaghi e Peck (1948, 1967) recomendaram que, se houvesse um nível d'água superficial ($D_w = 0$), q_{adm} deveria ser reduzida à metade.

Essa proposta, apresentada também na forma de um ábaco, é muito conservadora e foi posteriormente revista por alguns pesquisadores. Numa dessas revisões, feita por Peck e colaboradores, foram propostos os ábacos da Fig. 5.19, que levam em conta a profundidade da sapata (por meio da razão D/B).

(b) Método de Meyerhof

Segundo Meyerhof (1965), pode-se relacionar a tensão aplicada e o recalque de sapatas em areia pela expressão:

$$q_{adm} = \frac{N \, . \, w_{adm}}{8} \quad para \; B \leq 4' \tag{5.25a}$$

$$q_{adm} = \frac{N \; w_{adm}}{12} \left(\frac{B+1'}{B} \right)^2 \quad para \; B > 4' \tag{5.25b}$$

sendo B em pés, w_{adm} em polegadas e q_{adm} em kgf/cm^2. Essa proposta também é conservadora.

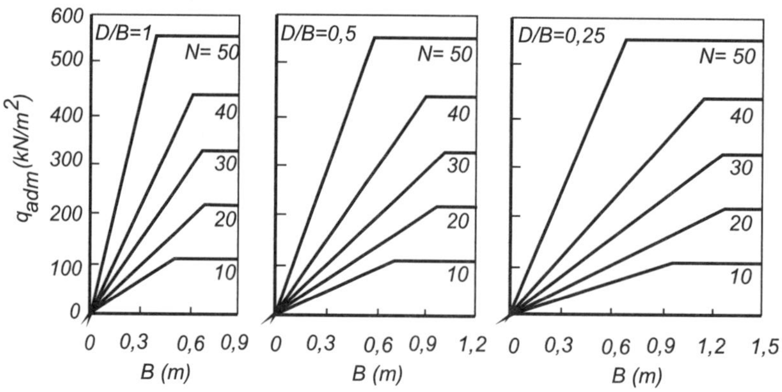

Fig. 5.19 - *Ábacos para obtenção de tensão de trabalho de sapatas em areia (Peck et al., 1974)*

(c) Método de Alpan

O método de Alpan (1964) baseia-se na previsão do recalque de uma placa quadrada de 1 pé (30 cm) no nível da fundação, usando valores de N corrigidos para a tensão geostática no nível do ensaio, e na extrapolação desse recalque (w_b) para a estrutura real (w_B). Na extrapolação, seria usada a relação empírica de Terzaghi e Peck (1948) :

$$w_B = w_b \left(\frac{2B}{B+b} \right)^2 \tag{5.26}$$

O recalque da placa quadrada de 1 pé (30 cm) é dado por:

$$w_b = a_o q \qquad (5.27)$$

onde:

q = tensão transmitida pela fundação;

a_o = inverso do coeficiente de reação vertical (k_v) para uma placa de 30 cm.

Para fundações que não sejam quadradas ou circulares, w_b deve ser multiplicado pelo fator de forma m, dado na Tab. 5.3.

Tab. 5.3 - Fatores de forma

L/B	1,0	1,5	2,0	3,0	5,0	10,0
m	1,0	1,21	1,37	1,60	1,94	2,36

O procedimento do método é o seguinte:

i. corrigir o valor de N ao nível da fundação para a tensão efetiva geostática, usando a Fig. 5.20a (escolhe-se a linha de densidade relativa correspondente a N e $\sigma'_{v,o}$, segue-se essa linha até a curva de Terzaghi e Peck e tira-se na vertical o valor de N corrigido);

ii. usar o valor de N corrigido na Fig. 5.20b para obter a_o (verificar, na Fig. 5.20b, se a combinação de N com q cai dentro do domínio linear);

iii. obter o recalque pelas Eqs. (5.26) e (5.27), aplicando-se o fator de forma m se necessário.

Ao se aplicar um método semiempírico baseado no SPT, frequentemente se encontra a situação em que o N varia com a profundidade. Quando o método não indica como proceder, pode-se fazer uma média ponderada até a profundidade atingida pelo bulbo de pressões, usando-se como fator de ponderação o acréscimo de tensão provocado pela fundação (Fig. 5.21a).

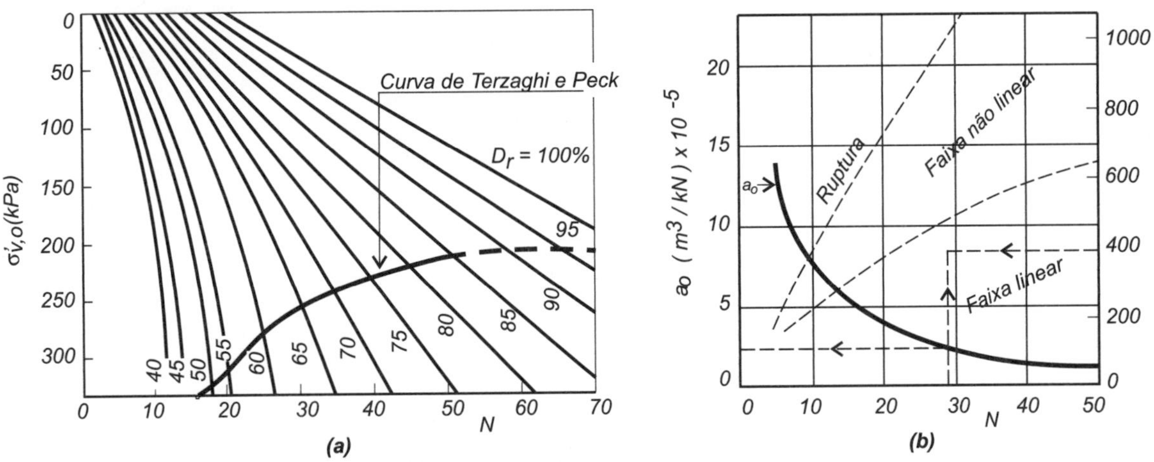

Fig. 5.20 - Ábacos para (a) correção do valor de N para a tensão vertical efetiva geostática e (b) determinação de a_o a partir de N (Alpan, 1964)

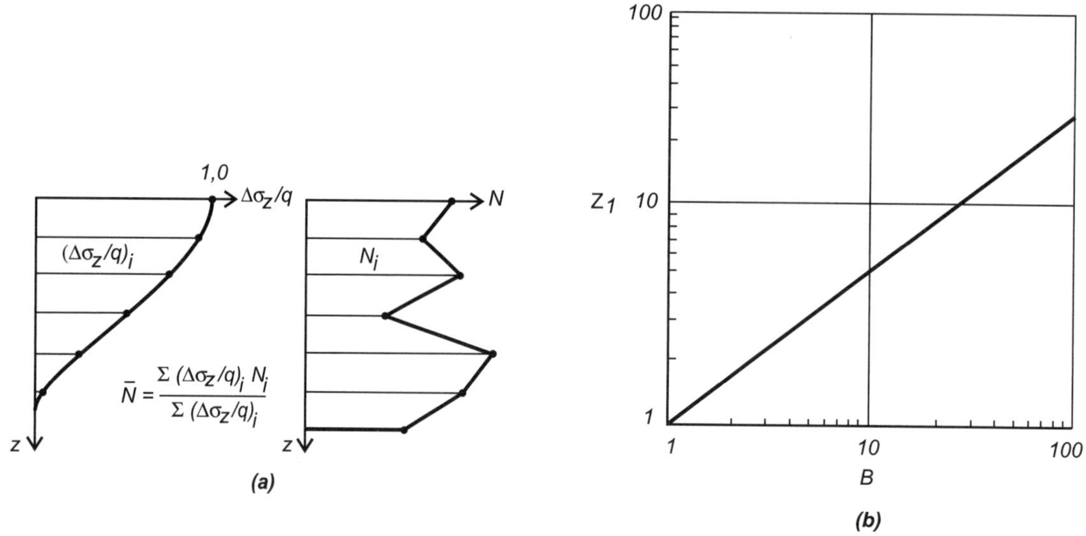

Fig. 5.21 *- Procedimentos para obtenção de N representativo: (a) por média ponderada (Lopes et al., 1994) e (b) pela média na profundidade de influência (Burland e Burbidge, 1985)*

(d) Método de Burland e Burbidge

Segundo Burland e Burbidge (1985), o recalque de fundações em areias pode ser estimado a partir do SPT com:[4]

$$w = q\, B^{0,7}\, \frac{1,71}{N^{1,4}}\, f_s\, f_l \tag{5.28a}$$

onde:

w = recalque em mm;

q = pressão aplicada em kN/m²;

B = menor dimensão da fundação em m;

N = média do número de golpes no SPT na profundidade de influência Z_l;

f_s = fator de forma dado por:

$$f_s = \left(\frac{1,25 \frac{L}{B}}{\frac{L}{B} + 0,25} \right)$$

f_l = fator de espessura compressível (H) dado por:

$$f_l = \frac{H}{Z_l}\left(2 - \frac{H}{Z_l}\right)$$

sendo que, para $H > Z_l$, $f_l = 1,0$.

Se compararmos a Eq. (5.28a) com a equação clássica da Teoria da Elasticidade (5.12), teremos $E/(1\text{-}\nu^2) = 0,6\, N^{1,4}$.

A profundidade de influência Z_l é dada pelo ábaco da Fig. 5.21b.

Os autores fazem as seguintes observações:

4. Se compararmos a Eq. (5.28a) com a equação clássica da Teoria da Elasticidade (5.12), teremos $E/(1\text{-}\nu^2) = N^{1,4} / 1,71 = 0,6\, N^{1,4}$.

a. Em areias pré-comprimidas ou em fundações implantadas no fundo de escavações, os recalques podem ser até 3 vezes menores (se $\sigma'_{v,f} < \sigma'_{v,a}$). Nesses casos, deve-se usar:

$$w = \left(q - \frac{2}{3}\sigma'_{v,a}\right) B^{0,7} \frac{1,71}{N^{1,4}} f_s f_l \tag{5.28b}$$

b. N não precisa ser corrigido para a tensão efetiva vertical geostática.

c. Se N for maior do que 15 em areias finas ou siltosas submersas, deve ser feita a correção (de Terzaghi e Peck, 1948):

$$N_{corr} = 15 + 0,5\,(N - 15) \tag{5.29}$$

E, no caso de ocorrência de pedregulhos:

$$N_{corr} = 1,25\,N \tag{5.30}$$

Para se estimar o recalque com o tempo, deve-se multiplicar o recalque inicial por um fator:

$$f_t = 1 + R_3 + R_t \log \frac{t}{3} \tag{5.31}$$

onde:

R_3 = índice de recalque adicional que ocorrer nos primeiros 3 anos (sugerem 0,3 para cargas estáticas e 0,7 para cargas que variam);

R_t = índice de recalque adicional que ocorrer por cada ciclo logarítmico de tempo após 3 anos (sugerem 0,2 para cargas estáticas e 0,8 para cargas que variam);

t = número de anos (maior que 3 anos).

(Exemplo: para t = 30 anos, se cargas estáticas: w_f = 1,5 w; se cargas variáveis, w_f = 2,5 w.)

(e) Sandroni

Sandroni (1991) compilou resultados de provas de carga em solos residuais de gnaisse (a maioria do Brasil e uns poucos dos Estados Unidos), visando à obtenção do Módulo de Young desses solos, e obteve os pontos mostrados na Fig. 5.22. Esses módulos foram obtidos por retroanálise dos resultados das provas de carga com equação da Teoria de Elasticidade (como a Eq. 5.12), o que sugere o uso dessa equação em futuras previsões de recalques de fundações. Ainda, as pressões aplicadas não ultrapassaram 200 kPa, consideradas aquém dos níveis de plastificação.

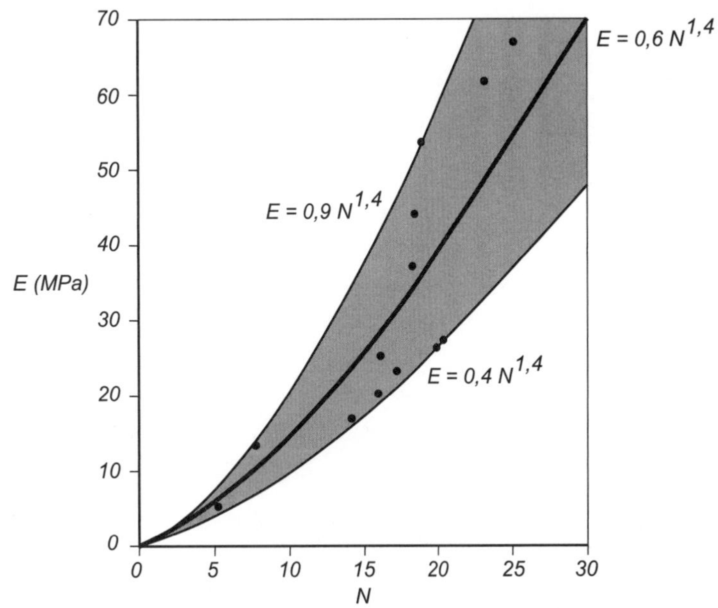

Fig. 5.22 - Relação entre N e o Módulo de Young de solos residuais (Sandroni, 1991)

5.5.2 Métodos baseados no ensaio de cone (CPT)

(a) Buisman

Buisman (1940) propôs para um cálculo "indireto" de recalques:

$$\varepsilon_v = \frac{1}{C} \ln \frac{\sigma'_{v,f}}{\sigma'_{v,o}} \tag{5.32}$$

sendo:

$$C = 1{,}5 \frac{q_c}{\sigma'_{v,o}} \tag{5.33}$$

válida, em princípio, para compressão primária. O procedimento de cálculo é o mesmo de um cálculo por deformações de subcamadas, como apresentado na Fig. 5.23.

Outros pesquisadores propuseram modificações apenas no cálculo de deformações, que passaria a utilizar:

$$C = \alpha \frac{q_c}{\sigma'_{v,o}} \tag{5.34}$$

tendo sido encontrados valores de α entre 1,0 para areias e 4,0 para argilas (Sanglerat, 1972).

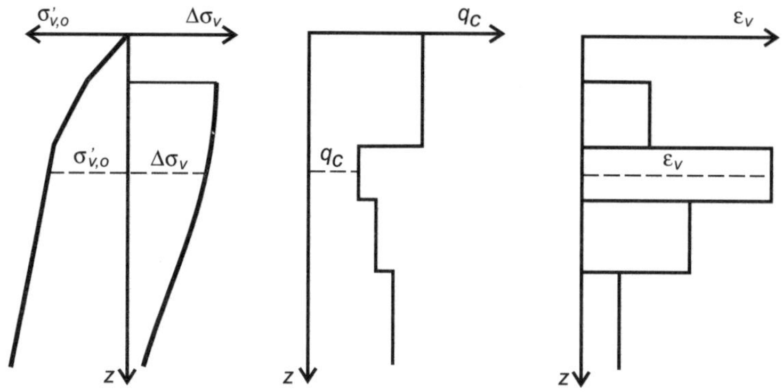

Fig. 5.23 - *Esquema de cálculo pelo método de Buisman: perfil de tensões iniciais e de acréscimos devidos à fundação, perfil de ensaio CPT e perfil de deformações calculadas*

(b) Costet e Sanglerat

Costet e Sanglerat (1969) propuseram o uso do ensaio CPT para cálculo de recalques ("indiretamente") por meio de:

$$\varepsilon_v = \frac{\Delta\sigma'_v}{E_{oed}} \tag{5.35}$$

sendo:

$$E_{oed} = \beta\, q_c \tag{5.36}$$

Valores de β foram encontrados entre 1,5 para areias e 10,0 para argilas (Sanglerat, 1972).

(c) Barata

Barata (1984), num resumo de seus trabalhos desde a década de 1950, sugere o uso da Teoria da Elasticidade para o cálculo de recalques, com o Módulo de Young obtido por meio de:

$$E = \eta \; q_{cone} \tag{5.37}$$

tendo encontrado valores de η entre 2,0 para areias e 8,0 para argilas parcialmente saturadas.

(d) Método de Schmertmann

Schmertmann (1970) compilou perfis de deformação específica (ε_z) medidos debaixo de placas de prova e observou que esses perfis mostravam um pico a uma profundidade da ordem de *B/2* e que a deformação se anulava a cerca de *2B*. Criou, então, um *índice de deformação específica*, definido como $I_\varepsilon = \varepsilon_z E / q$, cujo perfil é mostrado na Fig. 5.24a.

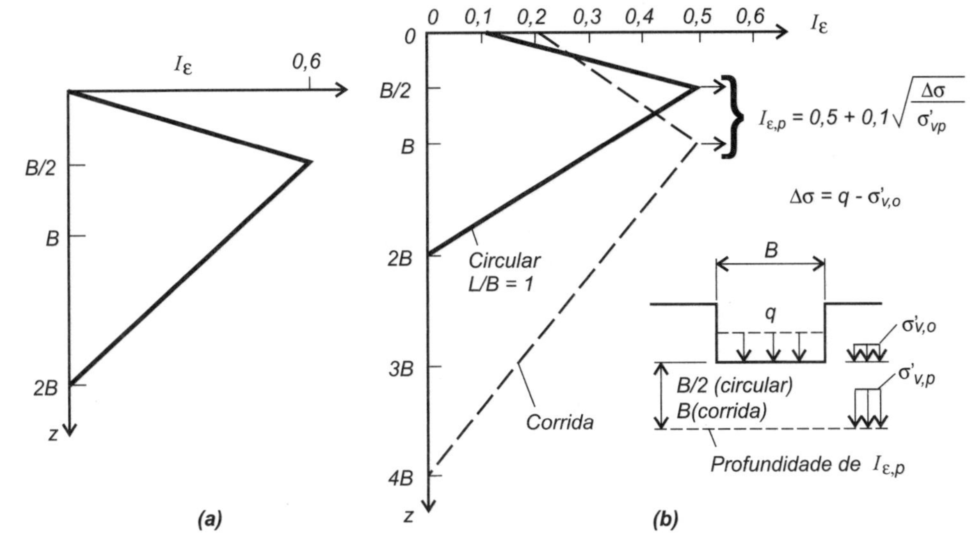

Fig. 5.24 - *Perfis de índice de deformação específica*

Com o perfil do índice de deformação específica, e conhecido o *E*, o recalque pode ser calculado com:

$$w = \int_0^H \varepsilon_z \; dz = q \int_0^{2B} \frac{I_\varepsilon}{E} \; dz = q \sum_{i=1}^{n} \frac{I_{\varepsilon,i}}{E_i} \; \Delta z \tag{5.38}$$

Schmertmann (1970) previu, ainda, duas correções, que alteram o recalque segundo:

$$w_f = w \; C_1 \; C_2 \tag{5.39}$$

A primeira correção se deve ao embutimento e vale:

$$C_1 = 1 - 0,5 \; \frac{\sigma'_{v,0}}{q} \tag{5.40}$$

sendo que $C_1 \geq 0,5$, e a segunda se deve a deformações viscosas (*creep*) e vale:

$$C_2 = 1 + 0,2 \log \frac{t}{0,1} \tag{5.41}$$

O módulo de elasticidade necessário para a Eq. (5.38) pode ser obtido por

$$E' = 2 \, q_c \tag{5.42}$$

Posteriormente (Schmertmann et al., 1978), o método sofreu modificações, ficando o perfil de *índice deformação específica* conforme mostrado na Fig. 5.24b, e com novas expressões para o módulo de elasticidade:

$$E' = 2{,}5\, q_c \tag{5.43a}$$

para sapatas circulares e quadradas, e:

$$E' = 3{,}5\, q_c \tag{5.43b}$$

para sapatas corridas.

No perfil de *índice deformação específica* da Fig. 5.24b, o I_ε do pico pode ser maior em função do acréscimo de tensão em relação à tensão geostática (no nível do pico), de acordo com:

$$I_{\varepsilon,\, pico} = 0{,}5 + 0{,}1 \sqrt{\frac{\Delta\sigma}{\sigma'_{v,\, p}}} \tag{5.44}$$

No cálculo do acréscimo de tensão, pode-se considerar o alívio devido à escavação ($\Delta\sigma = q - \sigma'_{v,o}$).

5.5.3 Avaliação dos métodos

Um trabalho de avaliação dos métodos semiempíricos foi realizado por Andrade (1982), tendo sido examinados 19 métodos:

Baseados em SPT :	**Baseados em CPT :**
(1) Terzaghi e Peck (1948)	(14) Buisman-De Beer (1965)
(2) Meyerhof (1965)	(15) Meyerhof (1965)
(3) Peck e Bazaraa (1969)	(16) Barata (1970)
(4) Tomlinson (1969)	(17) Schmertmann (1970)
(5) Sutherland (1974)	(18) Schmertmann , Hartman e Brown (1978)
(6) Alpan (1964)	(19) Harr (1978)
(7) D'Applonia et al. (1970)	
(8) Parry (1971, 1978)	
(9) Schultze e Sherif (1973)	
(10) Peck, Hanson e Thornburn (1974)	
(11) Oweis (1979)	
(12) Arnold (1980)	
(13) Agnastopoulos e Papadopoulos (1982)	

(Nessa ocasião, não havia ainda o método de Burland e Burbidge, 1985.) Aplicando os diversos métodos a 4 provas de carga em placas e sapatas, Andrade (1982) concluiu que os métodos avaliados produzem resultados:

- Conservativos: os métodos 1, 2, 13, 17, 18, 19;
- Razoáveis: os métodos 4, 5, 6, 9, 10, 11, 14, 15, 16;
- Contra a segurança: os métodos 3, 7, 8, 12.

Trabalhos semelhantes foram realizados por Jeyalapan e Boehm (1986) e por Briaud e Gibbens (1994), com conclusões algo diferentes, que são referências importantes. Lopes et al.

(1994) compararam a previsão pelo método de Burland e Burbidge (1985) com medições de longa duração de um *radier* em areia fina submersa e concluíram que a previsão do recalque inicial é conservadora, mas que a previsão do recalque no tempo é bastante boa.

Sobre o assunto métodos semiempíricos, recomenda-se, ainda, a leitura de Sanglerat (1972), Simons e Menzies (1981) e dos anais dos simpósios sobre ensaios de penetração, como o 1st. ESOPT (Stockholm, 1974), 2nd. ESOPT (Amsterdam, 1982), 1st. ISOPT (Miami, 1988), CPT'95 (Linkoping, 1995) etc.

5.6 MÉTODOS EMPÍRICOS / TABELAS DE TENSÕES ADMISSÍVEIS

São chamados métodos empíricos aqueles pelos quais se chega a uma previsão de recalque ou de tensão admissível com base na descrição do terreno (classificação e determinação da compacidade ou consistência por meio de investigações de campo ou laboratório). Esses métodos apresentam-se normalmente sob a forma de tabelas de tensões admissíveis ou *tensões básicas*. Embora essas tabelas indiquem tensões, e não recalques, que são o tema deste capítulo, deve-se considerar que as tensões ali indicadas estão associadas a recalques usualmente aceitos em estruturas convencionais.

Alguns códigos e normas de fundações apresentam tabelas de tensões admissíveis que podem ser utilizadas em anteprojetos e obras de pequeno vulto. Embora essas tabelas sejam quase sempre conservadoras, sua utilização requer algum cuidado na análise do perfil do terreno. Por exemplo, da Tab. 5.4, transcrita da norma brasileira NBR 6122/96 e que não mais figura na NBR 6122/2010, tira-se, para uma areia muito compacta, a tensão admissível de 0,5 MPa. Esse valor só é válido, porém, se abaixo dessa camada de areia não houver uma camada mais fraca ou compressível que possa ser solicitada pela fundação e que possa produzir recalques danosos à construção.

Tab. 5.4 - Tensões básicas da norma NBR 6122/96

Classe	Descrição	σ_0(MPa)
1	Rocha sã, maciça, sem laminações ou sinal de decomposição	3,0
2	Rochas laminadas, com pequenas fissuras, estratificadas	1,5
3	Rochas alteradas ou em decomposição	ver nota
4	Solos granulares concrecionados. Conglomerados	1,0
5	Solos pedregulhosos compactos e muito compactos	0,6
6	Solos pedregulhosos fofos	0,3
7	Areias muito compactas	0,5
8	Areias compactas	0,4
9	Areias medianamente compactas	0,2
10	Argilas duras	0,3
11	Argilas rijas	0,2
12	Argilas médias	0,1
13	Siltes duros (muito compactos)	0,3
14	Siltes rijos (compactos)	0,2
15	Siltes médios (medianamente compactos)	0,1

Nota: Para rochas alteradas ou em decomposição, deve-se levar em conta a natureza da rocha matriz e o grau de decomposição.

Na determinação da tensão admissível, fazendo uso da Tab. 5.4, a norma NBR 6122/96 recomendava que fossem considerados os aspectos a seguir.

Fundação sobre rocha - Em qualquer fundação sobre rocha, deve-se, para fixação de tensão admissível, levar em conta a continuidade da rocha, sua inclinação e a influência da atitude da rocha sobre a estabilidade. Pode-se assentar fundação sobre rocha de superfície inclinada desde que se prepare essa superfície (chumbamentos, escalonamento em superfícies horizontais, etc.) de modo a evitar um deslizamento da fundação.

Tensão admissível nas areias fofas, argilas moles, siltes fofos ou moles, aterros e outros materiais - Nesses solos, a implantação de fundações só pode ser feita após cuidadoso estudo com base em ensaios de laboratório e campo, compreendendo o cálculo de capacidade de carga (ruptura) e a análise da repercussão de recalques sobre o comportamento da estrutura.

Solos expansivos - Solos expansivos são aqueles que, por sua composição mineralógica, aumentam de volume quando há um aumento do teor de umidade. Nestes solos, não se pode deixar de levar em conta o fato de que, quando a pressão de expansão ultrapassar a pressão atuante, poderão ocorrer levantamentos. Por isso, é indispensável determinar, experimentalmente, a pressão de expansão, considerando que a expansão depende das condições de confinamento.

Solos colapsíveis - Solos de elevada porosidade, não saturados, estão sujeitos a sofrer uma forte redução de volume (denominada *colapso*) quando têm sua umidade aumentada até a saturação (ou sofrem *encharcamento*, segundo terminologia da norma). Em princípio, devem ser evitadas fundações superficiais apoiadas nessaes solos, a não ser que sejam feitos estudos considerando as tensões a serem aplicadas pelas fundações e a possibilidade de umedecimento do solo. A condição de colapsibilidade deverá ser verificada por meio de ensaios e critérios próprios, como a realização de ensaio oedométrico com saturação do corpo de prova em determinado estágio.

Prescrições especiais para solos granulares - Quando se encontram apenas solos granulares (classes 4 a 9) abaixo da cota de fundação, até uma profundidade de duas vezes a largura da construção, a tensão admissível dada na Tab. 5.4 (válida para fundações de 2 m de largura) pode ser aumentada - *no caso de construções não sensíveis a recalques* - em função da largura da fundação até um máximo de 2,5 σ_o. No caso de construções sensíveis a recalques, deve-se fazer uma verificação das consequências desses recalques ou manter o valor da tensão admissível igual ao valor da tabela. Para larguras inferiores a 2 m, deve ser feita uma pequena redução, conforme indicado na norma.

As tensões da Tab. 5.4 para solos granulares são indicadas quando a profundidade da fundação, medida a partir do topo da camada escolhida para assentamento da fundação, for menor ou igual a 1m; quando a fundação estiver a uma profundidade maior e for totalmente confinada pelo terreno adjacente, os valores básicos podem ser acrescidos de 40% para cada metro de profundidade além de 1m, limitado ao dobro do valor da tabela.

As majorações descritas nos dois parágrafos acima não podem ser consideradas cumulativamente se ultrapassarem 2,5 σ_o.

Prescrição especial para solos argilosos - As tensões da Tab. 5.4 para solos argilosos (classes 10 a 15) são aplicáveis a um corpo de fundação não maior do que 10 m^2. Para áreas carregadas maiores, ou na fixação da tensão média admissível sob um conjunto de corpos de fundação ou a totalidade da construção, devem-se reduzir os valores da tabela de acordo com $\sigma_{adm} = \sigma_o\,(10/A)^{1/2}$, onde A = área total da parte considerada, ou da construção inteira, em m^2.

5.7 ENSAIOS DE PLACA

5.7.1 Tipos de ensaio

Quanto à localização, têm-se os seguintes tipos de ensaio (ver Fig. 5.25a):

- na superfície;
- em cavas;
- em furos.

Quanto ao tipo de placa, tem-se (Fig. 5.25b):

- placa convencional;
- placa parafuso (*screw-plate*, desenvolvida por Janbu e Senneset, 1973).

Quanto ao modo de carregamento, tem-se (Fig. 5.25c-e):

- carga controlada;
- deformação controlada (diferentes velocidades) (Fig. 5.25c).

No caso de carga controlada, há:

- carga incremental mantida (por períodos de tempo preestabelecidos ou até a quase estabilização) (Fig. 5.25d);
- carga cíclica (com diferentes padrões de ciclagem) (Fig. 5.25e).

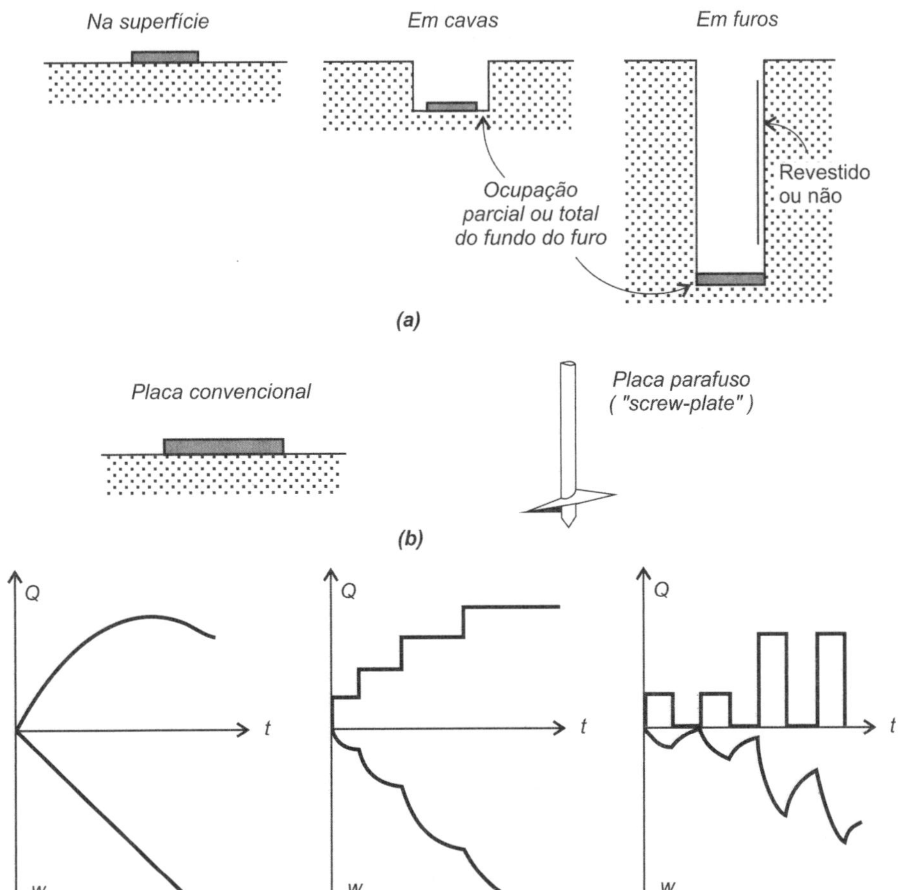

Fig. 5.25 - *Tipos de ensaios de placa quanto (a) à localização, (b) ao tipo de placa e (c) - (e) ao modo de carregamento*

A norma brasileira para provas de carga em placas

Segundo a Norma Brasileira NBR 6489, o ensaio de placa deve ter as seguintes características:

- placa circular com área de 0,5 m^2, ocupando todo o fundo da cava;
- a relação *D/B* igual à da fundação real;
- carregamento incremental mantido até a estabilização (mesmo critério de estabilização das provas de carga em estacas).

Cuidados na execução e interpretação

Alguns cuidados muito importantes devem ser tomados na execução e interpretação dos ensaios de placas:

- Heterogeneidade: caso haja estratificação do terreno (ou mesmo uma variação linear de *E* com *z*), os resultados do ensaio poderão indicar muito pouco do que acontecerá à fundação real (Fig. 5.26);
- Presença de lençol d'água: segundo Terzaghi e Peck (1948,1967), por exemplo, o recalque de placas em areias submersas pode ser até duas vezes maior que em areias secas ou úmidas;
- Drenagem parcial: em solos argilosos, dependendo do critério de estabilização, pode estar ocorrendo adensamento e, assim, o recalque observado estará entre o instantâneo e o final ou drenado;
- Não linearidade da curva carga-recalque: mesmo na parte inicial da curva carga-recalque (trecho de interesse no caso de uma interpretação, visando a recalques), pode haver uma forte não linearidade, e também mudança de comportamento quando o carregamento atinge a tensão de pré-adensamento (ou de pré-compressão).

5.7.2 Interpretação

A interpretação depende dos objetivos do ensaio. Os mais comuns são:

- obter parâmetros de deformação (*E* etc.)
- obter parâmetros de resistência (S_u ou φ')
- obter o coeficiente de reação vertical (k_v)
- prever o recalque de uma fundação por extrapolação direta.

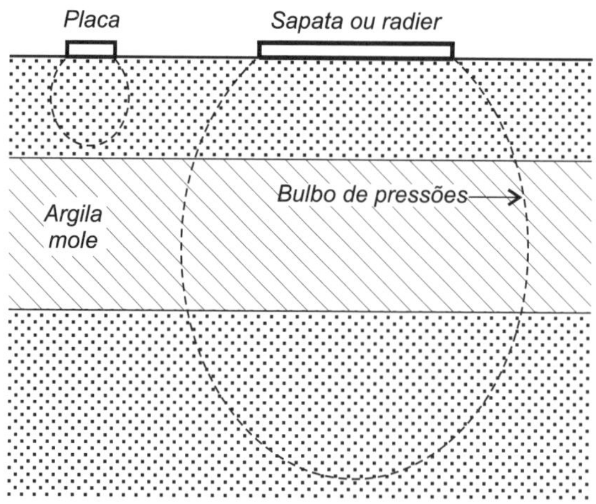

Fig. 5.26 - *Cuidados na interpretação dos ensaios de placa: diferentes bulbos de pressão*

(a) Parâmetros de deformação

Geralmente se procede a uma retroanálise por fórmulas da Teoria da Elasticidade. Quando se dispõe de um ensaio em um diâmetro apenas, é comum adotar-se a hipótese de meio homogêneo e utilizar a Eq. (5.12), ou:

$$w = q\,B\,\frac{1-\nu^2}{E}\,I_s = q\,B\,\frac{1}{E^*}\,I_s \tag{5.45}$$

onde E^* é um módulo que incorpora o efeito do Coeficiente de Poisson, muito utilizado por autores alemães (que o denominam *steifezahl*), conforme será visto nos Caps. 8 e 9.

No caso de se ensaiarem três placas com dimensões (diâmetros) diferentes, é possível estabelecer a variação do E com a profundidade, como mostrado no item 5.7.3.

(b) Parâmetros de resistência

Geralmente se procede a uma retroanálise por fórmulas de capacidade de carga. Por exemplo, no caso de placa na superfície e solo com comportamento não drenado:

$$q_{ult} = S_u\,N_c \quad , \quad N_c = 6{,}2$$

Essa retroanálise fica mais difícil no caso de areias, visando-se à obtenção de φ' pela variedade de fatores N_q e N_γ.

(c) Coeficiente de reação

Quando se objetiva obter o *coeficiente de reação vertical*, k_v, suposta linear a relação pressão-recalque (para métodos de análise de fundações que utilizam a *Hipótese de Winkler*), aplica-se (Fig. 5.27a):

$$k_v = \frac{q}{w} \tag{5.46}$$

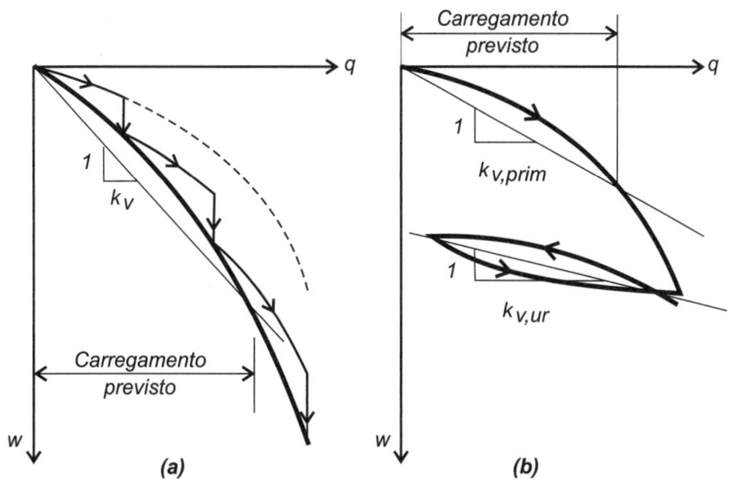

Fig. 5.27 *- Ensaio de placa para obtenção de k_v: (a) interpretação pelo trecho de interesse de um ensaio com estabilização e (b) pelo trecho de descarregamento-recarregamento (comparado com aquele obtido no trecho de carregamento primário)*

A não linearidade dessa relação pode ser levada em consideração em métodos de cálculo sofisticados (resolvidos com o computador), que representam o solo por uma mola não linear. Eses métodos, entretanto, não são ferramentas para o dia a dia do projetista de fundação. Alguns cuidados, por outro lado, permitem a consideração da não linearidade da relação pressão-recalque e de sua dependência do número de ciclos. É o caso quando o k_v é obtido na faixa de pressões prevista, e após ciclos de carga, se for o caso, como mostrado na Fig. 5.27b.

Antes de ser usado nos métodos de cálculo, o k_v precisa ser corrigido para a forma e as dimensões da fundação real (ver item 5.3). Isso se explica porque o k_v não é uma propriedade apenas do solo, mas também da forma (I_s) e da dimensão (B) da fundação. Comparando-se as Eqs. (5.12) e (5.46), obtém-se (para um meio elástico, homogêneo e semi-infinito):

$$k_v = \frac{E}{1-\nu^2} \frac{1}{I_s} \frac{1}{B} \qquad \textbf{(5.47)}$$

A questão da correção a ser feita será examinada no item 6.5.2.

(d) Extrapolação direta de recalque

Pode-se tentar uma extrapolação direta de recalque da placa para a fundação real. Duas situações podem ser consideradas (Fig. 4.19).

Meio homogêneo (E constante) - Neste caso (Fig. 4.19a), tem-se:

$$w_B = w_b \frac{B}{b} \frac{I_{s,B}}{I_{s,b}} \qquad \textbf{(5.48)}$$

Meio em que E cresce linearmente com z - Neste caso (Fig. 4.19b), pode-se utilizar uma equação empírica como a de Terzaghi e Peck:

$$w_B = w_b \left(\frac{2B}{B+b} \right)^2 \qquad \textbf{(5.26)}$$

Outros pesquisadores propuseram expressões algo diferentes, nas quais o valor *2* do numerador *2B* toma outros valores, como *3* (Tschebotarioff) ou *5* (Bjerrum). Na realidade, *n* depende da variação de *E* com *z*. Essa variação poderá ser determinada com um ensaio de penetração (CPT, por exemplo), que permitirá a utilização de ábacos ou soluções para *E* crescente com *z* da Teoria da Elasticidade, como a de Carrier III e Christian (1973), mostrada a seguir. Como alternativa, têm-se os ensaios com três placas.

5.7.3 Ensaios de três placas

Há algumas propostas para a interpretação de ensaios de placa, realizados em três diâmetros diferentes, visando prever recalques de sapatas em meios linearmente heterogêneos.

(a) Housel

Housel (1929) interpretou ensaios em placas de três diâmetros, como apresentado na Fig 5.28. Dos ensaios são retirados resultados em termos de tensões, que produzem o recalque admissível e devem conduzir a um gráfico como representado na Fig. 5.28b. Esse gráfico permitirá obter, para as dimensões da fundação real (expressas em termos de p/A, onde p é o perímetro, e A, a área da placa) a tensão que produzirá o recalque admissível.

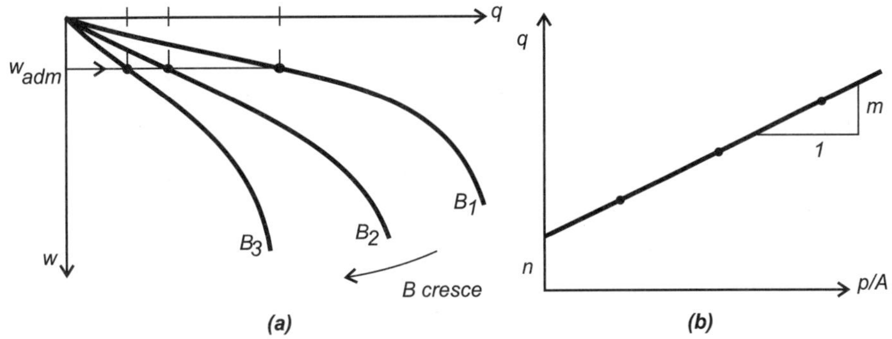

Fig. 5.28 *- Interpretação de ensaios em três placas, segundo Housel (1929)*

Do gráfico também podem ser tirados os parâmetros m e n para a equação:

$$q_{adm} = n + m \frac{p}{A} \quad (5.49)$$

Barata (1962, 1984) estendeu a teoria de Housel para placas quadradas (ou retangulares) e para placas em profundidade.

(b) Burmister

Burmister (1947) interpretou ensaios em três placas, partindo da hipótese de que o perfil do terreno apresenta módulo crescente com a profundidade, como mostrado na Fig 5.29a. Nesse perfil há, na profundidade $z = B$ (diâmetro da placa), um módulo equivalente do meio homogêneo que produziria aquele recalque.

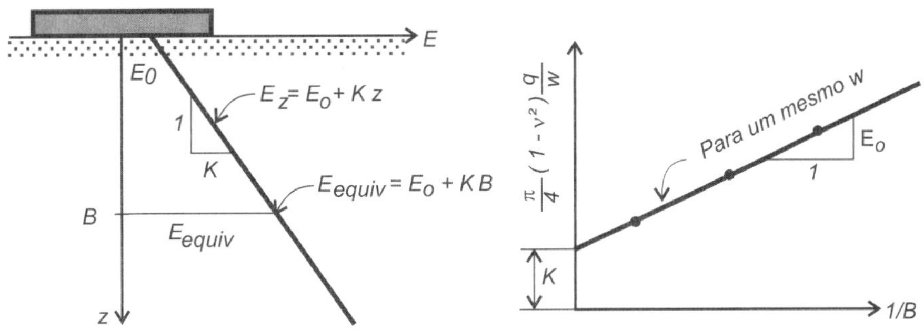

Fig. 5.29 *- Interpretação de ensaios em três placas, segundo Burmister (1947)*

Dos ensaios são retirados resultados em termos de $q/w\ (1-\nu^2)\ \pi/4$ que devem produzir um gráfico como mostrado na Fig. 5.29b. Esse gráfico permitirá obter K e E_o do perfil imaginado. Com tais parâmetros, é possível calcular o recalque da fundação (circular) com:

$$w = q\,B \frac{1-\nu^2}{E_o + K\,B} \frac{\pi}{4} \quad (5.50)$$

Comparando-se m e n de Housel com K e E_o de Burmister, tem-se:

$$m = \frac{E_o\,w}{1-\nu^2} \quad ; \quad n = \frac{K\,w}{(1-\nu^2)\frac{\pi}{4}} \quad (5.51)$$

(c) Carrier III e Christian (1973)

Carrier III e Christian (1973) apresentaram ábacos (Fig. 5.30a) para diferentes perfis do módulo *E*, entre eles aquele ao qual corresponde a relação empírica de Terzaghi e Peck (1967).

Parry (1978) realizou estudo semelhante ao de Carrier III e Christian (1973), do qual é reproduzido o gráfico da Fig. 5.30b, que mostra que a relação de Terzaghi e Peck corresponde a um perfil do módulo *E* que começa de um certo valor para então crescer com *z*. O leitor pode estranhar esse perfil para areias, que não começa em zero, mas basta lembrar que o módulo *E* debaixo da placa tem um valor considerável, em consequência do próprio carregamento da placa (ver Fig. 5.11).

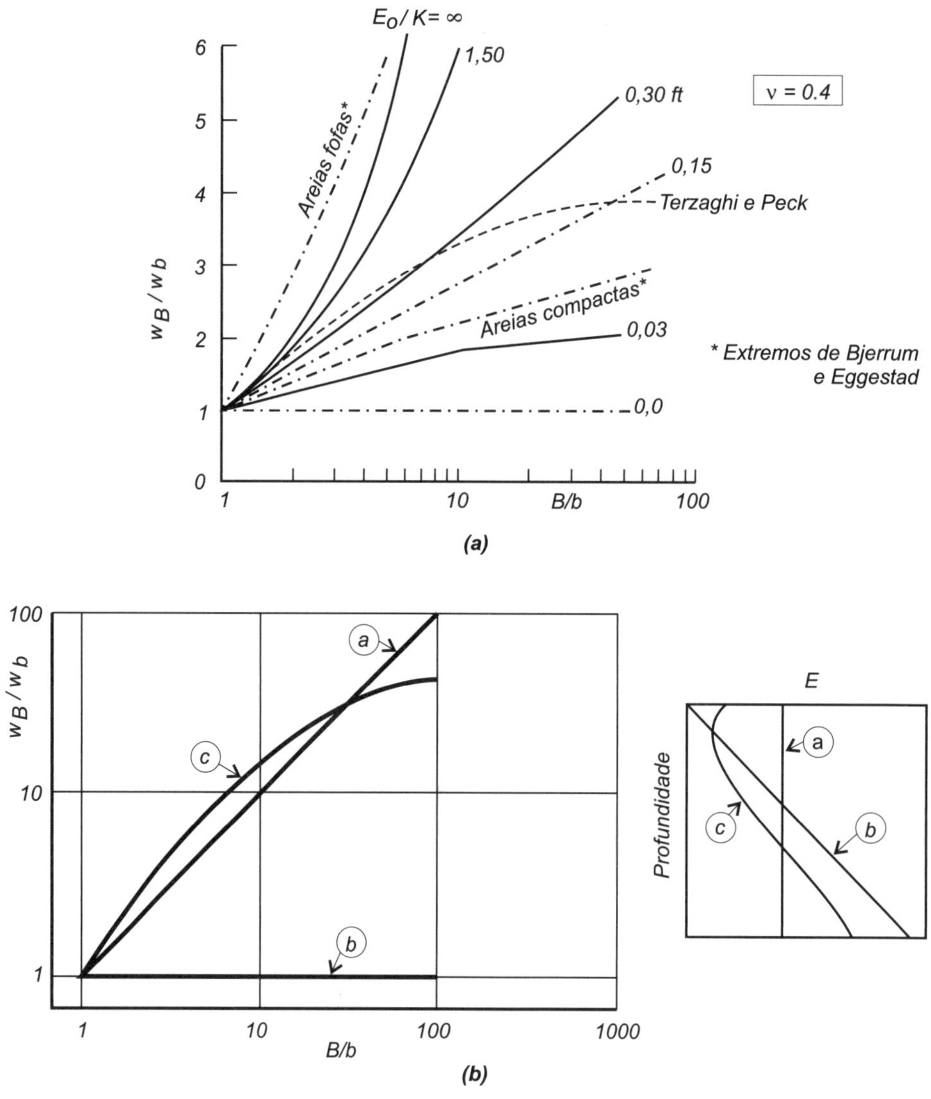

***Fig. 5.30** - Interpretação da relação entre recalques de placas de dimensões diferentes, segundo (a) Carrier III e Christian (1973) e (b) Parry (1978)*

REFERÊNCIAS

ALPAN, I., Estimating the settlements of foundations on sands. *Civil Engineering and Public Works Review*, v. 59, p. 1415-1418, November 1964.

ANDRADE, C.S.N. *Contribuição ao estudo do recalque de placas com base em ensaios de penetração*. Tese de M. Sc. COPPE-UFRJ, Rio de Janeiro, 1982. 210 p.

BARATA, F. E. *Tentativa de racionalização do problema da taxa admissível de fundações diretas*. Tese de Livre Docência-Escola de Engenharia, UFRJ, Rio de Janeiro, 1962.

BARATA, F. E. *Propriedades mecânicas dos solos - uma introdução ao projeto de fundações*. Rio de Janeiro. Livros Técnicos e Científicos Editora Ltda., 1984.

BJERRUM, L. Engineering geology of Norwegian normally consolidated clays as related to settlements of buildings. Rankine Lecture, *Geotechnique*, v. 17, n. 2, p. 81-118, 1967.

BOWLES, J. E. *Foundation analysis and design*. 4. ed. New York: MacGraw-Hill Book Co., 1988.

BRIAUD, J. L.; GIBBENS, R. M. Test and prediction results for five large spread footings on sand. In: Symposium on "Predicted and Measured Behaviour of Five Spread Footings on Sand", 1994, Texas. *Proceedings*... Texas, A&M University, ASCE Geotechnical Special Publication n.41, 1994.

BURLAND, J. B.; BURBIDGE, M. C. Settlements of foundations on sand and gravel. In: INSTITUTION OF CIVIL ENGINEERS, 1985, London. *Proceeedings*... London: Institution of Civil Engineers, 1985.

BUISMAN, A. S. K. Results of long duration settlement tests. In: INTERNATIONAL CONFERENCE ON SOIL MECHANICS AND FOUNDATION ENGINEERING, 1., Cambridge, 1936, *Proceedings*... Cambridge: ICSMFE, 1936.

BUISMAN, A. S. K. *Grondamechanica*. Delft: Waltman, , 1940.

BURMISTER, D.M. General Discussion. Symposium on Load Tests and Bearing Capacity of Soils. *ASTM Publication*, n. 79, 1947.

CARRIER III, W. D.; CHRISTIAN, J. T. Rigid circular plate resting on a non-homogeneous elastic half-space. *Geotechnique*, v. 23, n. 1, p. 67-84, 1973.

COSTET, J.; SANGLERAT, G. *Cours pratique de mécanique des sols*. Paris: Dunod, 1969.

CRAWFORD, C. B. Interpretation of the consolidation test. *Journal Soil Mechanics and Foundations Division, ASCE*, v. 90, n. SM5, p. 87-102, 1964.

DAVIS, E. H.; POULOS, H. G. Triaxial testing and three-dimensional settlement analysis. In: INTERNATIONAL CONFERENCE ON SOIL MECHANICS AND FOUNDATION ENGINEERING, 4., New Zealand, 1963. *Proceedings*... New Zealand, ICSMFE, 1963. p. 233-243.

DAVIS, E. H.; POULOS, H. G. The use of elastic theory for settlement prediction under three-dimensional condictions. *Geotechnique*, v. 18, n. 1, p. 67-91, 1968.

FOX, E. N. The mean elastic settlement of a uniform loaded area at a depth below the ground surface. In: INTERNATIONAL CONFERENCE ON SOIL MECHANICS AND FOUNDATION ENGINEERING, 1., Rotterdam, 1948. *Proceedings*... ICSMFE, 1948. v. 1.

GIBSON, R. E. Some results concerning displacements and stresses in a non-homogeneous elastic half-space. *Geotechnique*, v. 17, n. 1, p. 58-67, 1967.

GIBSON, R. E. The analytical method in Soil Mechanics. Rankine Lecture. *Geotechnique*, v. 24, n. 2, p. 113-140, 1974.

GIROUD, J. P. *Tables pour le calcul des fondations*. Paris: Dunod, 1972.

HARR, M. E. *Foundations of theoretical soil mechanics*. New York: MacGraw-Hill Book Co., 1966.

HARR, M. E. *Mechanics of particulate media*. New York: MacGraw-Hill Book Co., 1977.

HEAD, K. H. *Manual of soil laboratory testing*. London: Pentech Press, 1986.

HOUSEL, W. S. A practical method for the selection of foundations based on fundamental research in Soil Mechanics. *Research Bulletin*, n. 13, University of Michigan, Ann Arbour, 1929.

JANBU, N. Soil compressibility as determined by oedometer and triaxial tests. In: EUROPEAN CONFERENCE ON SOIL MECHANICS AND FOUNDATION ENGINEERING, Wiesbaden, 1963. *Proceedings*... Wiesbaden: ECSMFE, 1963.

JANBU, N.; SENNESET, K. Field compressometer - Principles and applications. In: INTERNATIONAL CONFERENCE ON SOIL MECHANICS AND FOUNDATION ENGINEERING, 8., Moscow, 1973. *Proceedings*... Moscow: ICSMFE, 1973.

JEYALAPAN, J. K.; BOEHM, R. Procedures for predicting settlements in sands. *Geotechnical Special Publication*, ASCE, n. 5, p. 1-22, 1986.

LADD, C. C.; FOOTT, R. New design procedure for stability of soft clays. *Journal Geotechnical Engineering Division*, ASCE, v. 100, n. 7, 1974.

LAMBE, T. W. Methods of estimating settlement. *Journal Soil Mechanics and Foundation Division*, ASCE, v. 90, n. SM5, 1964.

LEONARDS, G. A. Engineering properties of soils. In: LEONARDS, G. A. *Foundation engineering*. New York: McGraw-Hill Book Co., 1962.

LEONARDS, G. A. Estimating consolidation settlements of shalow foundations on overconsolidated clays. *Transportation Research Board Special Report*, n. 163, p. 13-16, 1976.

LOPES, F. R. *The undrained bearing capacity of piles and plates studied by the Finite Element Method*. Ph.D. Thesis-University of London, London, 1979.

LOPES, F. R.; SOUZA, O. S. N.; SOARES, J. E. S. Long-term settlement of a raft foundation on sand. *Geotechnical Engineering*, v. 107, n. 1, p. 11-16, 1994.

MARTINS, I. S. M.; LACERDA, W. A. Sobre a relação índice de vazios-tensão vertical efetiva na compressão unidimensional. *Solos e Rochas*, v. 17, n. 3, p. 157-166, 1994.

MEYERHOF, G.G. Shallow foundations. *Journal of Soil Mechanics and Foundations Division*, ASCE, v. 91, n. SM2, p. 21-31, 1965.

NEWMARK, N. M. Design charts for computation of stresses in elastic foundations. *Bulletin* n. 38 University of Illinois Eng. Expt. Station, 1942.

PADFIELD, C. J.; SHARROCK, M. J. Settlement of structures on clay soils. *CIRIA Special Publication 27/PSA Civil Engineering Technical Guide 38*, Department of the Environment, London, 1983.

PARRY, R. H. G. Estimating foundation settlements in sand from plate bearing tests. *Geotechnique*, v. 28, n. 1, p. 107-118, 1978.

PECK, R. B.; HANSON, W. E.; THORNBURN, T. H. *Foundation Engineering*. 2 ed. New York: John Willey and Sons, 1974.

PERLOFF, W.H. Pressure distribution and settlement. In: WINTERKORN, H. F.; FANG, H-Y (Eds.) *Foundation engineering handbook*. New York: Van Nostrand Reinhold Co., 1975.

POULOS, H. G.; DAVIS, E. H. *Elastic solutions for soil and rock mechanics*. New York: John Wiley and Sons, 1974.

SALLAS, J. A. J. Soil pressures computation: a modification of the Newmark's method. In: INTERNATIONAL CONFERENCE ON SOIL MECHANICS AND FOUNDATION ENGINEERING, 2., Rotterdam, 1948. *Proceedings*... Rotterdam: ICSMFE, 1948. v. 7.

SALLAS, J. A. J. *Mecanica de suelos*. Madrid: Editorial Dossat, 1951.

SANDRONI, S. S. Young metamorphic residual soils. In: Panamerican CSMFE, 9., Viña del Mar, 1991. *Proceedings*... PCSMFE, 1991.

SANGLERAT, G. *The penetrometer and soil exploration*. Amsterdam: Elsevier, 1972.

SCHMERTMANN, J. H. The undisturbed consolidation behaviour of clay, *Transactions*, ASCE, v. 120, p. 1201-1233, 1955.

SCHMERTMANN, J. H. Static cone to compute settlement over sand. Journal Soil Mechanics and Foundations Division, ASCE, v. 96, n. SM3, p. 1011-1043, 1970.

SCHMERTMANN, J. H.; HARTMAN, J. P.; BROWN, P. R. Improved strain influence factor diagrams. *Journal Geotechnical Division, ASCE*, v. 104, n. 8, Aug. 1978.

SILVA, F. P. Uma nova construção gráfica para a determinação da pressão de pré-adensamento de uma amostra de solo. In: CONGRESSO BRASILEIRO DE MECÂNICA DOS SOLOS E ENGENHARIA DE FUNDAÇÕES, 4., 1970. *Anais*... Rio de Janeiro: CBMSEF, 1970. v. 2. Tomo I.

SIMONS, N. E.; MENZIES, B. K. *Introdução à engenharia de fundações*. Rio de Janeiro: Editora Interciência, 1981.

SKEMPTON, A. W. The pore pressure coefficients A and B. *Geotechnique*, v. 4, p. 143, 1954.

SKEMPTON, A. W.; BJERRUM, L. A contribution to the settlement analysis of foundations on clay. *Geotechnique*, v. 7, n. 4, p. 168-178, 1957.

TERZAGHI, K.; PECK, R. B. *Soil mechanics in engineering practice*. New York: John Wiley & Sons, 1948.

TERZAGHI, K.; PECK, R. B. *Soil mechanics in engineering practice*. 2. ed. New York: John Wiley & Sons, 1967.

U. S. ARMY CORPS OF ENGINEERS. Engineering Manual, Settlement Analysis. *Publication EM 1110-2-1904*, 1994. Também publicado pela *ASCE*.

VAUGHAN, P. R. Foundation Engineering. *Lectures Notes*. Imperial College of Science and Technology London, 1977.

Capítulo 6

A ANÁLISE DA INTERAÇÃO SOLO-FUNDAÇÃO

Neste capítulo são apresentados conceitos e modelos da análise da *interação solo-fundação*, em que a rigidez real do elemento estrutural de fundação é considerada no cálculo de seus deslocamentos e esforços internos. A análise da interação solo-fundação pode ser estendida para considerar também a superestrutura, quando esta é levada em conta no cálculo dos deslocamentos e esforços internos do conjunto super/infraestrutura. Nesse caso, a análise é denominada *interação solo-estrutura* (ou do conjunto solo-fundação-estrutura).

6.1 INTRODUÇÃO

Uma *análise de interação solo-fundação* tem por objetivo fornecer os deslocamentos reais da fundação - e também da estrutura, se esta estiver incluída na análise - e seus esforços internos. Esses esforços podem ser obtidos diretamente pela análise da interação, ou, indiretamente, por meio das *pressões de contato*[1]. As pressões de contato são as pressões na interface estrutura-solo (Fig. 6.1). A determinação das pressões de contato é necessária para o cálculo dos esforços internos na fundação, a partir dos quais é feito seu dimensionamento estrutural (requisito "estabilidade interna" do elemento estrutural da fundação - ver Cap. 2).

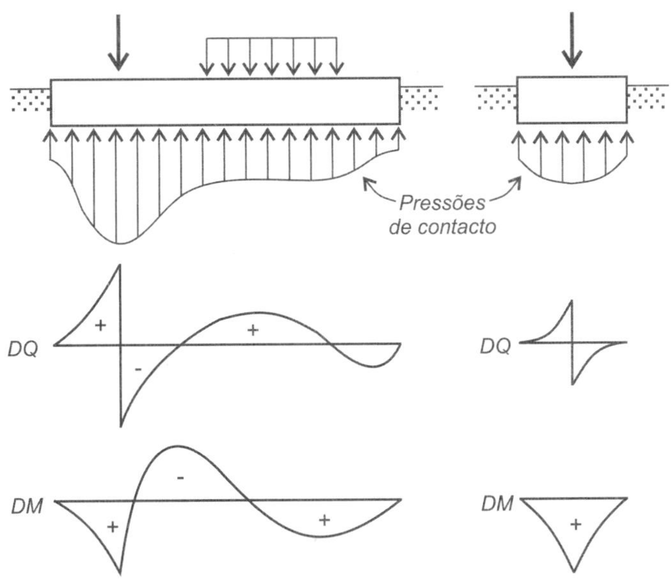

Fig. 6.1 - Pressões de contato e esforços internos em uma fundação

1. A expressão *pressão de contato* foi preferida a *tensão de contato*, seguindo terminologia da Teoria da Elasticidade, que assim denomina as ações na fronteira de um corpo (no caso, tanto o elemento estrutural de fundação quanto o solo). Essas ações podem ser separadas em sua componente normal, representada por q, e sua componente cisalhante, representada por t.

6.2 PRESSÕES DE CONTATO

Um aspecto importante quando se analisa um elemento de fundação é o das pressões de contato. Para melhor entendê-las, vamos examinar os fatores que as afetam e quantificar um desses fatores: a rigidez relativa fundação-solo.

6.2.1 Fatores que afetam as pressões de contato

As pressões de contato dependem principalmente:

- das características das cargas aplicadas;
- da rigidez relativa fundação-solo;
- das propriedades do solo;
- da intensidade das cargas.

Características das cargas aplicadas

As características das cargas aplicadas constituem o fator mais importante na definição das pressões de contato, uma vez que a resultante dessas pressões deve ser igual e oposta à resultante das cargas (Fig. 6.2a).

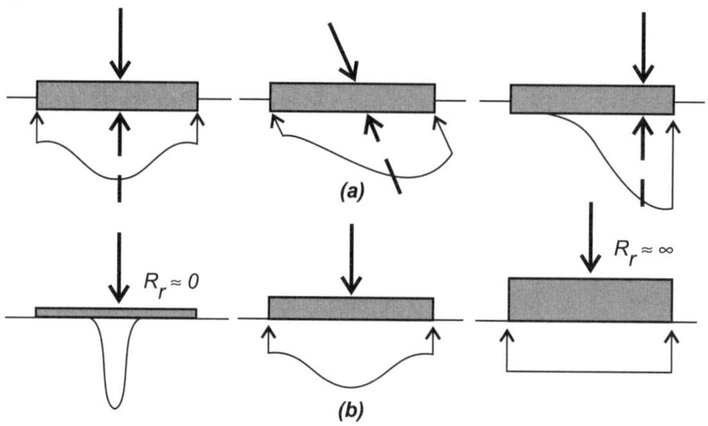

Fig. 6.2 - Influência (a) das cargas aplicadas e (b) da rigidez relativa fundação-solo nas pressões de contato

Rigidez relativa fundação-solo

O segundo fator mais importante é a rigidez relativa fundação-solo, R_r. Quanto mais flexível for a fundação, mais as pressões de contato refletirão o carregamento (Fig. 6.2b). A quantificação desse fator será discutida no item 6.2.2.

Propriedades do solo

As propriedades do solo também afetam as pressões de contato, uma vez que a resistência ao cisalhamento do solo determina as pressões máximas nos bordos. Na Fig. 6.3a, são mostradas três situações:

- fundação na superfície em solo sem resistência à superfície (caso de argilas normalmente adensadas e areias);
- fundação na superfície em solo com resistência à superfície (caso de argilas sobreadensadas);
- fundação a alguma profundidade.

Intensidade das cargas

Pela Teoria da Elasticidade, as pressões nos bordos de uma sapata rígida são (teoricamente) infinitas (Fig. 6.3b). Assim, mesmo para a carga de serviço, há plastificação do solo nos bordos (Fig. 6.3c). Com o aumento da carga, as pressões nos bordos se mantêm constantes (atingem seu limite), e há um aumento das pressões de contato na parte central (Fig. 6.3d).

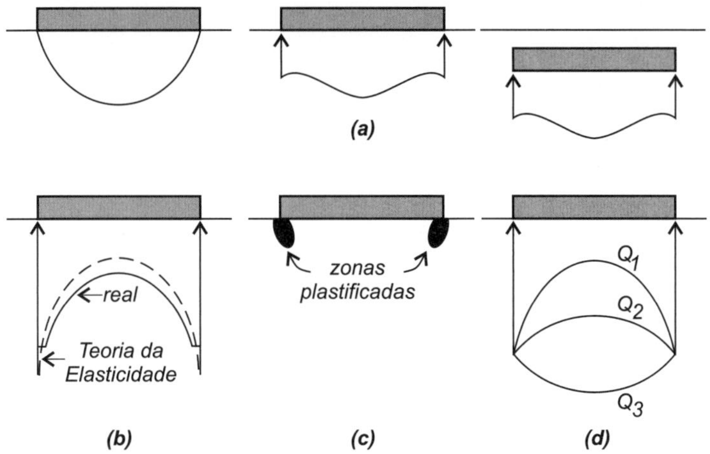

Fig. 6.3 - *Influência (a) das propriedades do solo e (b) - (d) do nível de carga nas pressões de contato*

6.2.2 A rigidez relativa fundação-solo

A rigidez relativa fundação-solo, R_r, conforme mencionado no item anterior, tem grande influência nas pressões de contato. Há diferentes formas de expressar a rigidez relativa, propostas por diferentes autores, em função de seus métodos de cálculo (p. ex., Borowicka, 1936).

A forma de expressar a rigidez relativa depende, naturalmente, do tipo de fundação, se vigas ou placas (se elementos unidimensionais ou bidimensionais). No caso de vigas, um método muito utilizado, o método de Hetenyi (ver Cap. 8, item 8.3.1) celebrizou uma definição de rigidez relativa, apresentada na Eq. (8.2). Já no caso de placas (*radiers*, sapatas), não há uma expressão de caráter geral, mas sim algumas propostas, com maior ou menor aceitação. Para uma fundação retangular (Fig. 6.4a), por exemplo, Meyerhof (1953) propôs:

$$R_r = \frac{E_c\, I}{E\, B^3} \tag{6.1a}$$

onde:
E_c = Módulo de Young do material da placa (concreto, p. ex.);
I = momento de inércia da seção transversal da placa, por unidade de largura;
E = Módulo de Young do solo.

Schultze (1966) utiliza:

$$R_r = \frac{E_c \dfrac{t^3}{12}}{E\, L^3} \tag{6.1b}$$

Procurando-se encontrar as bases dessas equações, observou-se que no numerador está a rigidez à flexão da placa, como elemento estrutural de fundação, enquanto o denominador é proporcional à rigidez à flexão de uma seção retangular com as dimensões da placa. Com efeito, se expressarmos a rigidez relativa fundação-solo como a razão entre as rijezas à flexão tomadas (i) da seção da placa e (ii) de uma seção com as dimensões em planta da placa, teremos, considerando um eixo segundo a dimensão *B*:

$$R_r^{'} = \frac{E_c \dfrac{B\,t^3}{12}}{E \dfrac{B\,L^3}{12}} = \frac{E_c\,t^3}{E\,L^3} \tag{6.2a}$$

ou, tomando-se a outra direção para estudo:

$$R_r^{''} = \frac{E_c\,t^3}{E\,B^3} \tag{6.2b}$$

A Eq. (6.2a) coincide com a de Schultze, enquanto a Eq. (6.2b) coincide com a de Meyerhof, em ambos os casos a menos de uma constante (*1/12*). Pode-se concluir que a expressão da rigidez relativa depende da direção em estudo. Pode-se imaginar, ainda, que os denominadores das Eqs. (6.2) representam a rigidez à rotação da placa aderente ao solo (Fig. 6.4b).

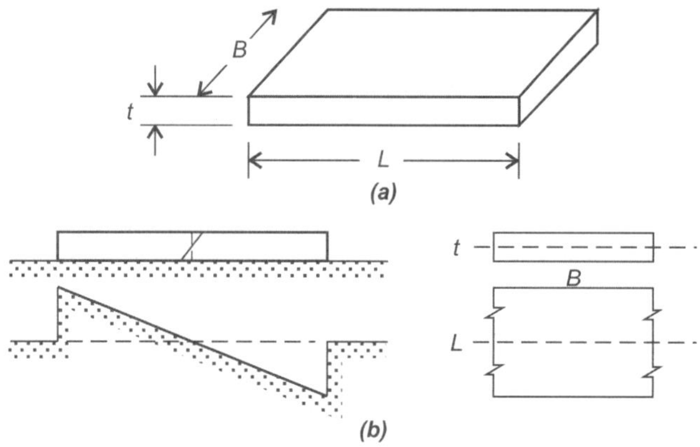

Fig. 6.4 - *(a) Fundação em radier e (b) modos de deformação da fundação*

A Eq. (6.2b) se aproxima, ainda, daquela apresentada por Padfield e Sharrock (1983) –como definição da rigidez relativa de caráter geral – em relatório da CIRIA (Construction Industry Research and Information Association) da Inglaterra :

$$R_r = \frac{4\,E_c\,t^3(1-\nu^2)}{3\,E\,B^3(1-\nu_c^2)} \tag{6.3}$$

onde:

E, ν e E_c, ν_c são os pares de parâmetros elásticos do solo e da placa, respectivamente.

Essas definições da rigidez relativa servem para comparar as rijezas de diferentes tipos ou alternativas de fundação.

6.3 O PROBLEMA DA INTERAÇÃO SOLO-FUNDAÇÃO-ESTRUTURA

Conforme pode ser facilmente entendido, uma rigidez maior da fundação acarretará recalques mais uniformes. Se essa fundação receber mais de um pilar (fundação associada ou combinada), os recalques diferenciais entre pilares serão menores. Assim, pode-se dizer que, do ponto de vista de uma uniformização de recalques, é interessante adotar fundações combinadas e enrijecê-las.

Por outro lado, a rigidez da estrutura pode contribuir de forma marcante para a rigidez relativa do conjunto fundação + superestrutura - solo. A Fig. 6.5 mostra três situações em que a superestrutura oferece contribuições diferentes. Na primeira delas, a contribuição é pequena; na segunda (caixa d'água ou silo com paredes de concreto), a contribuição é muito importante; na terceira, a contribuição da estrutura é importante, e essa importância aumenta com o número de pavimentos.

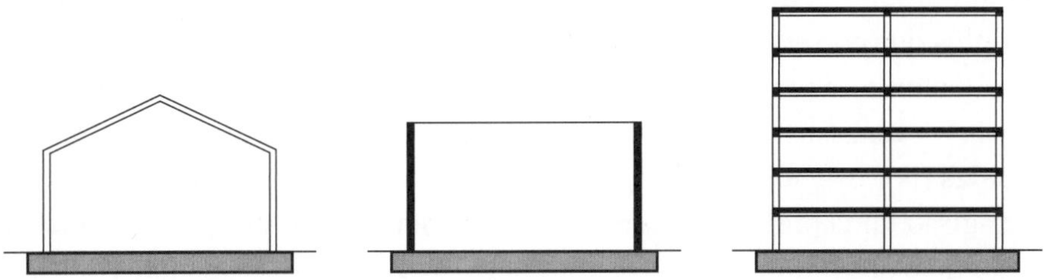

Fig. 6.5 - *Diferentes contribuições da estrutura: (a) galpão, (b) caixa d'água e (c) edifício*

Há uma outra situação em que o papel da superestrutura é importante. É quando a obra tem fundações isoladas e o efeito de uniformizar os recalques só pode vir da superestrutura (ver Fig. 6.6a).

Consideração da Estrutura

Meyerhof (1953) propôs (tanto para o caso de fundações isoladas como combinadas) que a contribuição da superestrutura - segundo uma direção de estudo - fosse considerada como a de uma viga de rigidez à flexão equivalente (Fig. 6.6b). No caso de um edifício com estrutura em pórtico de concreto e painéis de fechamento em alvenaria (Fig. 6.6a), tem-se:

$$E_c I = \Sigma E_c I_v + \Sigma E_a I_a \qquad (6.4)$$

onde:

$E_c I$ = rigidez da viga equivalente;

$\Sigma E_c I_v$ = somatório das rijezas das vigas da superestrutura;

$\Sigma E_a I_a$ = somatório das rijezas dos painéis de alvenaria.

A expressão (6.4) pode ser expandida para incluir a contribuição dos pilares, como descrito por Meyerhof (1953).

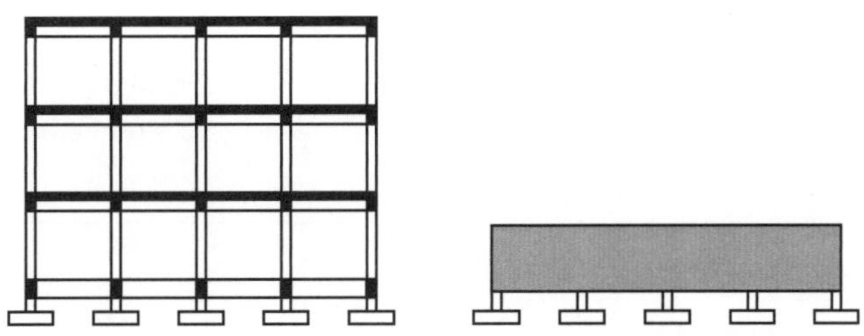

(a) (b)

Fig. 6.6 - *Conjunto constituído (a) por fundação e superestrutura e (b) por fundação e viga equivalente*

Tanto no caso em que a fundação é combinada como no caso em que as fundações são isoladas, um cálculo de recalques, considerando o efeito da superestrutura (*análise da interação solo-estrutura*), é interessante. Numa análise desse tipo, além de recalques mais uniformes, obter-se-ão cargas nos pilares, diferentes daquelas obtidas pelo projetista da estrutura, com a hipótese de apoios indeformáveis (p. ex., os pilares periféricos receberão cargas maiores) e momentos fletores de certa magnitude nas cintas e vigas dos primeiros pavimentos, desde que se considerem as deformações axiais dos pilares. Um trabalho pioneiro sobre o assunto é o de Chameki (1956).

Esta análise de interação solo-estrutura pode ser feita com um método computacional, em que um programa de análise de estrutura (como um pórtico plano ou espacial) tem molas nos pontos que correspondem às fundações. Neste caso, programas comerciais podem ser utilizados. Quando as fundações são próximas e podem impor tensões umas às outras, os apoios em molas devem ser substituídos por uma solução de meio elástico contínuo para várias áreas carregadas (por ex., Aoki e Lopes, 1975). Nesse caso, as duas soluções (ambas computacionais) interagirão. Uma proposta desse tipo foi feita por Poulos (1975) e utilizada por Gusmão (1990). Um exemplo desse tipo de análise pode ser visto em Lopes e Gusmão (1991).

Outra maneira de fazer essa análise, mas de maneira bem mais simples, consiste em substituir a superestrutura pela viga de rigidez equivalente, como propôs Meyerhof (1953). No caso de uma fundação combinada, a rigidez da fundação é somada à da viga que representa a estrutura (Eq. 6.4). No caso de um conjunto de fundações isoladas, o cálculo de recalques é feito com as fundações ligadas à viga que representa a estrutura (com a rigidez dada pela Eq. 6.4). Esse procedimento foi avaliado favoravelmente por Gusmão e Lopes (1990).

Uma análise mais aperfeiçoada da interação solo-estrutura deve levar em conta o fator tempo, uma vez que as deformações, tanto do solo como da estrutura, dependem do tempo.

6.4 MODELOS DE SOLO PARA ANÁLISE DA INTERAÇÃO SOLO-FUNDAÇÃO

Há dois modelos principais para representar o solo, numa análise da interação solo-estrutura (Fig. 6.7):

- Hipótese de Winkler;
- meio contínuo.

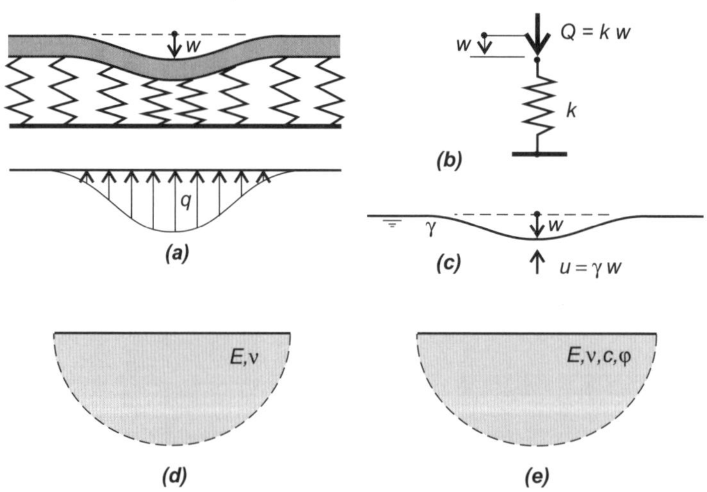

Fig. 6.7 *- Modelo de Winkler: (a) - (c) e modelo do meio contínuo: (d) - (e)*

Hipótese de Winkler

Pela Hipótese de Winkler, as pressões de contato são proporcionais aos recalques (ver Fig. 6.7a e Eq. 5.46), ou seja,

$$q = k_v\, w \tag{6.5}$$

A constante de proporcionalidade k_v é usualmente chamada de *coeficiente de reação vertical*, mas recebe também as denominações *coeficiente de recalque, módulo de reação* ou *coeficiente de mola*.

Esse comportamento é típico de molas (Fig. 6.7b), o que explica por que este modelo é também conhecido como *modelo de molas*. O modelo é conhecido, ainda, como *modelo do fluido denso*, uma vez que seu comportamento é análogo ao de uma membrana assente sobre fluido denso (Fig. 6.7c), e, também, porque as unidades do coeficiente de reação são as mesmas de peso específico.

Meio Contínuo

O meio contínuo pode ser:

- elástico (Fig. 6.7d);
- elastoplástico (Fig. 6.7e).

No primeiro caso, há algumas soluções para vigas e placas pela Teoria da Elasticidade. O segundo caso, dificilmente justificado em projetos correntes, requer solução numérica, pelo Método dos Elementos Finitos, por exemplo.

Respostas dos diferentes modelos

As respostas dos diferentes modelos podem ser bem observadas nos casos extremos (rigidez relativa nula e infinita) mostrados na Fig. 6.8. A diferença é notável nas pressões de contato, para fundações rígidas, e nos recalques, para fundações muito flexíveis. Além disso, o modelo de Winkler só apresenta recalques debaixo da fundação, o que não corresponde à realidade.

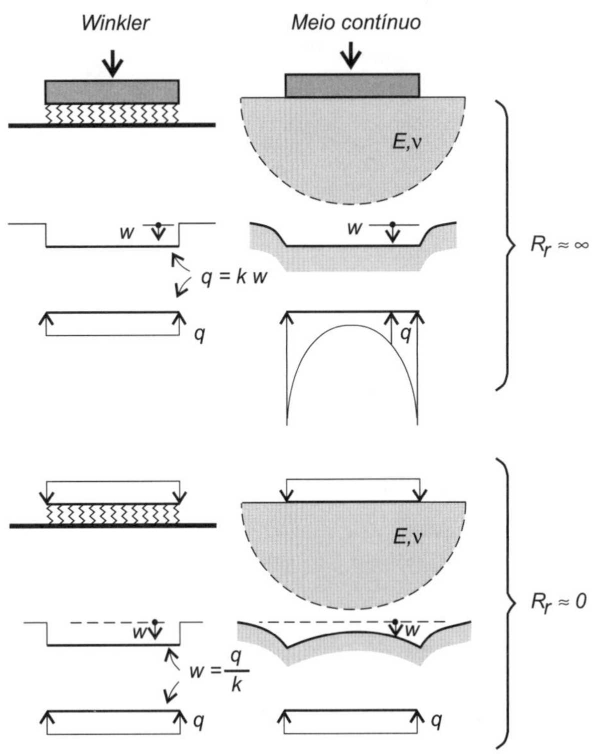

Fig. 6.8 - Respostas dos diferentes modelos

6.5 O COEFICIENTE DE REAÇÃO VERTICAL

O coeficiente de reação vertical, definido pela Eq (6.5), pode ser obtido por meio de :

- ensaio de placa;
- tabelas de valores típicos ou correlações;
- cálculo do recalque da fundação real.

6.5.1 Ensaio de placa

A utilização do ensaio de placa para a obtenção do coeficiente de reação está descrita no item 5.7. O coeficiente de reação assim obtido é usualmente denominado k_{s1} (subscrito indicando placa quadrada de 1 pé de lado) ou k_o.

Esse valor precisará ser corrigido para a dimensão e forma da fundação, como descrito no item a seguir. O uso do ensaio de placa pode apresentar problema se o solo solicitado pela placa for diferente daquele solicitado pela fundação (ver item 5.7.1).

6.5.2 Uso de tabelas de valores típicos ou correlações

O coeficiente de reação pode ser estimado a partir de valores típicos fornecidos na literatura. Os valores de k_v de uma placa quadrada de 1 pé (k_{s1}), fornecidos por Terzaghi (1955), são apresentados na Tab. 6.1.

Tab. 6.1 - Valores de k_{s1} em kgf/cm³ (Terzaghi, 1955)

Argilas	Rija	Muito Rija	Dura
q_u (kgf/cm²)	1 - 2	2 - 4	> 4
faixa de valores	1,6 - 3,2	3,2 - 6,4	> 6,4
valor proposto	2,4	4,8	9,6
Areias	**Fofa**	**Med. Compacta**	**Compacta**
faixa de valores	0,6 - 1,9	1,9 - 9,6	9,6 - 32
areia acima N.A.	1,3	4,2	16
areia submersa	0,8	2,6	9,6

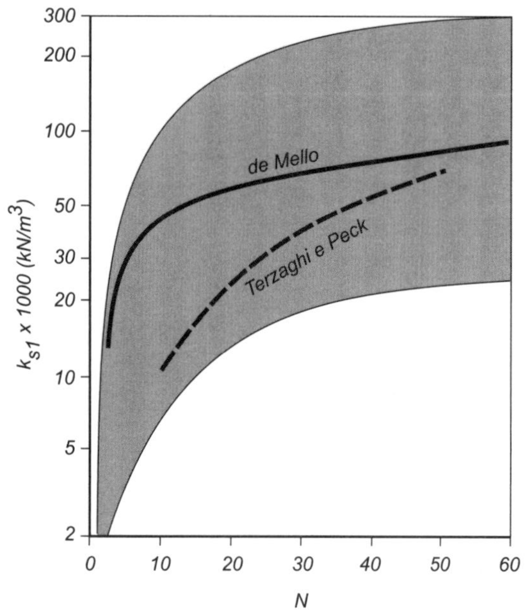

Fig. 6.9 *- Correlações entre k_v e resultados do SPT (de Mello, 1971)*

Há algumas correlações entre o coeficiente de reação vertical e ensaios *in situ*, como a que utiliza o SPT, mostrada na Fig. 6.9. Nessa figura, elaborada por de Mello (1971), está indicada uma faixa onde se situam os valores encontrados na literatura [a curva de Terzaghi e Peck corresponde à Eq. (5.24) e ao ábaco do método de Alpan, item 5.5.1c]. Pela amplitude dessa faixa, pode-se concluir que a correlação é fraca.

Correções de dimensão e de forma

Aos valores do coeficiente de reação obtidos por ensaios de placa e fornecidos na literatura cabe fazer as correções de dimensão e de forma. Conforme discutido no item 5.7.2, essas correções se devem ao fato de esse coeficiente não ser uma propriedade apenas do solo, mas *uma resposta do solo* a um carregamento aplicado por uma dada estrutura. Caso o solo apresente um perfil com propriedades constantes com a profundidade (ou seja, caso se possa associar o solo a um meio elástico homogêneo e semi-infinito), pode-se escrever:

$$k_{v,B} = k_{v,b} \frac{b}{B} \frac{I_{s,b}}{I_{s,B}} \tag{6.6}$$

onde $I_{s,b}$ e $I_{s,B}$ são os fatores de forma da placa e da fundação, respectivamente.

Segundo o American Concrete Institute (1988), a passagem do k_{s1}, obtido no ensaio de placa, para o k_v, a ser utilizado no cálculo da fundação, pode ser feita com:

$$k_v = k_{s1}\left(\frac{b}{B}\right)^n \qquad (6.7)$$

onde n varia entre 0,5 e 0,7. Se a espessura da camada compressível abaixo da fundação for menor que *4B*, deve-se adotar o menor valor de n.

Por outro lado, há uma questão controvertida: no caso de *radiers*, deve-se usar na correção o B do *radier* (muito grande, causando um k_v pequeno). Se as cargas forem concentradas e muito espaçadas ($l > 2{,}5R$), pode-se usar, na correção da dimensão, em vez de B, uma largura de influência $2R$ (ver Fig. 6.10), sendo (ver item 9.2.4) :

$$R = \sqrt[4]{\frac{64\,E_c\,t^3}{3\,(1-\nu_c^2)\,k_v}} \qquad (6.8)$$

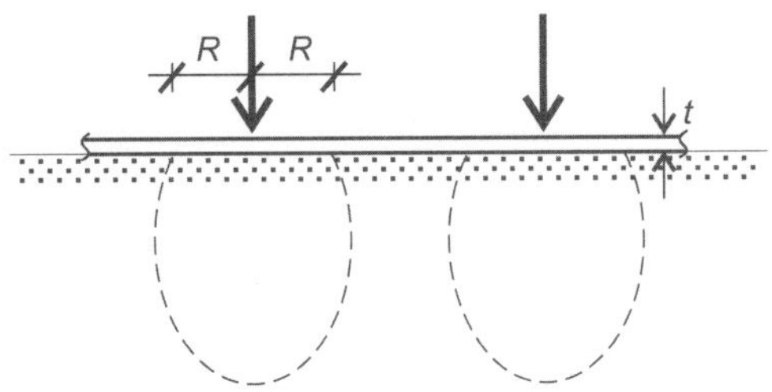

Fig. 6.10 *- Zona de influência de cargas concentradas em placas flexíveis*

6.5.3 Determinação a partir de cálculo do recalque da fundação real

O coeficiente de reação pode ser estimado a partir de um cálculo do recalque da fundação, seguindo um dos procedimentos do Cap. 5. Nesse caso, supõe-se a fundação rígida, submetida a um carregamento vertical igual ao somatório das cargas verticais. Com o recalque assim obtido (considerado médio), calcula-se o coeficiente de reação por meio de:

$$k_v = \frac{\bar{q}}{\bar{w}} \qquad (6.9)$$

onde:

$\bar{q} = \Sigma V / A$

Esse procedimento permite levar em conta as propriedades das diferentes camadas submetidas a diferentes solicitações, o que não acontece nos procedimentos anteriores.

6.5.4 Relações entre o k_v e o Módulo de Young do meio elástico

Não é simples estabelecer uma relação entre o k_v e o Módulo de Young do meio elástico contínuo, E, uma vez que as respostas dos dois modelos diferem em função da rigidez da fundação. Há algumas relações, como aquela baseada na equiparação das equações de recalques (i) de placa rígida em meio elástico homogêneo (Eq. 5.12) com (ii) (parece faltar aqui uma palavra...) da placa em solo de Winkler (Eq. 5.46 ou 6.5), que fornece:

$$k_v = \frac{E}{1-\nu^2} \frac{1}{I_s} \frac{1}{B} \qquad (6.10)$$

Há outras relações, como a de Vesic (1961), baseada na comparação dos momentos fletores obtidos com os dois modelos para placas flexíveis:

$$k_v = 0{,}65 \frac{E}{B\,(1-\nu^2)} \sqrt[12]{\frac{E\,B^4}{E_c\,I}} \qquad (6.11)$$

REFERÊNCIAS

AMERICAN CONCRETE INSTITUTE (A. C. I.). Suggested analysis and design procedures for combined footings and mats. Report by ACI Committee 336. *Journal of the A. C. I.*, May-June, p. 304-324, 1988.

AOKI, N.; LOPES, F. R. Estimating stresses and settlements due to deep foundations by the Theory of Elasticity. In: PANAMERICAN CONFERENCE ON SOIL MECHANICS AND FOUNDATION ENGINEERING, 5., Buenos Aires, 1975. *Proceedings*... Buenos Aires: PCSMFE, 1975.

BARATA, F. E. *Recalques de edifícios sobre fundações diretas em terrenos de compressibilidade rápida e com consideração da rigidez da estrutura.* Tese de Concurso para Professor Titular-Escola de Engenharia/UFRJ: Rio de Janeiro, 1986.

BOROWICKA, H. Influence of rigidity of a circular foundation slab on the distribution of pressures over the contact surface. In: INTERNATIONAL CONFERENCE ON SOIL MECHANICS AND FOUNDATION ENGINEERING, 1., Cambridge, 1936. *Proceedings*... Cambridge: ICSMFE, 1936.

BOSWELL, L. F.; SCOTT, C. R. A flexible circular plate on a heterogeneous elastic half-space: influence coefficients for contact stress and settlement. *Geotechnique*, v. 25, n. 3, p. 604-610, 1975.

CHAMEKI, S. Structural rigidity in calculating settlements. *Journal Soil Mechanics and Foundations Division, ASCE*, v. 82, n. 1, Jan., 1956.

de MELLO, V. F. B. The Standard Penetration Test - State of the Art Report. In: PANAMERICAN CONFERENCE ON SOIL MECHANICS AND FOUNDATION ENGINEERING:, 4., Puerto Rico, 1971. *Proceedings*... Puerto Rico: PCSMFE, 1971.

GUSMÃO, A. D. *Estudo da interação solo-estrutura e sua influência em recalques de edificações.* Tese M. Sc. COPPE-UFRJ, Rio de Janeiro, 1990.

GUSMÃO, A. D.; LOPES, F. R. Um método simplificado para consideração da interação solo-estrutura em edificações. In: CONGRESSO BRASILEIRO DE MECÂNICA DOS SOLOS E ENGENHARIA DE FUNDAÇÕES, 9., Salvador, 1990. *Anais*... Salvador: ABMS, 1990.

LOPES, F. R.; GUSMÃO, A. D. On the influence of soil-structure interaction in the distribution of foundation loads and settlements. In: EUROPEAN CONFERENCE ON SOIL MECHANICS AND FOUNDATION ENGINEERING, 10., Firenze, 1991. *Proceedings*... Firenze: ECSMFE, 1991.

MEYERHOF, G. G. Some recent foundation research and its application to design. *The Structural Engineer*, v. 31, p. 151-167, 1953.

MEYERHOF, G. G. Soil structure interaction and foundations - General Report, Session III. In: PANAMERICAN CONFERENCE ON SOIL MECHANICS AND FOUNDATION ENGINEERING, 6, Lima, 1979. *Proceedings*... Lima, PCSMFE, 1979.

PADFIELD, C. J.; SHARROCK, M. J. Settlement of structures on clay soils. *CIRIA Special Publication 27 / PSA Civil Engineering Technical Guide 38.* London: Department of the Environment, 1983.

POULOS, H. G. Settlement analysis of structural foundation systems. In: SOUTH-EAST ASIAN CONFERENCE ON SOIL ENGINEERING, 4. Kuala Lumpur, 1975. *Proceedings*... Kuala Lumpur, South-East Asian Conference on Soil Engineering, 1975. v. 4, p. 52-62.

SCHULTZE, E. Druckverteilung und Setzungen. *Grundbau - Taschenbuch, Band I, 2. Auflage*, Berlin: W. Ernst und Sohn, 1966.

TERZAGHI, K. Evaluation of coefficient of subgrade reaction. *Geotechnique*, v. 5, n. 4, p. 297-326, 1955.

VESIC, A. S. Beams on elastic subgrade and Winkler's Hypothesis. In: INTERNATIONAL CONFERENCE ON SOIL MECHANICS AND FOUNDATION ENGINEERING, 5., Paris, 1961. *Proceedings*... Paris, ICSMFE, 1961.

VESIC, A. S. Bending of Beams Resting on Isotropic Elastic Solid. *Journal Engineering Mechanics Division, ASCE*. v. 87, n. 2, 1961.

VESIC, A. S. Slabs on elastic subgrade and Winkler's Hypothesis. In: INTERNATIONAL CONFERENCE ON SOIL MECHANICS AND FOUNDATION ENGINEERING, 8., Moscow, 1973. *Proceedings*... Moscow: ICSMFE, 1973.

WEISSMANN, G. F.; WHITE, S. R. Small angular deflections of rigid foundations, *Geotechnique*, v. 11, n. 3, p. 186-202, 1961.

WINKLER, E. *Die Lehre von der Elastizitat und Festigkeit.* Prague: Dominicus, 1867.

Capítulo 7

BLOCOS E SAPATAS

Neste capítulo serão estudados os blocos de fundação e as sapatas isoladas, ou seja, aquelas que recebem um único pilar. Esses dois tipos de fundação diferem na necessidade da armadura para flexão: os blocos são dimensionados estruturalmente, de forma a dispensar armadura, ao passo que as sapatas são armadas.

7.1 BLOCOS DE FUNDAÇÃO

Alguns tipos de blocos de fundação mais comuns estão representados na Fig. 7.1a. Os blocos são elementos de rigidez elevada. Em vista disto, os recalques dos blocos são calculados apenas como indicado no Cap. 5, sem necessidade de uma análise posterior de flexibilidade da fundação (ou da interação solo-fundação). Embora a distribuição das pressões de contato seja como a das sapatas rígidas (estudadas no item a seguir), essa distribuição não é necessária para um dimensionamento estrutural.

O dimensionamento estrutural dos blocos é feito de tal maneira que dispensem armação (horizontal) para flexão. Assim, as tensões de tração, que são máximas na base, devem ser inferiores à resistência à tração do concreto. Nessa condição, a segurança ao cisalhamento estará atendida.

Em geral, o dimensionamento é feito simplesmente adotando (Fig. 7.1b):

$$\alpha \geq 60^{o} \qquad (7.1)$$

ou por um critério que leva em conta o valor das pressões de contato, q (Fig. 7.1c):

$$\frac{tg\,\alpha}{\alpha} = \frac{q}{\sigma_{adm,t}} + 1 \qquad (7.2)$$

onde:

$\sigma_{adm,\,t}$ = tensão admissível à tração do concreto, geralmente tomada como:

$$\sigma_{adm,\,t} \cong \frac{\sigma_{adm,\,c}}{10} \qquad (7.3)$$

Há também ábacos para esse último caso (p. ex., Langendonk, 1954). Deve-se esclarecer que a Eq. (7.2) foi estabelecida para um problema de estado plano de deformações (bloco corrido).

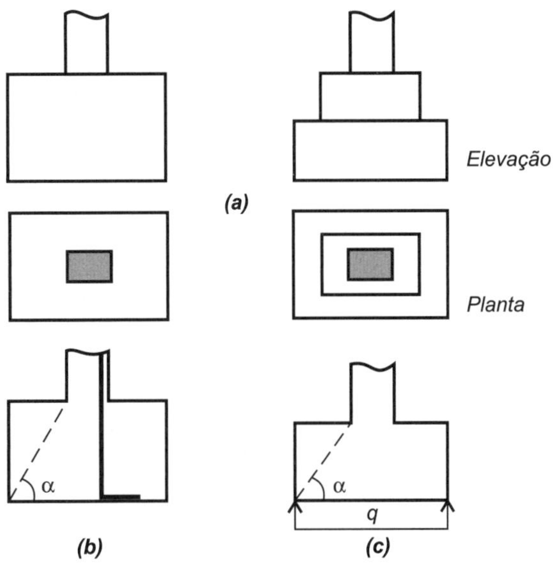

Fig. 7.1 - Blocos de fundação

Ainda, ao dimensionar a altura do bloco, esta deve permitir a ancoragem dos ferros do pilar (Fig. 7.1b).

Não há qualquer impedimento ao uso de blocos em decorrência dos valores das cargas. Acontece que, para cargas elevadas, as alturas dos blocos podem obrigar a escavações profundas (às vezes atingindo o nível d'água) ou conduzir a volumes de concreto que os colocam em desvantagem quando comparados às sapatas.

7.2 SAPATAS

As sapatas de fundação podem ter altura constante ou variável, como se observa na Fig. 7.2. A adoção de altura variável proporciona uma economia considerável de concreto nas sapatas maiores. Em planta, as sapatas podem tomar as formas mais diversas, desde retângulos e círculos até polígonos irregulares.

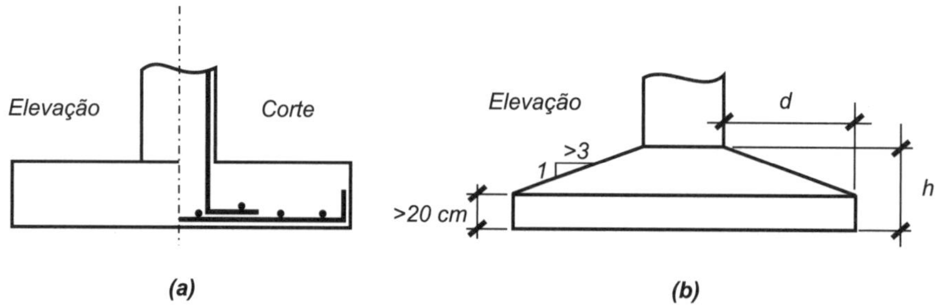

Fig. 7.2 *- Sapatas (a) de altura constante e (b) de altura variável*

As sapatas, em geral, têm uma rigidez elevada. Na prática de projeto de edifícios, geralmente se adota uma altura para as sapatas (considerando que a distância entre o eixo da armação e o fundo da sapata é de 5 cm) de:

$$h \geq d/2 + 5\,cm$$

para dimensionamento pelo *Método das Bielas*, o que lhes confere uma rigidez elevada (para o dimensionamento estrutural de sapatas, ver Alonso, 1983).

Fora dos projetos de edifícios, fundações superficiais isoladas com alturas pequenas em relação às dimensões horizontais são adotadas para torres ou equipamentos industriais (como chaminés). Essas fundações são, às vezes, chamadas de *sapatas flexíveis* ou *placas*. Preferimos classificá-las como *radiers*, o que remete o seu cálculo para o Cap. 9.

O cálculo de recalques das sapatas é feito como um elemento isolado rígido, ou seja, seguindo-se o que foi visto Cap. 5, sem necessidade de uma análise posterior de flexibilidade da fundação (ou da interação solo-fundação). Caso haja excentricidade no carregamento, o momento decorrente dessa excentricidade provocará rotação da sapata, que deverá superpor-se ao recalque calculado com a carga vertical suposta centrada.

É importante conhecer as pressões de contato, especialmente nos casos de carga excêntrica, seja para o dimensionamento estrutural, seja para a verificação se as tensões admissíveis estimadas para o terreno não são ultrapassadas. As pressões de contato podem ser calculadas segundo três critérios:

a. Hipótese de Winkler;
b. considerando a *área efetiva*;
c. como meio elástico contínuo.

7.2.1 Pressões de contato – Hipótese de sapata rígida sobre solo de Winkler

Adotando-se a Hipótese de Winkler, uma sapata rígida tem variação linear das pressões de contato. Isso porque o movimento de corpo rígido acarreta uma variação linear dos recalques, que, por sua vez, são proporcionais às pressões. A determinação do diagrama de pressões é bastante facilitada, uma vez que elas devem ter resultante que anula a resultante do carregamento.

Na Fig. 7.3 está representada uma sapata que recebe um pilar em cujo topo atuam uma carga vertical V e uma horizontal H (com resultante R). Esses esforços precisam ser trazidos para o plano da base da sapata, o que pode ser feito passando inicialmente por um ponto da base na vertical daquele onde atuam os esforços (obtendo-se V' e H' e o momento de transposição M) ou trazendo diretamente a resultante R. Normalmente, separam-se as componentes vertical e horizontal da resultante do carregamento (V'' e H''), sendo a primeira usada nos estudos de capacidade de carga e no dimensionamento estrutural, e a segunda, absorvida por atrito na base (e, eventualmente, por empuxo passivo).

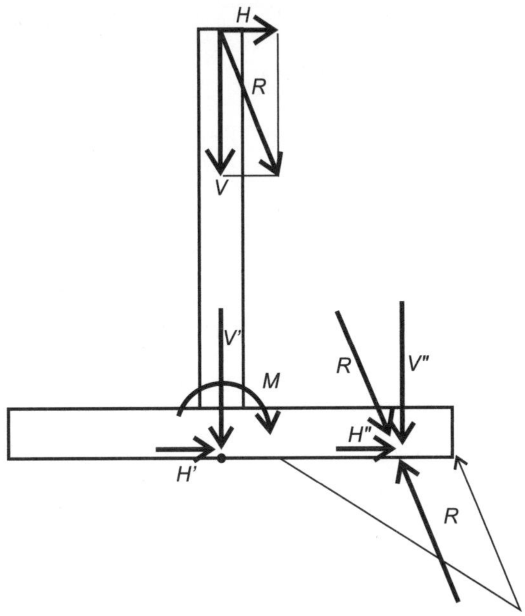

Fig. 7.3 - Pressões de contato em sapata admitida rígida sobre solo de Winkler

Apresenta-se, a seguir, o cálculo das pressões de contato para sapatas sob cargas verticais e momentos (ou cargas verticais excêntricas transformadas em verticais centradas mais momentos de transposição).

(a) Fundação retangular submetida a uma carga vertical e a um momento

Para uma fundação submetida a uma carga vertical e a um momento (ou uma carga vertical excêntrica), deve-se, inicialmente, determinar a excentricidade (ver Fig. 7.4)

$$e_x = \frac{M_x}{V} \tag{7.4}$$

A partir daí, há duas possibilidades:

(i) Se $e \leq L/6$ (a resultante passa pelo núcleo central):

$$q = \frac{V}{A}\left(1 \pm \frac{6\,e_x}{L}\right) \tag{7.5}$$

(ii) Se $e > L/6$:

$$\frac{q_{máx}}{2}\,3\left(\frac{L}{2} - e_x\right)B = V \tag{7.6}$$

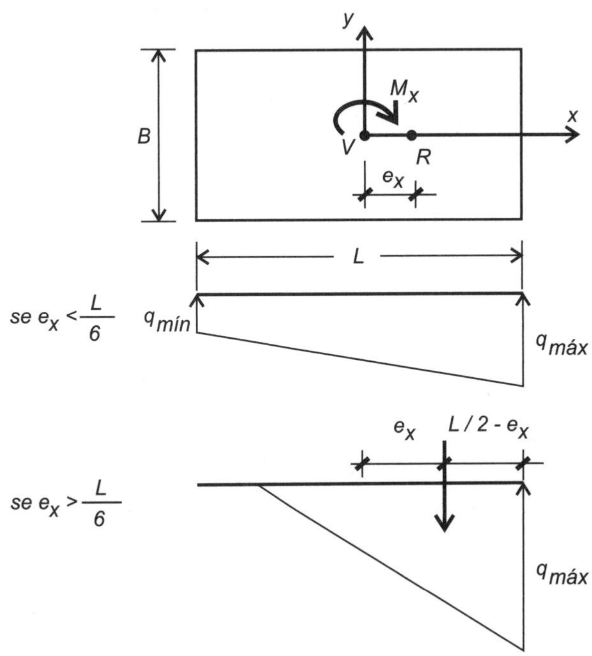

Fig. 7.4 - Fundação retangular submetida a uma carga vertical e a um momento

$$q_{máx} = \frac{4}{3} \frac{V}{B\,(L - 2\,e_x)} \qquad (7.7)$$

(b) Fundação retangular submetida a uma carga vertical e a dois momentos

Para esse caso, após determinar a excentricidade também na direção y : $e_y = M_y/V$, devem-se verificar as seguintes possibilidades em relação ao ponto de passagem da resultante (Fig. 7.5):

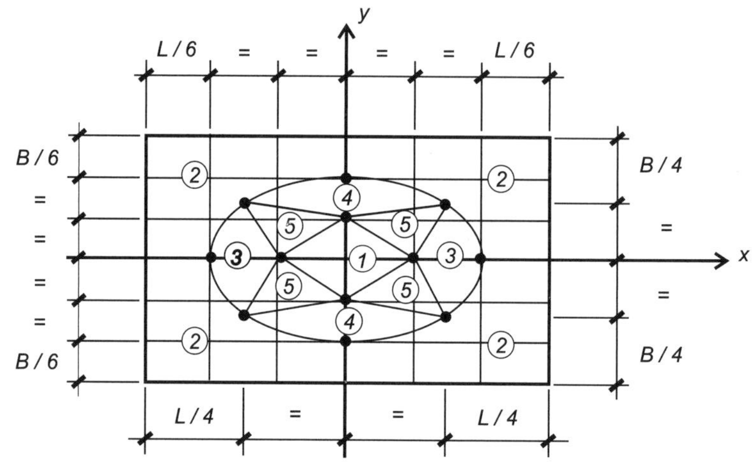

Fig. 7.5 - *Fundação retangular submetida a uma carga vertical e a dois momentos*

i. Se a resultante cai na Zona 1 (Núcleo Central):

$$q = \frac{V}{A}\left(1 \pm \frac{6\,e_x}{L} \pm \frac{6\,e_y}{B}\right) \qquad (7.8)$$

ii. Se a resultante cai na Zona 2 (Zona Externa):

Essa situação é inadmissível, e a fundação deverá ser redimensionada.

iii. Se a resultante cai na Zona 3 (ver Fig. 7.6a):

$$s = \frac{B}{12}\left(\frac{B}{e_y} + \sqrt{\frac{B^2}{e_y^2} - 12}\right) \qquad (7.9)$$

$$tg\,\alpha = \frac{3}{2} \frac{L - 2\,e_x}{s + e_y} \qquad (7.10)$$

$$q_{máx} = \frac{12V}{B\,tg\,\alpha} \frac{B + 2s}{B^2 + 12s^2} \qquad (7.11)$$

iv. Se a resultante cai na Zona 4 (ver Fig. 7.6b):

$$t = \frac{L}{12}\left(\frac{L}{e_x} + \sqrt{\frac{L^2}{e_x^2} - 12}\right) \qquad (7.12)$$

$$tg\,\beta = \frac{3}{2} \frac{B-2e_y}{t+e_x} \qquad (7.13)$$

$$q_{máx} = \frac{12\,V}{L\,tg\,\beta}\;\frac{L+2\,t}{L^2+12\,t^2} \tag{7.14}$$

v. Se a resultante cai na Zona 5 (ver Fig. 7.6c):

$$\alpha = \frac{e_x}{L} + \frac{e_y}{B} \tag{7.15}$$

$$q_{máx} = \frac{V}{BL}\,\alpha\,\left[12-3{,}9\,(6\alpha-1)(1-2\alpha)(2{,}3-2\alpha)\right] \tag{7.16}$$

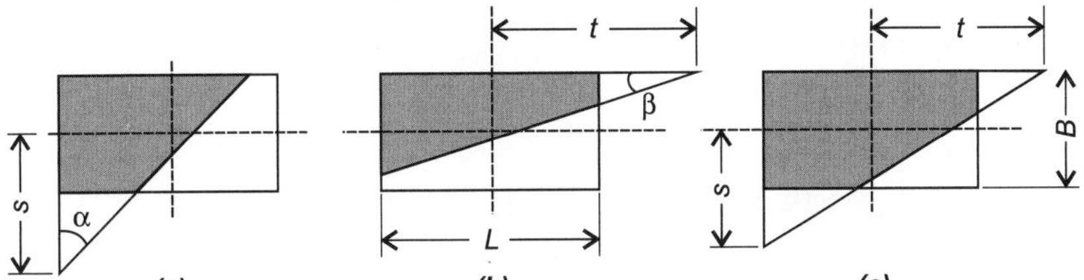

Fig. 7.6 *- Zonas comprimidas de uma sapata retangular*

(c) Fundação em anel

Definindo-se para este caso (Fig. 7.7) os parâmetros:

$$k_1 = 0{,}25\,R\left(1 + \frac{r^2}{R^2}\right) \tag{7.17}$$

$$k_2 = \frac{3\pi}{16}\,R\,\frac{1 - \dfrac{r^4}{R^4}}{1 - \dfrac{r^3}{R^3}} \tag{7.18}$$

há três possibilidades (considerando que $e = M/V$).

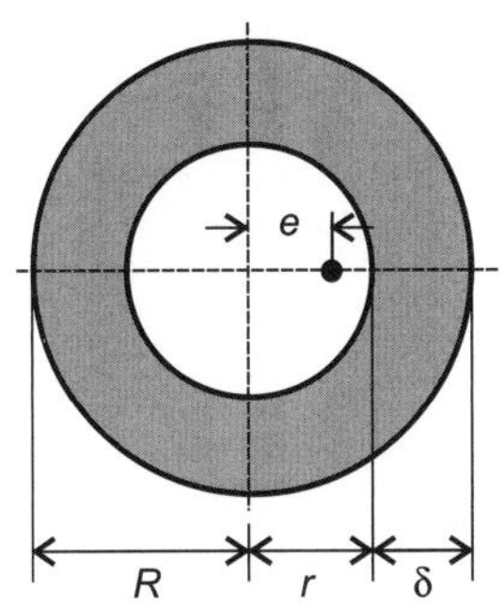

Fig. 7.7 *- Fundação em anel*

i. 1º caso: $e \leq k_1$

$$q_{máx} = \frac{V}{A}\left(1 + \frac{e}{k_1}\right) \tag{7.19}$$

ii. 2º caso: $e > k_2$

Esta situação é inadmissível. Segundo a norma alemã DIN 1054 (1969), para $r = 0 : e < 0{,}59$.

iii. 3º caso: $k_1 < e \leq k_2$

$$q_{máx} = \frac{V}{A}\,\frac{2e}{k_1}\left[1 - 0{,}7\left(\frac{e}{k_1} - 1\right)\left(1 - \frac{e}{k_2}\right)\left(1 + \frac{r}{R}\right)\right] \tag{7.20}$$

7.2.2 Pressões de contato considerando-se a área efetiva

As sapatas podem ser dimensionadas com pressões de contato supostas uniformes, calculadas a partir da *área efetiva de fundação, A'*, descrita no Cap. 4. A pressão na área efetiva é calculada com (Fig. 4.17)

$$q = \frac{V}{A'} \tag{7.21}$$

Para o dimensionamento estrutural da fundação, pode-se admitir que essa pressão atue sob toda a área da sapata.

7.2.3 Pressões de contato – sapata rígida sobre meio elástico

As pressões de contato de uma sapata rígida podem ser calculadas como se ela estivesse assente sobre um meio elástico. Este enfoque é bastante comum na literatura alemã (p. ex., Schultze, 1959, 1966). Essa hipótese de comportamento do solo, entretanto, conduz a pressões extremamente elevadas nos bordos. Isso se explica pelo fato de que um material puramente elástico (que não se plastifica ou rompe) é capaz de suportar as pressões elevadas que decorrem de uma solução desse tipo. Entretanto, conforme discutido no item 6.2, as pressões de contato nos bordos são limitadas pela resistência ao cisalhamento do solo, e, por isso, os diagramas obtidos pela Teoria da Elasticidade devem ser adaptados ao comportamento real do solo.

Na prática, nas fundações em solos, tais soluções não são utilizadas, pois conduzem a dimensionamentos extremamente conservadores; em fundações em rochas, por outro lado, há espaço para o emprego dessas soluções. Serão apresentadas, a seguir, as soluções para sapatas rígidas, corridas e circulares, com cargas centradas, apenas a título de exemplo.

(a) Fundação rígida corrida submetida a carregamento centrado

Neste caso, as pressões são dadas por (Fig. 7.8a):

$$q = \frac{V}{\pi b} \frac{1}{\sqrt{1 - \left(\frac{x}{b}\right)^2}} \tag{7.22}$$

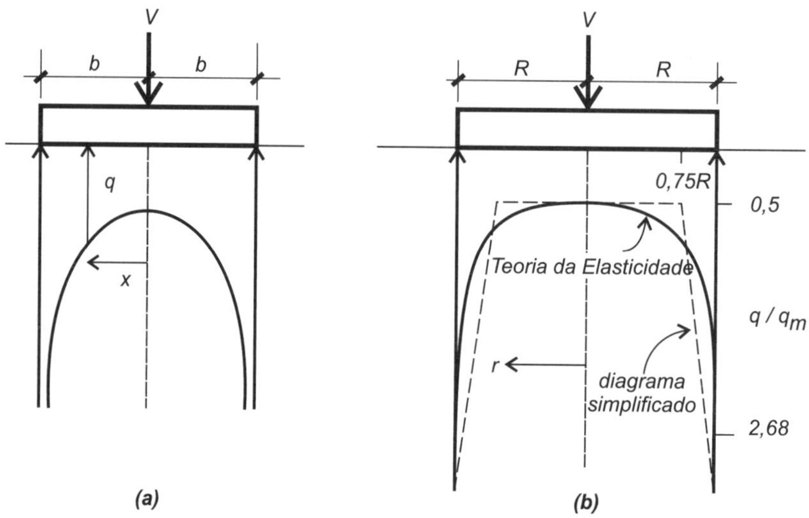

***Fig. 7.8** - Fundação (a) corrida e (b) circular, submetidas a carregamento centrado*

(b) Fundação rígida circular submetida a carregamento centrado

Com (Fig. 7.8b):

$$q_m = \frac{V}{\pi R^2} \tag{7.23}$$

tem-se:

$$q = \frac{q_m}{2\sqrt{1 - \left(\frac{r}{R}\right)^2}} \tag{7.24}$$

ou:

$$q = i\, q_m \tag{7.25}$$

sendo *i* fornecido na Tab.7.1.

Segundo Grasshoff (1954), é possível calcular os momentos na fundação com o diagrama aproximado, mostrado na Fig. 7.8b, obtendo-se para os momentos tangencial e radial:

$$M_\theta = i' R^2 q_m \quad ; \quad M_r = i'' R^2 q_m \tag{7.26}$$

com os parâmetros *i'* e *i"* fornecidos na Tab. 7.1.

Tab. 7.1 Valores de *i*, *i'* e *i"* para fundação rígida circular

r/R	0	0,1	0,2	0,3	0,4	0,5	0,6	0,7	0,8	0,9	1,0
i	0,500	0,503	0,510	0,524	0,546	0,578	0,625	0,699	0,833	1,147	∞
i'	0,119	0,119	0,117	0,114	0,111	0,107	0,103	0,096	0,088	0,079	0,068
i''	0,119	0,118	0,115	0,109	0,102	0,094	0,085	0,072	0,053	0,030	0,000

7.3 SAPATAS CENTRADAS E EXCÊNTRICAS

Uma sapata é dita centrada quando a resultante do carregamento passa pelo centro de gravidade da área da base. Exemplos de sapatas centradas podem ser vistos na Fig. 7.9a; exemplos de sapatas excêntricas, na Fig. 7.9b. Uma situação de excentricidade comum na prática de projeto de edifícios é a das fundações de pilares junto à divisa, uma situação problemática, já que a sapata excêntrica impõe flexão ao pilar. Uma obra de escavação no vizinho que cause uma descompressão do terreno aumentará a excentricidade e, consequentemente, a flexão no pilar. Essa foi a causa do colapso de um prédio no Centro do Rio de Janeiro, em 1955. Assim, diversas normas (entre elas a NBR 6122/96) prescrevem que as sapatas de pilares junto às divisas devem ter suas excentricidades eliminadas por *vigas de equilíbrio*.

A norma brasileira NBR 6122 versão de 1986 estabelecia, para outras situações que não a acima, que uma fundação excêntrica deveria atender às seguintes prescrições:

- A resultante das **cargas permanentes** deve passar pelo núcleo central da base da fundação.
- A excentricidade da resultante das **cargas totais** é limitada a um valor tal que o centro de gravidade da base da fundação fique na zona comprimida, determinada na suposição de que entre o solo e a fundação não possa haver pressões de tração. No caso de fundação retangular de dimensões *a* e *b*, as excentricidades *u* e *v*, medidas paralelamente aos lados *a* e *b*, respectivamente, devem satisfazer à condição:

$$\left(\frac{u}{a}\right)^2 + \left(\frac{v}{b}\right)^2 \leq \frac{1}{9} \qquad (7.27)$$

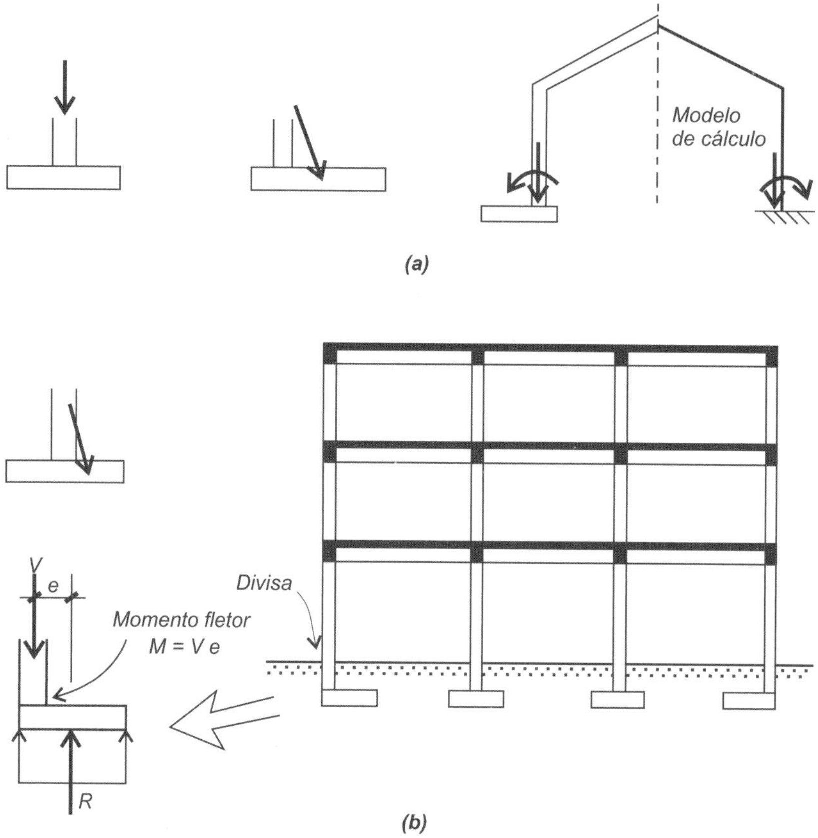

Fig. 7.9 - *Exemplos de sapatas (a) centradas e (b) excêntricas*

- No caso de fundação circular de raio *r*: $e < 0{,}59$.

A norma brasileira NBR 6122 versão de 1996 eliminou essas exigências, quando passou a adotar o conceito de *área efetiva*. Entretanto, os autores são de opinião que a limitação das excentricidades é critério recomendável e prudente, mesmo adotando-se o conceito de área efetiva. A versão de 2010 da norma não aborda este assunto.

Vigas de Equilíbrio

As vigas de equilíbrio são elementos estruturais que ligam a sapata de um pilar na divisa com um pilar interno da obra, fazendo com que a sapata trabalhe com carga centrada. A Fig. 7.10 mostra uma viga de equilíbrio, com seu funcionamento e seus esforços internos.

Na prática de projeto, frequentemente surgem algumas complicações. Por exemplo, o pilar no interior da obra mais próximo do pilar na divisa não está localizado numa normal à divisa (Fig. 7.11a). Às vezes, há uma cortina de escoramento de subsolo, e a sapata junto à divisa precisa afastar-se dela (Fig. 7.11b). Outras vezes, o prédio é muito estreito e só tem pilares nas divisas; nesse caso, a solução pode ser aquela mostrada na Fig. 7.11c.

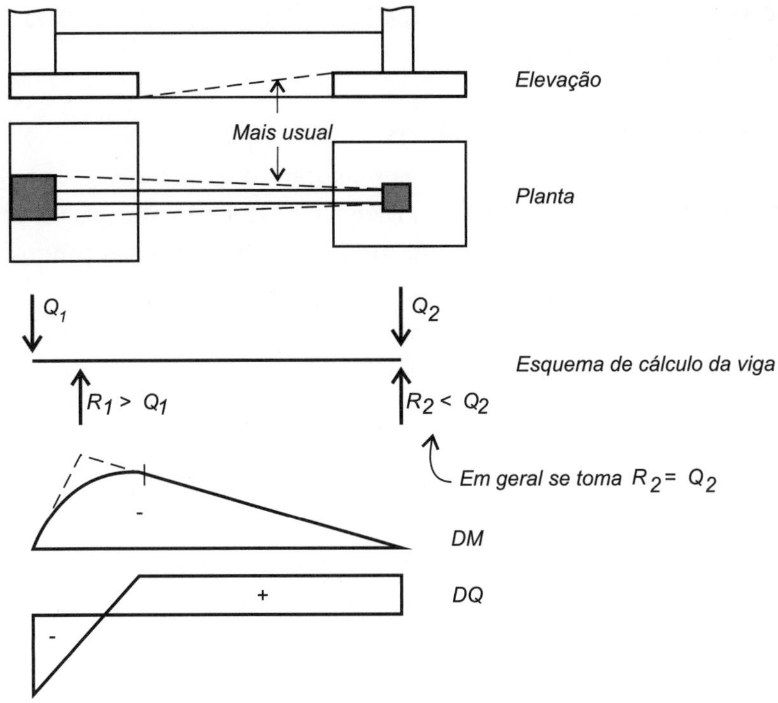

Fig. 7.10 - *Vigas de equilíbrio: princípio de funcionamento*

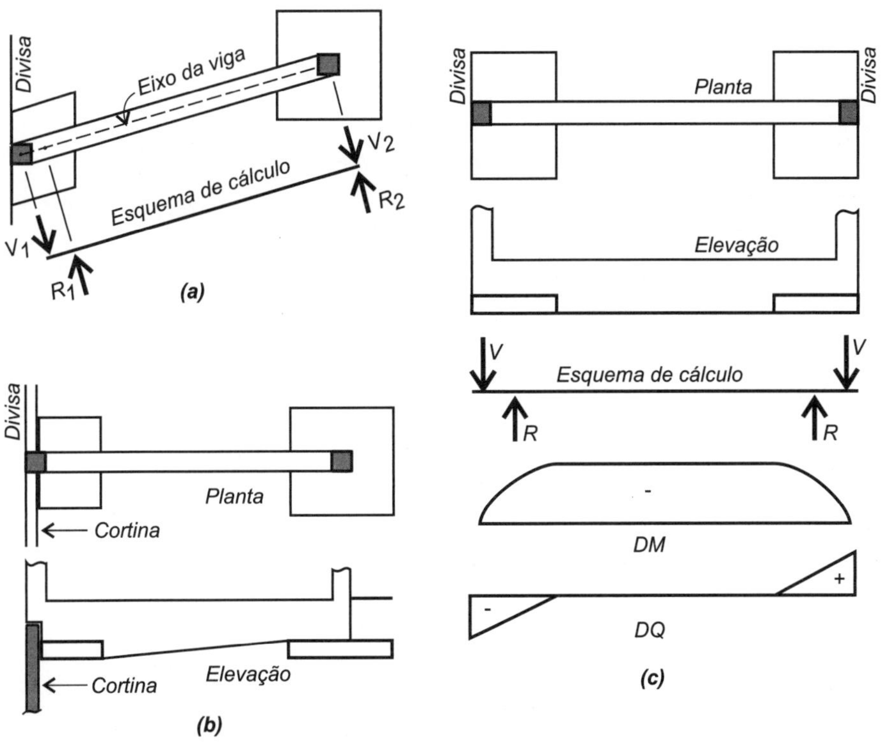

Fig. 7.11 - *Viga de equilíbrio em situações especiais*

7.4 ASPECTOS PRÁTICOS DO PROJETO E DA EXECUÇÃO DE FUNDAÇÕES SUPERFICIAIS

Disposição de fundações superficiais

A Fig. 7.12 apresenta um prédio hipotético, para o qual serão projetadas fundações superficiais. Procurou-se apresentar tipos variados de fundação superficial para ilustrar as soluções possíveis. O prédio é encostado em uma divisa lateral e nos fundos, enquanto na frente há um afastamento da divisa, exigido pelo Código de Obras local.

O conjunto de pilares P1, P2, P6 e P7 recebeu fundação associada como forma de tratar as excentricidades de três dos pilares. Como as cargas dos pilares não exigem uma área de sapata que ocupe todo o quadrângulo formado pelos pilares, decidiu-se deixar um trecho vazio. Esse tipo de fundação pode ser considerado uma *grelha de fundação*. Os pilares P3, P4, P5, P8, P9, P10, P13, P14 e P15 receberam uma fundação associada, atualmente denominada pela NBR 6122/2010 de *radier* (*parcial*). Em ambos os casos, deve-se procurar fazer com que o centro de gravidade da área da fundação fique o mais próximo possível do ponto de passagem da resultante das cargas dos pilares. Esses dois tipos de fundação serão abordados nos Caps. 8 e 9.

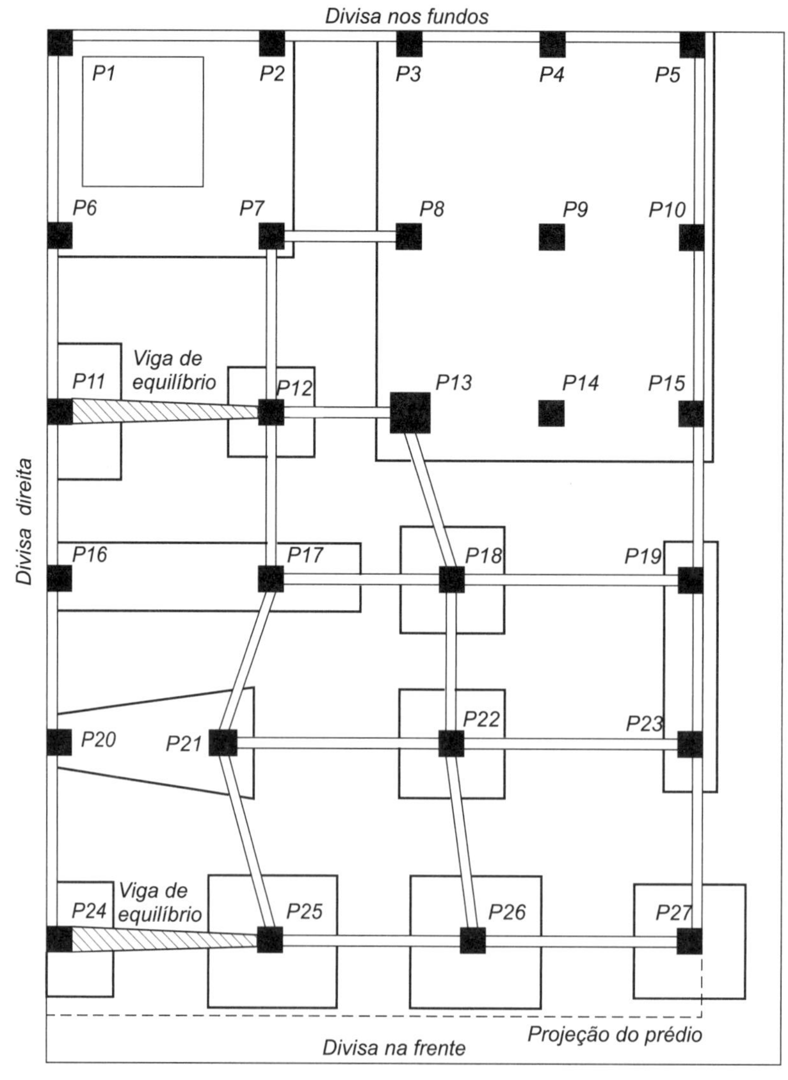

Fig. 7.12 - Exemplo de disposição de fundações superficiais

Os pilares P11, P16 e P20 estão junto à divisa direita e suas fundações foram centradas através de soluções diferentes, consistindo a primeira no uso de viga de equilíbrio e as duas outras, na adoção de fundação associada com o pilar do interior da obra. Essas duas últimas soluções são, a rigor, uma *viga de fundação* (os pilares estão alinhados), embora a última seja usualmente denominada *sapata associada*.

Como é comum em nossas cidades, a faixa de recuo exigida pelos Códigos de Obras acaba incorporada à calçada e, nesse caso, é interessante que as fundações se situem debaixo da projeção do prédio. Assim, a linha de pilares P24 a P27 foi recuada em relação à fachada do prédio, de comum acordo com o projetista da estrutura, para evitar mais uma linha de sapatas excêntricas (em especial, para evitar uma dupla excentricidade do pilar P24).

Cintas

Outro aspecto importante do projeto diz respeito às cintas. As fundações isoladas devem ser, sempre que possível, ligadas por cintas em duas direções ortogonais. As cintas desempenham papéis importantes, como (i) impedir deslocamentos horizontais das fundações, (ii) limitar rotações (absorvendo momentos) decorrentes de excentricidades construtivas, (iii) definir o comprimento de flambagem do primeiro trecho de pilares, nos caso de fundações profundas ou de sapatas implantadas a grande profundidade e (iv) servir de fundação para paredes no pavimento térreo. As cintas normalmente não têm o propósito de reduzir recalques diferenciais (isso pode ser feito, porém, com dimensões e armações fora do que é usual nessas peças). Por outro lado, em prédios que sofrem recalques consideráveis, estes são, em geral, maiores no centro da obra, e as cintas acabam sendo solicitadas à tração (é interessante, portanto, que as armações longitudinais das cintas sejam devidamente ancoradas em suas extremidades).

Aspectos construtivos

A execução de sapatas ou de qualquer fundação superficial deve ser cercada de alguns cuidados, entre os quais destacamos:

a. O fundo da escavação deve ser nivelado e seco. Depois de preparado, o fundo deverá receber uma camada de concreto magro de, pelo menos, 5 cm de espessura.
b. Caso a escavação atinja o lençol d'água, o fluxo de água para o interior da cava deverá ser controlado. O controle deverá ser feito por sistema de rebaixamento do lençol d'água (ponteiras ou injetores) ou, caso o solo tenha baixa permeabilidade, por um sistema de drenagem a céu aberto (canaleta periférica - fora da área da sapata - e bomba de lama).

Outros cuidados estão relacionados na NBR 6122.

REFERÊNCIAS

ALONSO, U.R. *Exercícios de fundações*. São Paulo: Editora Edgard Blucher, 1983.

GRASSHOFF, H. der einfluss der schichtstarke auf die sohldruckverteilung und die biegemomente einer kreisformigen grundungsplatte. *Bautechnick*, n. 31, p. 330, 1954.

LANGENDONK, T. van. *Cálculo de Concreto Armado*. 2. ed. São Paulo: Associação Brasileira de Cimento Portland, v.1, 1954.

SCHULTZE, E. *Flächengrundungen und Fundamentsetzungen - Erläuterungen und Berechnungsbeispiele fur die Anwendung der Normen DIN 4018 und DIN 4019, Blatt 1*, Berlin: W. Ernst und Sohn, 1959.

SCHULTZE, E. Druckverteilung und Setzungen. *Grundbau - Taschenbuch, Band I, 2. Auflage*. Berlin: W. Ernst und Sohn, 1966.

Capítulo 8

VIGAS E GRELHAS

Este capítulo aborda a análise da interação solo-fundação de vigas e grelhas de fundação.

8.1 INTRODUÇÃO

São chamadas *vigas de fundação* as fundações associadas para dois ou mais pilares alinhados. A Fig. 8.1 mostra algumas soluções de fundação (para três pilares, no caso) que podem ser chamadas de *vigas de fundação*.

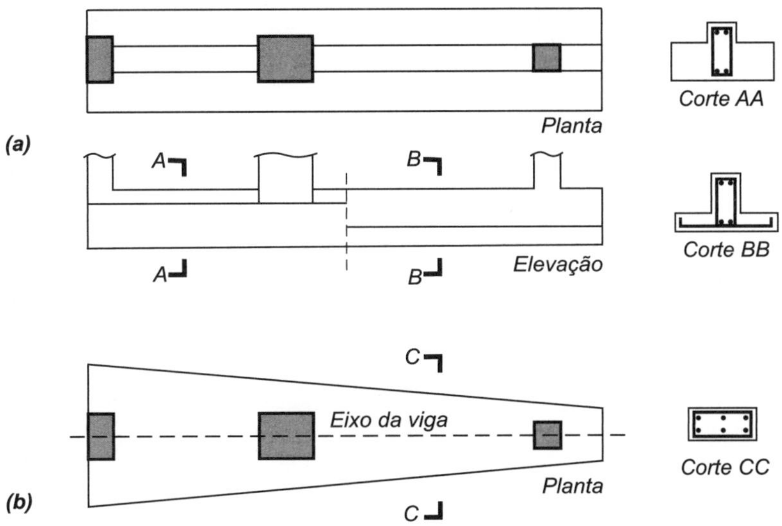

Fig. 8.1 *- Vigas de fundação: (a) com largura constante e enrijecimento longitudinal (com alternativa de seção transversal tipo bloco ou tipo sapata) e (b) de largura variável e topo plano*

Quando uma viga de fundação tem grande rigidez (comparada à rigidez do terreno) e quando o carregamento é centrado (a resultante das cargas passa pelo centro de gravidade da área de contato), todos os pontos da viga e, portanto, os pontos de ligação dos pilares, terão o mesmo recalque. Nesse caso, o cálculo de recalques feito como descrito no Cap. 5 é suficiente, e os esforços internos, necessários ao dimensionamento estrutural da viga podem ser obtidos a partir de pressões de contato uniformes (Hipótese de Winkler). Este, entretanto, é um caso particular. Frequentemente, a viga tem uma flexibilidade que, se considerada nos cálculos, pode levar a esforços internos diferentes, ao mesmo tempo que conduz a recalques desiguais (ver Fig. 8.2). Não se pode dizer, *a priori*, se os diagramas de esforços internos com a hipótese de viga rígida são a favor ou contra a segurança. Nesses casos, é necessária uma análise da interação solo-fundação, considerando-se a flexibilidade da viga.

Quando o carregamento não é centrado e a viga tem grande rigidez relativa, a análise da interação pode ser dispensada, e as pressões de contato e os recalques calculados a partir da resultante do carregamento (como descrito no item 8.3.2).

Os métodos de análise de interação serão descritos, a seguir, para vigas e, mais adiante, para grelhas de fundação. No caso das vigas, a análise é feita como um problema bidimensional, com a viga reduzida a um elemento unidimensional (ver Fig. 8.2). No caso das grelhas, se a análise é feita como um sistema de vigas associadas, o problema é, também, tratado com as vigas reduzidas a elementos unidimensionais.

Os métodos de solução de vigas de fundação podem ser classificados em:

- métodos estáticos;
- métodos baseados na Hipótese de Winkler;
- métodos baseados no meio elástico contínuo.

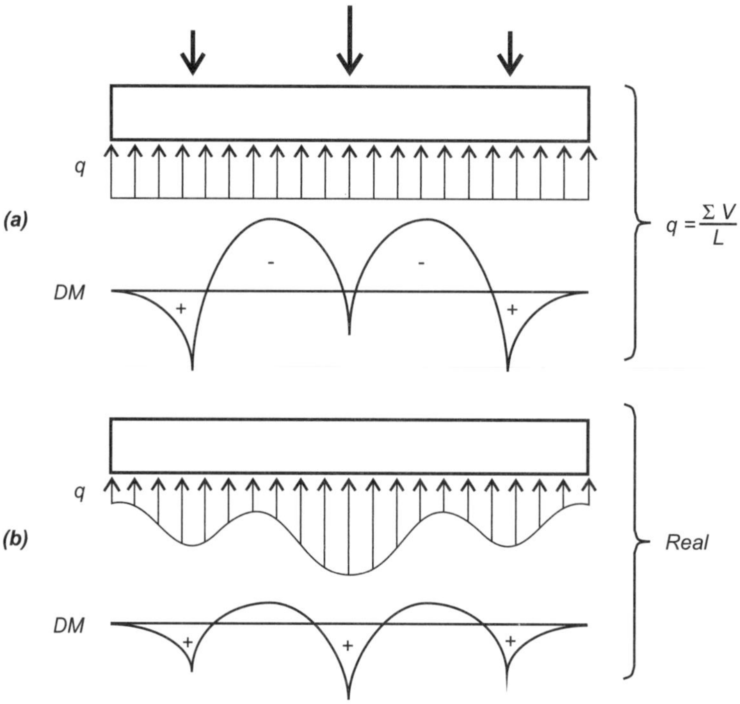

Fig. 8.2 - Pressões de contato e diagrama de momentos fletores em uma viga (a) sem e (b) com a consideração de sua flexibilidade

8.2 VIGAS - MÉTODOS ESTÁTICOS

Nos chamados métodos estáticos, a única preocupação é com o equilíbrio entre as cargas e as pressões de contato, para cuja distribuição são feitas hipóteses simples, tais como:

- variação linear das pressões de contato (Fig. 8.3a);
- pressões uniformes nas áreas de influência dos pilares (Fig. 8.3b).

A primeira hipótese sobre a distribuição das pressões se aplica a vigas mais rígidas, enquanto a segunda hipótese, a vigas mais flexíveis. Há outras hipóteses sobre a distribuição das pressões, como aquela proposta pelo American Concrete Institute - A.C.I. (1966), baseada no trabalho de Kramrich e Rogers (1961).

Hipótese de variação linear das pressões de contato

Com a hipótese de variação linear das pressões de contato, o cálculo é bastante simples, uma vez que se pode considerar apenas a resultante do carregamento (ver Fig. 8.3a). A distribuição das pressões de contato obedece à expressão:

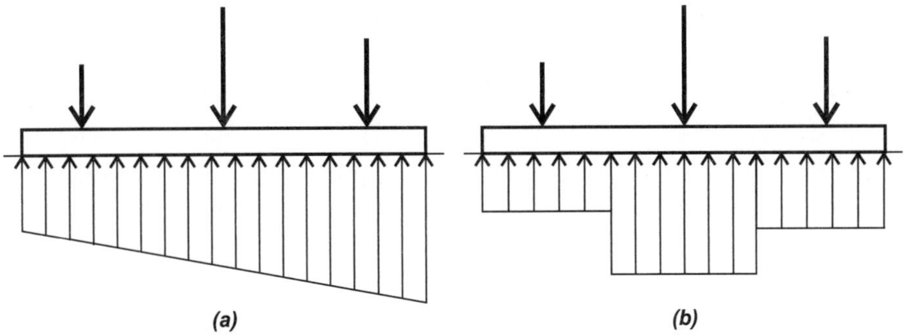

Fig. 8.3 - Pressões de contato em uma viga por critérios estáticos: (a) variação linear ao longo da viga e (b) pressões constantes na faixa de influência dos pilares

$$q = \frac{2R}{L}\left[-3\left(1-2\frac{a}{L}\right)\frac{x}{L}+\left(2-3\frac{a}{L}\right)\right] \quad (8.1)$$

onde:

R = resultante do carregamento;

a = distância da resultante à extremidade da viga (origem do eixo x);

L = comprimento da viga.

8.3 VIGAS - MÉTODOS BASEADOS NA HIPÓTESE DE WINKLER

8.3.1 Introdução

Hetenyi (1946) definiu a rigidez relativa *solo-viga* como:

$$\lambda = \sqrt[4]{\frac{k_v\ B}{4\ E_c\ I}} \quad (8.2)$$

onde:

k_v = coeficiente de reação vertical (corrigido para a forma e dimensão da viga);

B = dimensão transversal da viga;

E_c = Módulo de Young do material da viga (concreto, p.ex.);

I = momento de inércia da seção transversal da viga.

Hetenyi classificou as vigas, de acordo com a rigidez relativa *viga-solo,* como:

- $\lambda < \pi/4L \rightarrow$ viga de rigidez relativa elevada;
- $\pi/4L < \lambda < \pi/L \rightarrow$ viga de rigidez relativa média;
- $\lambda > \pi/L \rightarrow$ viga de rigidez relativa baixa.

No primeiro caso, a viga pode ser resolvida como rígida, sem prejuízo da precisão dos resultados (cálculo que será mostrado no item 8.3.2). Nos segundo e terceiro casos, a viga deve ser analisada como flexível (cálculo conhecido como *de viga sobre base elástica*).

Para o cálculo das vigas considerando sua flexibilidade, Hetenyi propôs um cálculo como se a viga tivesse *comprimento infinito* e os efeitos de extremidade, corrigidos pela ação de forças auxiliares (o que é conhecido como *método de Hetenyi*). Esse método será visto no item 8.3.4, juntamente com um método semelhante, o de Bleich-Magnel, e o método aproximado de

Levinton. Como a *viga de comprimento infinito* é necessária para o método de Hetenyi, ela será estudada antes, no item 8.3.3.

No item 8.3.5 será apresentada sucintamente a resolução de vigas por métodos numéricos (Método das Diferenças Finitas e Método dos Elementos Finitos). No Apêndice 4, o leitor encontrará um exercício de cálculo de uma viga de fundação, usando-seos métodos descritos neste capítulo.

8.3.2 Vigas rígidas

Uma viga de rigidez relativa elevada tem deslocamentos que podem ser considerados como de corpo rígido. Assim, os recalques variam linearmente ao longo da viga (Fig. 8.4b). A distribuição dos recalques obedece à expressão:

$$w = \frac{2R}{KL}\left[-3\left(1-2\frac{a}{L}\right)\frac{x}{L}+\left(2-3\frac{a}{L}\right)\right] \qquad \textbf{(8.3)}$$

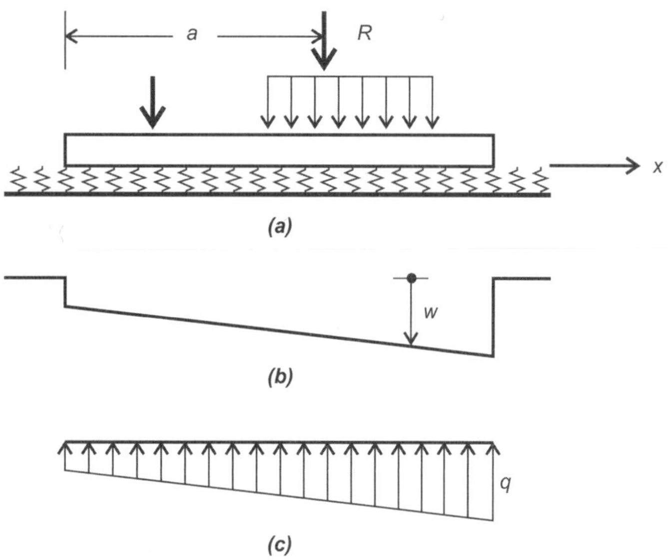

Fig. 8.4 - Pressões de contato e recalques de uma viga rígida pela Hipótese de Winkler

onde:

K é coeficiente de reação vertical, incorporando a dimensão transversal da viga ($K = k\,B$).

Pela Hipótese de Winkler, as pressões de contato também variam linearmente ao longo da viga, como mostrado na Fig. 8.4c (também na 8.3a). As pressões de contato coincidem com aquelas do método estático com a hipótese de variação linear das pressões (Eq. 8.1). Com efeito, a distribuição das pressões de contato pode ser obtida, ainda, multiplicando-se a Eq. (8.3) por K, que reproduz a expressão (8.1), isto é, no caso de vigas rígidas, a Hipótese de Winkler e o método estático com variação linear de pressões coincidem.

8.3.3 Vigas de comprimento infinito

(a) Equação diferencial da viga sobre apoio elástico

Vamos inicialmente estabelecer a equação diferencial da viga sobre apoio elástico, de acordo com a Hipótese de Winkler. No elemento de viga mostrado na Fig. 8.5, de comprimento dx, atua na extremidade esquerda M, e Q, e na direita:

$$M' = M + dM \quad e \quad Q' = Q + dQ$$

Como $\Sigma V = 0$, tem-se:

$$Q - p\,dx + q\,dx - (Q + dQ) = 0 \qquad ou \qquad dQ/dx = -p + q$$

Como $Q = dM/dx$, e lançando mão da equação da elástica da viga:

$$EI\frac{d^2w}{dx^2} = -M \qquad \textbf{(8.4)}$$

tira-se:

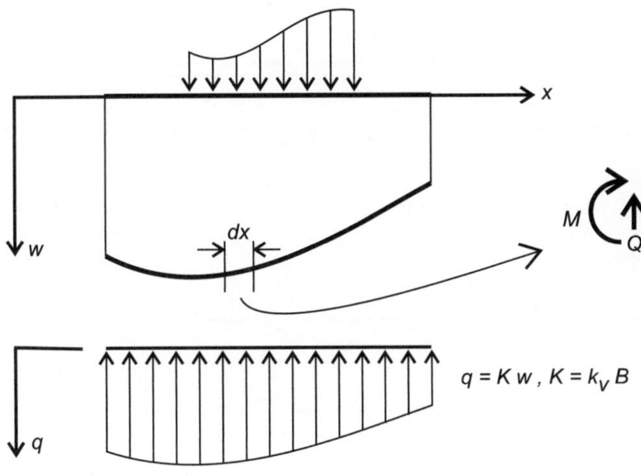

Fig. 8.5 - *Viga infinita sobre base elástica: (a) deformada da viga, (b) distribuição de pressões de contato e (c) elemento da viga com esforços nele atuantes (esforços indicados: convencionados positivos)*

$$EI\frac{d^4w}{dx^4}=p-q \tag{8.5a}$$

Introduzindo $q = K\,w$ (Hipótese de Winkler), onde $K = k_v\,B$, verifica-se:

$$EI\frac{d^4w}{dx^4}=p-Kw \tag{8.5b}$$

No trecho não carregado da viga ($p = 0$), tem-se:

$$EI\frac{d^4w}{dx^4}=-q=-Kw \tag{8.5c}$$

A integração da Eq. (8.5c) fornece:

$$w=e^{\lambda x}\left(C_1\cos\lambda x+C_2\ sen\ \lambda x\right)+e^{-\lambda x}\left(C_3\cos\lambda x+C_4\ sen\ \lambda x\right) \tag{8.6}$$

onde λ é definido pela Eq. (8.2).

As constantes de integração C_1, C_2, C_3, C_4 dependem das condições de contorno da viga.

As equações para os esforços cortantes Q e ângulo da deformada θ serão derivadas das equações da viga:

$$EI\frac{d^3w}{dx^3}=-Q \tag{8.7}$$

$$\frac{dw}{dx}=\tan\,\theta \tag{8.8}$$

(b) Caso de uma carga concentrada vertical

Para o caso de uma carga concentrada vertical (Fig. 8.6), tem-se para $x = \infty$, $w = 0$; então $C_1 = C_2 = 0$. Como para $x = 0$, $dw/dx = 0$, então $C_3 = C_4$. A Eq. (8.6) se reduz a (fazendo $C_3 = C_4 = C$):

$$w=C\,e^{-\lambda x}\left(\cos\ \lambda x+sen\ \lambda x\right) \tag{8.9}$$

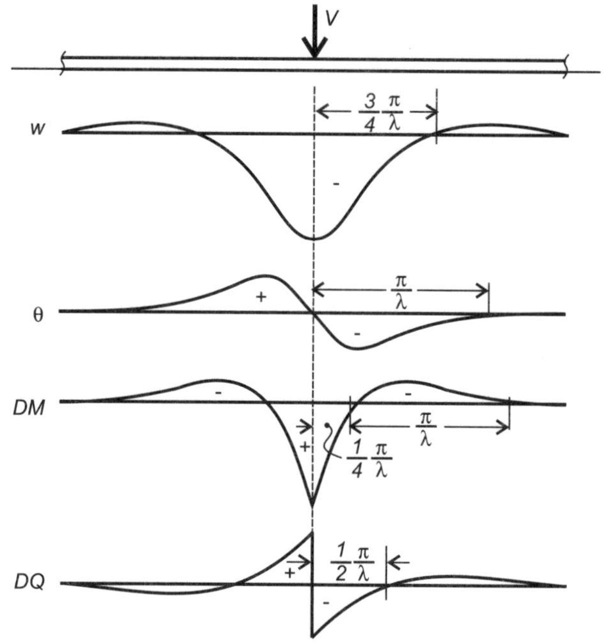

***Fig. 8.6** - Recalques, rotações e esforços internos em viga infinita sob carga vertical*

Como $\Sigma V = 0$, então:

$$2 \int_0^{\infty} q \, dx = V$$

Ainda, como:

$$2\,K\,C \int_0^{\infty} e^{-\lambda x} (\cos \lambda x + \operatorname{sen} \lambda x) dx = 2K\,C\,\frac{1}{\lambda} \tag{8.10}$$

então:

$$2K\,C\,\frac{1}{\lambda} = V \tag{8.11a}$$

$$C = \frac{V\lambda}{2K} \tag{8.11b}$$

Assim:

$$w = \frac{V\lambda}{2K} e^{-\lambda x} (\cos \lambda x + \operatorname{sen} \lambda x) = \frac{V\lambda}{2K} A \tag{8.12}$$

$$\theta = \frac{dw}{dx} = -\frac{V\lambda^2}{K} e^{-\lambda x} \operatorname{sen} \lambda x = -\frac{V\lambda^2}{K} B \tag{8.13}$$

$$M = -E\,I\,\frac{d^2 w}{dx^2} = \frac{V}{4\,\lambda} e^{-\lambda x} (\cos \lambda x - \operatorname{sen} \lambda x) = \frac{V}{4\,\lambda} C \tag{8.14}$$

$$Q = -E\,I\,\frac{d^3 w}{dx^3} = -\frac{V}{2} e^{-\lambda x} \cos \lambda x = -\frac{V}{2} D \tag{8.15}$$

As *funções A, B, C* e *D* foram tabeladas em função de λx por Hetenyi (1946) e podem ser vistas na Tab. 8.1. Os sinais das Eqs. (8.13) e (8.15) valem para seções à direita do ponto de aplicação da carga. Os diagramas de deslocamentos verticais, rotações e esforços internos podem ser vistos na Fig. 8.6. É interessante observar que os pontos de ordenada nula independem da intensidade da carga.

Tab. 8.1 - Funções *A*, *B*, *C* e *D* (Hetenyi, 1946)

λx	*A*	*B*	*C*	*D*	λx	*A*	*B*	*C*	*D*
0,0	1,0000	0,000	1,0000	1,0000	4,5	-,0132	-,0109	,0085	-,0023
0,5	,8231	,2908	,2415	,5323	5,0	-,0045	-,0065	,0084	-,0019
1,0	,5083	,3096	-,1108	,1988	5,5	,0000	-,0029	,0058	,0029
1,5	,2384	,2226	-,2068	,0158	6,0	,0017	-,0007	,0031	,0024
2,0	,0667	,1231	-,1794	-,0563	6,5	,0018	,0003	,0011	,0015
2,5	-,0166	,0491	-,1149	-,0658	7,0	,0013	,0006	,0001	,0007
3,0	-,0423	,0070	-,0563	-,0493	7,5	,007	,0005	-,0003	,0002
3,5	-,0389	-,0106	-,0177	-,0283	8,0	,0003	,0003	-,0004	,0000
4,0	-,0258	-,0139	,0019	-,0120	9,0	,0000	,0000	-,0001	-,0001

(c) Caso de momento aplicado

Para o caso de momento aplicado, este pode ser substituído por duas forças verticais (Fig. 8.7a). A equação do recalque fica:

$$w = \frac{V\lambda}{2K}A(x) - \frac{V\lambda}{2K}A(x+a) \tag{8.16a}$$

$$w = -\frac{(Va)\lambda}{2K}\,\frac{A(x+a)-A(x)}{a} \tag{8.16b}$$

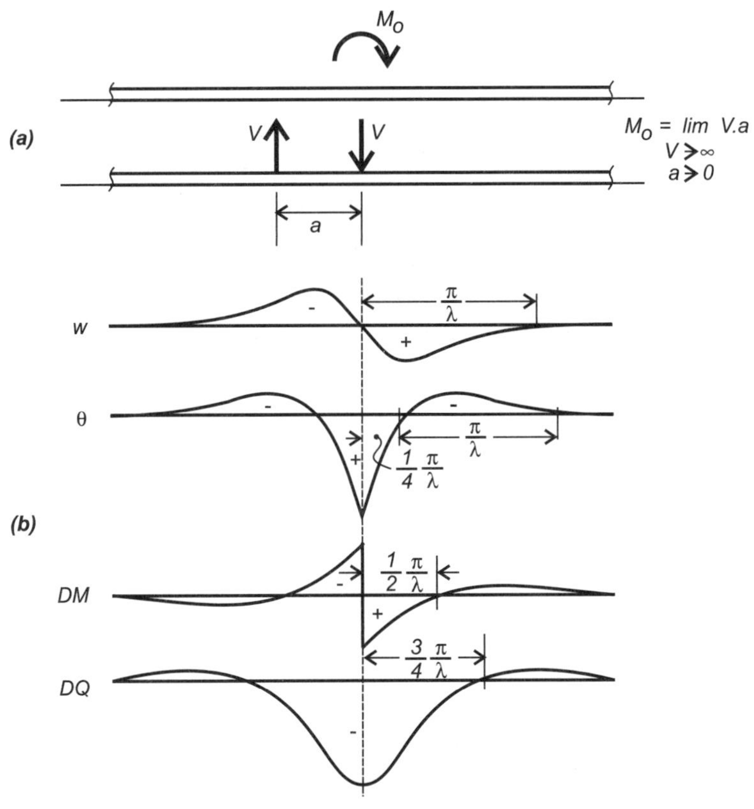

Fig. 8.7 - *Viga infinita sob momento aplicado: (a) carregamento e (b) recalques, rotações e esforços internos*

Fazendo *a* tender para zero e *V* para o infinito, de tal forma que o produto *V.a* tenda para M_o, vê-se que:

$$w = -\frac{M_o \lambda}{2K}(-2\lambda\, B) = \frac{M_o \lambda^2}{K} B \tag{8.16c}$$

As equações restantes são:

$$\theta = \frac{dw}{dx} = \frac{M_o \lambda^3}{K} C \tag{8.17}$$

$$M = \frac{M_o}{2} D \tag{8.18}$$

$$Q = -\frac{M_o\, \lambda}{2} A \tag{8.19}$$

Os diagramas de deslocamentos, rotações e esforços internos estão representados na Fig. 8.7b.

(d) Outros casos de carregamento

Outros casos de carregamento, como carga distribuída etc., estão detalhados em Hetenyi (1946), Bowles (1974) e Süssekind (1973), entre outros. Um exemplo, na prática, de viga de comprimento infinito é o de uma viga de fundação sobre a qual corre um guindaste. Por outro lado, quando a carga chega próximo da extremidade, a solução de viga infinita precisa ser corrigida.

8.3.4 Vigas de comprimento finito

(a) Método de Hetenyi

Segundo Hetenyi (1946), as vigas flexíveis podem ser separadas em duas categorias, de acordo com sua rigidez relativa λ definida pela Eq. (8.2) :

- $\pi/4L < \lambda < \pi/L \rightarrow$ viga de rigidez relativa média (ou "viga de comprimento médio")
- $\lambda > \pi/L \rightarrow$ viga de rigidez relativa baixa (ou "viga longa")

O método de Hetenyi (1946) consiste em resolver a viga (que tem comprimento finito) como se fosse infinita, porém aplicando esforços auxiliares (V'_A, M'_A, V'_B, M'_B) nos pontos que correspondem às extremidades tais que ali anulem os esforços da viga infinita (Fig. 8.8).

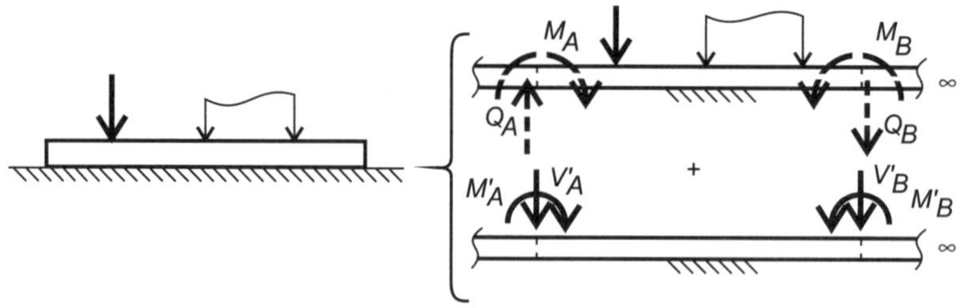

Fig. 8.8 *- Método de Hetenyi*

As equações que determinam os esforços a serem aplicados nos pontos que correspondem às extremidades da viga são:

$$M_A + \frac{V_A'}{4\lambda} + \frac{M_A'}{2} + \frac{V_B'}{4\lambda}C + \frac{M_B'}{2}D = 0 \quad (\textit{Momento em } \mathbf{A} = 0) \tag{8.20}$$

$$Q_A - \frac{V_A'}{2} - \lambda\,\frac{M_A'}{2} + \frac{V_B'}{2}D + \lambda\,\frac{M_B'}{2}A = 0 \quad (\textit{Cortante em } \mathbf{A} = 0) \tag{8.21}$$

$$M_B + \frac{V_A'}{4\lambda}C + \frac{M_A'}{2}D + \frac{V_B'}{4\lambda} + \frac{M_B'}{2} = 0 \quad (\textit{Momento em } \mathbf{B} = 0) \tag{8.22}$$

$$Q_B - \frac{V_A'}{2}D - \lambda\,\frac{M_A'}{2}A + \frac{V_B'}{2} + \lambda\,\frac{M_B'}{2} = 0 \quad (\textit{Cortante em } \mathbf{B} = 0) \tag{8.23}$$

São, assim, quatro equações com quatro incógnitas: V'_A, M'_A, V'_B, M'_B.

No caso em que a viga é denominada *de comprimento médio*, o sistema de equações a ser resolvido deve ser exatamente o apresentado acima. No caso em que a viga é denominada *longa*, os esforços de correção de uma extremidade não afetam a outra extremidade. Neste caso, o sistema de equações acima se simplifica, pois nas duas primeiras equações entram apenas os esforços V'_A, M'_A, enquanto que nas duas últimas entram apenas V'_B, M'_B, ficando:

$$M_A + \frac{V_A'}{4\lambda} + \frac{M_A'}{2} = 0$$

$$Q_A - \frac{V_A'}{2} - \lambda\,\frac{M_A'}{2} = 0$$

$$M_B + \frac{V_B'}{4\lambda} + \frac{M_B'}{2} = 0$$

$$Q_B + \frac{V_B'}{2} + \lambda\,\frac{M_B'}{2} = 0$$

ou seja, o sistema de quatro equações a quatro incógnitas se reduz a dois sistemas de duas incógnitas cada um.

No Apêndice 4, encontra-se um exercício resolvido por este método, no qual podem ser observados os sinais dos esforços.

(b) Método de Bleich-Magnel

Neste método (Bleich, 1937; Magnel, 1938) serão aplicadas quatro cargas concentradas, espaçadas de $\pi/4\lambda$ dos pontos que correspondem às extremidades da viga finita, com o objetivo de anular os esforços naqueles pontos (Fig. 8.9). Ele é baseado no fato já assinalado de que, na viga de comprimento infinito, os pontos onde os esforços solicitantes são nulos independem dos valores das cargas.

Escrevemos as mesmas quatro equações do método anterior:

$$M_A + M_{T1} + M_{T3} + M_{T4} = 0 \tag{8.24}$$

$$Q_A + Q_{T1} + Q_{T3} + Q_{T4} = 0 \tag{8.25}$$

$$M_B + M_{T1} + M_{T3} + M_{T4} = 0 \tag{8.26}$$

$$Q_B + Q_{T1} + Q_{T2} + Q_{T3} = 0 \tag{8.27}$$

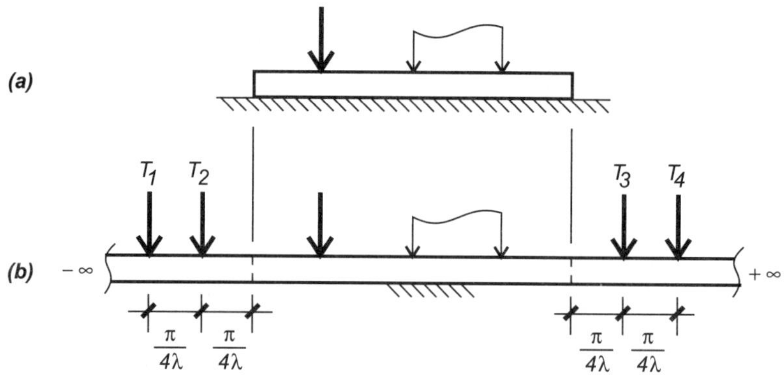

***Fig. 8.9** - Método de Bleich-Magnel*

A matriz fica mais simples, pois em cada equação falta um termo (p. ex., não tem M_{T2} na primeira, pois é zero).

Se o comprimento da viga for grande (maior que $3/\lambda$), o efeito das cargas auxiliares de um lado é desprezível no extremo oposto da viga. Neste caso, podem-se calcular as forças auxiliares por (Verdeyen et al., 1971):

$$T_1 = +\frac{\lambda}{0{,}052} M_A \quad \text{(8.28a)}$$

$$T_2 = -\frac{\lambda}{0{,}1612} M_A \quad \text{(8.28b)}$$

$$T_3 = +\frac{\lambda}{0{,}1612} Q_B \quad \text{(8.28c)}$$

$$T_4 = +\frac{\lambda}{0{,}052} M_B \quad \text{(8.28d)}$$

(c) Método de Levinton

Este é um método aproximado. O diagrama de pressões de contato é reduzido a uma poligonal definida por quatro ordenadas (Fig. 8.10a). Para se calcular as quatro ordenadas, são necessárias quatro equações: duas equações de equilíbrio e duas equações de compatibilidade de deslocamentos (flechas) da viga.

Sejam M_L e M_R os momentos do carregamento da viga em relação a **L** e **R**, definidos como mostra a Fig. 8.10b. As duas equações de equilíbrio de momentos em relação a estes dois pontos são escritas:

$$M_L - \frac{1}{2} q_2\, a \frac{1}{3}\, a - \frac{1}{2}\, q_2\, a\, a - \frac{1}{2}\, q_3\, a\, \frac{4}{3}\, a - \frac{1}{2}\, q_3\, a\, 2a - \frac{1}{2}\, q_4\, a\, \frac{7}{3}\, a = 0 \quad \text{(8.29a)}$$

$$M_R - \frac{1}{2} q_3\, a \frac{1}{3}\, a - \frac{1}{2}\, q_3\, a\, a - \frac{1}{2}\, q_2\, a\, \frac{4}{3}\, a - \frac{1}{2}\, q_2\, a\, 2a - \frac{1}{2}\, q_1\, a\, \frac{7}{3}\, a = 0 \quad \text{(8.29b)}$$

ou, simplificando:

$$4\, q_2 + 10\, q_3 + 7 q_4 = \frac{6 M_L}{a^2} \quad \text{(8.30a)}$$

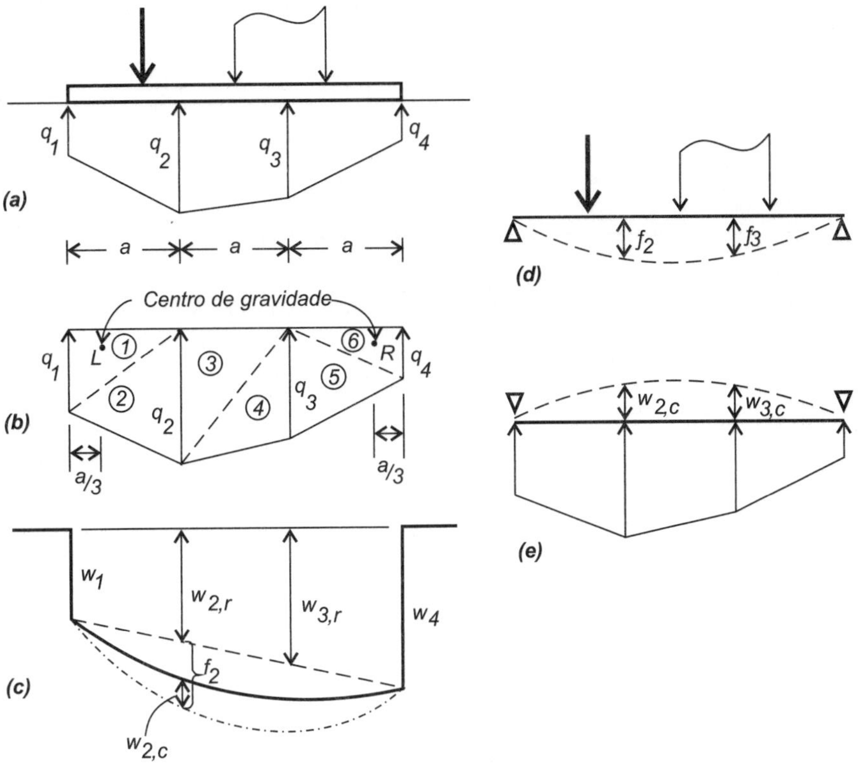

Fig. 8.10 - *Esquema de cálculo pelo método de Levinton*

$$7\ q_1 + 10\ q_2 + 4q_3 = -\frac{6M_R}{a^2} \tag{8.30b}$$

Para estabelecer as outras duas equações, faz-se o seguinte raciocínio (Fig. 8.10c):

1. supõe-se a viga rígida, seus extremos recalcando w_1 e w_4 (linha tracejada);
2. supõe-se que a viga retome sua flexibilidade e trabalhe apoiada nos extremos (linha traço-ponto);
3. aplicam-se, então, as pressões de contato à viga (biapoiada), que recupera parte dos recalques (linha cheia).

Deste raciocínio, tira-se para os pontos 2 e 3:

$$w_2 = w_{2,r} + f_2 - w_{2,c} \tag{8.31a}$$

$$w_3 = w_{3,r} + f_3 - w_{3,c} \tag{8.31b}$$

onde:

f_2 e f_3 são as flechas da viga biapoiada sob ação do carregamento (Fig. 8.10d), que podem ser obtidas em formulários da Resistência dos Materiais;

$w_{2,r}$ e $w_{3,c}$ são os deslocamentos da viga rígida:

$$w_{2,r} = w_1 + \frac{1}{3}(w_4 - w_1) \tag{8.32a}$$

$$w_{3,r} = w_1 + \frac{2}{3}(w_4 - w_1) \tag{8.32b}$$

$w_{2,c}$ e $w_{3,c}$ são as flechas da viga biapoiada, sob ação do diagrama de pressões de contato, fornecidas por Levinton (Fig. 8.10e):

$$w_{2,c} = \frac{a^4}{1080\ E\ I}\left(94\ q_1 + 429\ q_2 + 390\ q_3 + 77\ q_4\right) \tag{8.33a}$$

$$w_{3,c} = \frac{a^4}{1080\ E\ I}\left(77\ q_1 + 390\ q_2 + 429\ q_3 + 94\ q_4\right) \tag{8.33b}$$

Assim, pode-se escrever que o recalque no ponto 2 é (para $K' = 1/K$):

$$w_2 = K' q_2 = \frac{2}{3} K' q_1 + \frac{1}{3} K' q_4 + f_2 - \frac{a^2}{1080\ E I}\left(94\ q_1 + 429\ q_2 + 390\ q_3 + 77\ q_4\right)$$

ou:

$$\left(94 - \frac{2}{3} N\right) q_1 + (429 + N)\ q_2 + 390\ q_3 + \left(77 - \frac{N}{3}\right) q_4 = \frac{1080\ E I f_2}{a^4} \tag{8.34a}$$

sendo:

$$N = \frac{1080\ E I K'}{a^4}$$

No ponto 3, tem-se:

$$\left(77 - \frac{N}{3}\right) q_1 + 390\ q_2 + (429 + N)\ q_3 + \left(94 - \frac{2}{3} N\right) q_4 = \frac{1080\ E I f_3}{a^4} \tag{8.34b}$$

As Eqs. (8.34) completam, com as Eqs. (8.30), as quatro equações necessárias para a determinação das quatro ordenadas de pressão de contato que resolvem o problema.

8.3.5 Métodos numéricos

Os métodos numéricos mais utilizados na análise de vigas de fundação são o Método das Diferenças Finitas (MDF) e o Método dos Elementos Finitos (MEF). Ambos produzem a solução do problema apenas em alguns pontos selecionados (solução discreta) e, portanto, quanto maior o número de pontos, maior a precisão da solução. O aumento do número de pontos em estudo, por outro lado, aumenta o trabalho computacional.

(a) Método das Diferenças Finitas

O Método das Diferenças Finitas consiste na substituição da equação diferencial que governa o fenômeno por um sistema de equações algébricas; a integração da equação diferencial é substituída pela resolução desse sistema.

No caso de uma viga de fundação, o método substitui a equação diferencial da deformada da viga por equações algébricas que relacionam o deslocamento de um ponto aos deslocamentos de pontos vizinhos (ou o momento fletor de um ponto aos deslocamentos do próprio ponto e de pontos vizinhos). A viga é estudada através de um número finito de pontos, que definem segmentos dessa viga (Fig. 8.11a).

Para a transformação da equação diferencial, os coeficientes diferenciais são substituídos por funções dos deslocamentos dos nós da malha (w_n no ponto genérico n). Adotando-se segmentos de mesmo comprimento Δx, tem-se (por *diferença central*):

$$\frac{dw}{dx} \sim \frac{\Delta w}{\Delta x} = \frac{w_{n+1} - w_{n-1}}{\Delta x} \tag{8.35a}$$

$$\frac{d^2w}{dx^2} \sim \frac{\Delta^2 w}{\Delta x^2} = \frac{w_{n+1} - 2w_n + w_{n-1}}{\Delta x^2} \tag{8.35b}$$

$$\frac{d^3w}{dx^3} \sim \frac{\Delta^3 w}{\Delta x^3} = \frac{w_{n+2} - 2w_{n+1} + w_{n-1} - w_{n-2}}{2\Delta x^3} \tag{8.35c}$$

As equações diferenciais da viga (8.4) e (8.7) se transformam em:

$$\frac{w_{n+1} - 2w_n + w_{n-1}}{\Delta x^2} = -\frac{M}{EI} \tag{8.36}$$

$$\frac{w_{n+2} - 2w_{n+1} + w_{n-1} - w_{n-2}}{2\Delta x^3} = -\frac{Q}{EI} \tag{8.37}$$

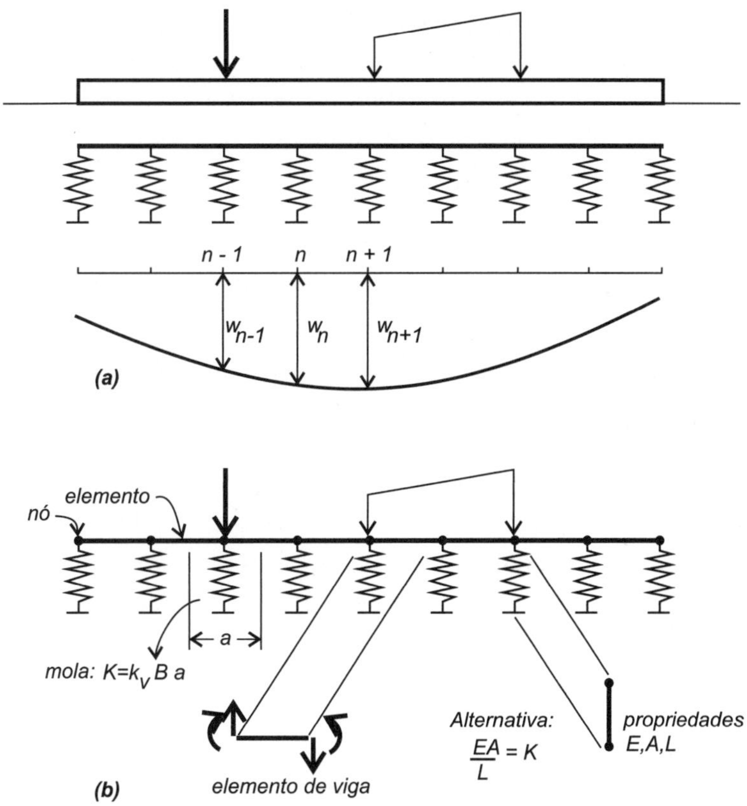

Fig. 8.11 *- Viga sobre solo de Winkler pelo (a) MDF e (b) MEF*

Uma descrição completa do método está fora do escopo deste trabalho, mas pode ser vista, por exemplo, em Bowles (1974, 1988).

(b) Métodos dos Elementos Finitos

Antes da formulação geral do Método dos Elementos Finitos, estruturas eram analisadas com o auxílio de computadores pelos chamados Métodos Matriciais, sendo mais utilizado o Método das Forças. O Método dos Elementos Finitos, que se tornou o principal método numérico, é uma derivação do Método dos Deslocamentos. A solução da viga sobre base elástica (modelo de Winkler) pode ser programada dentro da técnica de análise matricial, como encontrado em Bowles (1974).

O Método dos Elementos Finitos é normalmente usado por meio de programas comerciais, disponíveis no mercado. São utilizados programas para análise linear bidimensional de estruturas (tipo pórtico plano), com *elementos de viga* (elementos unidimensionais com transmissão de momento nos nós) com apoios elásticos (molas).

Quando o programa não dispõe de elementos de viga com apoio elástico *contínuo* ao longo do seu comprimento, pode-se modelar o problema como uma viga com apoios *discretos* em molas nos nós (Fig. 8.11b). Ainda, se o programa não dispõe de apoio em mola, um *elemento de treliça* (barra birrotulada) pode ser usado. Como os apoios elásticos estão nos nós, a rigidez desses apoios deve levar em conta os espaçamentos (comprimento de influência), como mostrado na figura.

O uso de apoios *discretos* (nos nós), quando não se dispõe de apoios *contínuos* (ao longo do elemento), produz esforços menores e pode ser compensado com a adoção de um maior número de elementos. O exercício resolvido do Apêndice 4 ilustra este ponto.

A potencialidade do método pode ser reconhecida quando se deseja tratar uma viga de inércia variável ao longo de seu comprimento, apoiada em trechos de solos diferentes. Uma descrição do método está fora do escopo deste trabalho, mas pode ser encontrada em livros-texto como Zienkiewicz (1971), Brebbia e Connor (1973), Brebbia e Ferrante (1975) e Soriano e Lima (1996).

8.4 VIGAS - MÉTODOS BASEADOS NO MEIO ELÁSTICO CONTÍNUO

Um método de cálculo de vigas de fundação, considerando o solo como um meio elástico contínuo, foi desenvolvido por Ohde (1942).

(a) Método de Ohde - Introdução

Do ponto de vista do cálculo estrutural, o método de Ohde (1942) se baseia na aplicação da Equação dos Três Momentos. Dados os apoios *i, k, l* de uma viga contínua que sofre deslocamentos verticais (Fig. 8.12), a Equação dos Três Momentos estabelece que:

$$L'_k M_i + 2(L'_k + L'_l) M_k + L'_l M_l + L'_k R_k + L'_l R_l - \frac{6\,E\,I_c\;\delta_k (L_k + L_l)}{L_k L_l} = 0 \qquad \text{(8.38a)}$$

onde:

L'_k, L'_l = comprimentos elásticos dos vãos;

I_c = momento de inércia de comparação;

E = módulo de elasticidade da viga;

M = momentos;

sendo:

$$\delta_k = w_k - \frac{w_i + w_l}{2} = \frac{-w_i + 2w_k - w_l}{2} \qquad \text{(8.38b)}$$

e R_k e R_l os termos de carga.

Se $L_k = L_l = a$ e I = constante, pode-se fazer $L'_k = L'_l = a$, e não havendo carregamento aplicado, tem-se $R_k = R_l = 0$, e a Eq. (8.38a) se reduz a:

$$M_i + 4\,M_k + M_l = \frac{12}{a^2}\,E\,I\,\delta_k \qquad \text{(8.38c)}$$

ou ainda, com (8.38b):

$$M_i + 4\,M_k + M_l = \frac{6\,EI}{a^2}\left(-w_i + 2w_k - w_l\right) \qquad \text{(8.38d)}$$

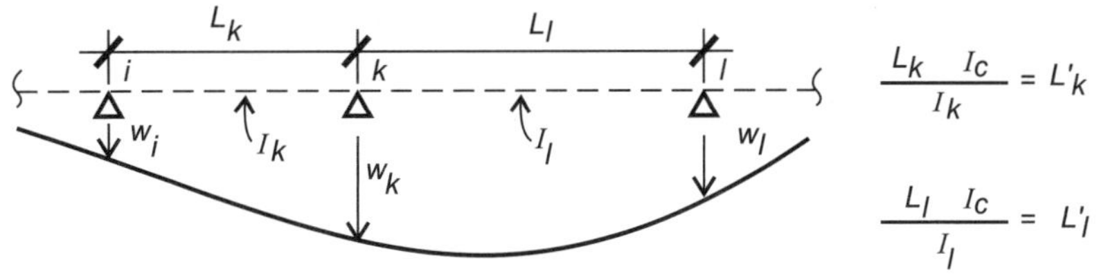

Fig. 8.12 - *Viga contínua e sua deformada*

(b) Método de Ohde - Concepção e formulação

Suponha-se que a viga de fundação abaixo seja dividida em n placas iguais (Fig. 8.13). Suponha-se a ação provida pelo solo (que é contínuo) substituída por ações discretas (forças) nos centros de gravidade das placas, e o carregamento, substituído por forças que atuam nos mesmos pontos (P_1 ... P_n). Os recalques w_1 a w_n podem ser calculados pelo seguinte método (segundo Kany, 1959).

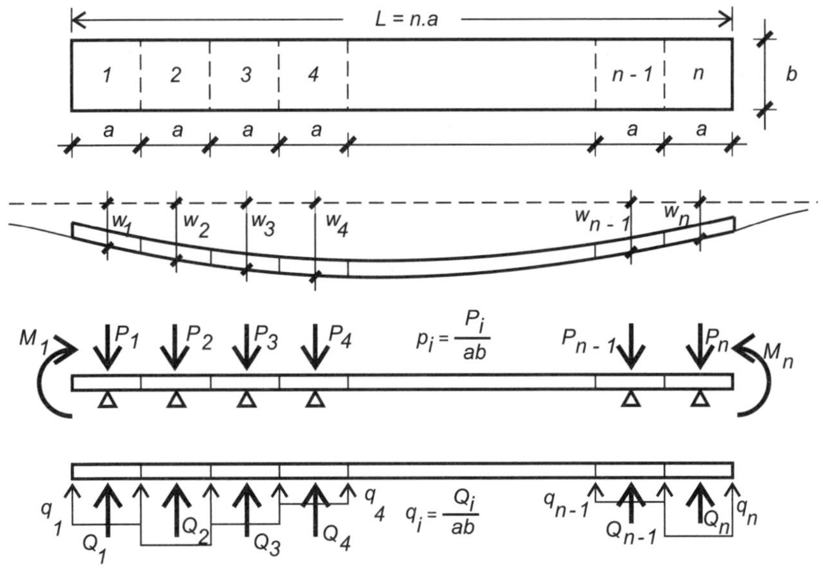

Fig. 8.13 - *Esquema de cálculo do método de Ohde: divisão da viga em placas, deformada da viga, ações, pressões de contato*

Inicialmente, calcula-se o recalque da superfície do terreno quando uma das placas (de a x b) é carregada. Aplique-se um carregamento unitário nessa área (Fig. 8.14). O terreno se deforma, e os recalques c_o, ..., c_n, sob a área carregada e sob as áreas vizinhas, podem ser calculados com:

$$c_o = a\,\frac{1-\nu^2}{E}\,f_o \qquad \text{(8.39)}$$

$$c_2 = a \frac{1-\nu^2}{E} f_2 \quad \textbf{(8.40)}$$

onde:

$$c_i = \frac{c_o}{1+K_1\, i^{1,5}} \quad \textbf{(8.41)}$$

$$K_1 = \left(\frac{c_o}{c_2} - 1\right) 0{,}3536 \quad \textbf{(8.42)}$$

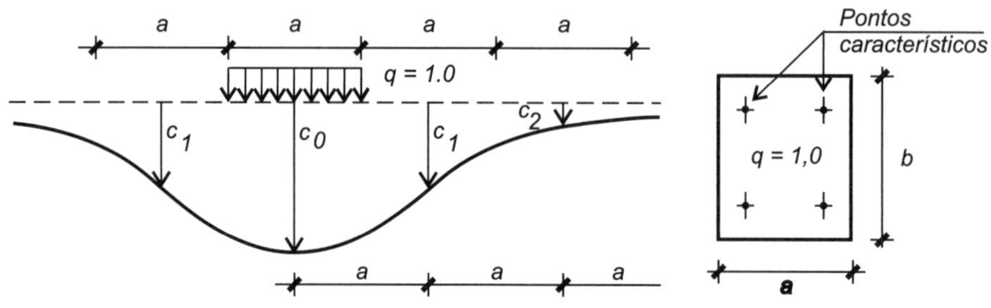

Fig. 8.14 - Recalques da superfície do terreno devidos ao carregamento de uma placa

Os valores dos fatores de forma f_o e f_2 para as Eqs. (8.39) e (8.40) podem ser obtidos dos Ábacos A1.6 e A1.7 do Apêndice 1. Esses ábacos apresentam soluções da Teoria da Elasticidade para o cálculo de recalques nos chamados *pontos característicos*, que são os pontos onde os recalques são iguais, tanto para placas flexíveis ("carregamento frouxo") como rígidas (Fig. 8.14).

Usando esta figura de recalque como uma linha de influência (o carregamento unitário se desloca para cada um dos elementos e, no elemento em que ele estiver, dará uma influência c_o, no vizinho c_1, no outro c_2 etc.), pode-se escrever o sistema de equações:

recalque sob a 1ª placa: $w_1 = q_1 c_o + q_2 c_1 + \ldots + q_n c_{n-1}$

recalque sob a 2ª placa: $w_2 = q_1 c_1 + q_2 c_o + q_3 c_1 + \ldots + q_n c_{n-2}$

.

.

.

recalque sob a placa *n*: $w_n = q_1 c_{n-1} + \ldots + q_n c_o$ **(Sistema 8.43)**

Aplicando agora a Equação dos Três Momentos:

apoio 2: $M_1 + 4M_2 + M_3 = \frac{6\, E_c I}{a^2}\left(-w_1 + 2w_2 - w_3\right)$

apoio 3: $M_2 + 4M_3 + M_4 = \frac{6\, E_c I}{a^2}\left(-w_2 + 2w_3 - w_4\right)$

.

.

.

apoio n-1: $M_{n-2} + 4M_{n-1} + M_n = \frac{6\, E_c I}{a^2}\left(-w_{n-2} + 2w_{n-1} - w_n\right)$ **(Sistema 8.44)**

Têm-se, assim, *n-2* equações. Escrevendo os momentos nos pontos *1* a *n*, obtém-se o sistema de equações:

$$M_1 = M_1$$
$$M_2 = M_1 + (Q_1 - P_1)\, a$$
$$M_3 = M_1 + (Q_1 - P_1)\, 2a + (Q_2 - P_2)\, a$$
$$\cdot$$
$$\cdot$$
$$\cdot$$
$$M_n = \ldots \qquad \text{(Sistema 8.45)}$$

Substituindo no Sistema (8.44) os valores dos recalques (Sistema 8.43) e dos momentos (Sistema 8.45), obtém-se, finalmente:

$$-(C_1 + \alpha)\,.\,q_1 + \left(C_o - \frac{\alpha}{6}\right).\,q_2 - C_1\,.\,q_3 - C_2\,.\,q_4 - C_3\,.\,q_5 - \ldots = -\alpha\left(p_1 + \frac{p_2}{6} - m_1\right)$$

$$-(C_2 + 2\alpha)\,.\,q_1 - (C_1 + \alpha)\,.\,q_2 + \left(C_o - \frac{\alpha}{6}\right).\,q_3 - C_1\,.\,q_4 - C_2\,.\,q_5 - \ldots = -\alpha\left(2p_1 + p_2 + \frac{p_3}{6} - m_1\right)$$

$$-(C_3 + 3\alpha)\; q_1 - (C_2 + 2\alpha)\; q_2 - (C_1 - \alpha)\,.\,q_3 + \left(C_o - \frac{\alpha}{6}\right).\,q_4 - C_1\,.\,q_5 - \ldots =$$

$$= -\alpha\left(3p_1 + 2p_2 + p_3 + \frac{p_4}{6} - m_1\right)$$

$$-(C_4 + 4\alpha)\, q_1 - (C_3 + 3\alpha)\, q_2 - (C_2 + 2\alpha)\, q_3 - (C_1 + \alpha)\, q_4 + \left(C_0 - \frac{\alpha}{6}\right) q_5 - C_1\, q_6 \ldots$$

$$= -\alpha\left(4p_1 + 3p_2 + 2p_3 + p_4 + \frac{p_5}{6} - m_1\right) \qquad \text{(Sistema 8.46)}$$

onde:

$$C_o = 2(c_o - c_1)$$
$$C_1 = c_o - 2c_1 + c_2$$
$$\cdot$$
$$\cdot$$
$$\cdot$$
$$C_n = c_{n-1} - 2c_n + c_{n+1} \qquad \text{(Sistema 8.47)}$$

e:

$$\alpha = \frac{a^4\, b}{E_c\, I} \qquad (8.48)$$

$$m_1 = \frac{M_1}{a^2 b} \qquad (8.49)$$

Têm-se n incógnitas (q_1, q_2, ...,q_n) e n-2 equações (Sistema 8.46). Faltam, pois, duas equações para resolver o problema. Sejam escritas, então, as equações de equilíbrio:

$$\sum V = 0 \qquad (8.50)$$

ou:

$$q_1 + q_2 + \ldots + q_n = p_1 + p_2 + \ldots + p_n \qquad (8.51)$$

e:

$$\sum M = 0 \qquad (8.52)$$

ou:

$$\begin{aligned}(n-1)(q_1-p_1-q_n+p_n)+\\+(n-3)(q_2-p_2-q_{n-1}+p_{n-1})+\\+(n-5)(q_3-p_3-q_{n-2}+p_{n-2})+\\+(n-7)(q_4-p_4-q_{n-3}+p_{n-3})+\\+\ldots+R=0\end{aligned} \quad (8.53)$$

Para n par, tem-se:

$$R=q_{\frac{n}{2}}-p_{\frac{n}{2}}-q_{\frac{n}{2}+1}+p_{\frac{n}{2}+1} \quad (8.54)$$

Para n ímpar, tem-se:

$$R=2\left(q_{\frac{n-1}{2}}-p_{\frac{n-1}{2}}-q_{\frac{n+1}{2}}+p_{\frac{n+1}{2}}\right) \quad (8.55)$$

Observação: M_1 a M_n são os momentos, devidos ao carregamento da viga, sobre os apoios fictícios. Como o carregamento é transformado em uma série de cargas concentradas sobre o centro das placas, M_1 e M_n são nulos (só há M_2 a M_{n-1}), salvo se houver um momento aplicado nestes dois extremos.

(c) Método de Ohde - Roteiro de cálculo

Para aplicação do método de Ohde, pode-se seguir o seguinte roteiro:

1. Cálculo de α (Eq. 8.48)
2. Cálculo dos p_i (pressões decorrentes das cargas aplicadas)
3. Cálculo da linha de influência dos recalques, por meio de:
    a. Cálculo de c_o (Eq. (8.39) e Ábaco A1.6 do Apêndice 1)
    b. Cálculo de c_2 (Eq. (8.40) e Ábaco A1.7 do Apêndice 1)
    c. Cálculo de K_1 (Eq. (8.42))
    d. Cálculo dos c_i (Eq. (8.41))
4. Cálculo dos C_i (Eqs. (8.47))
5. Montagem e resolução do sistema de equações:

Eqs. (8.46)	n-2 equações	
Eq. (8.51)	1 equação	$(\Sigma Q = \Sigma P)$
Eq. (8.53)	1 equação	$(\Sigma M = 0)$
	n equações	

6. Obtenção do diagrama das tensões de contato q_i
7. Obtenção dos diagramas de esforços internos (momentos e cortantes)

(d) Método de Ohde - Cargas nos elementos da viga

Os seguintes pontos precisam ser considerados quando se faz o cálculo das cargas aplicadas nos elementos da viga (P_i) :

i. Nos métodos baseados em coeficiente de reação (Hipótese de Winkler), o carregamento uniformemente distribuído não provoca momentos fletores; neste método, provoca. Portanto, deve-se incluir também o peso próprio da viga.
ii. As cargas concentradas podem ser consideradas centradas nas placas (divisões da viga). Se as excentricidades forem grandes, é necessário calcular como foi mostrado na Fig 8.15a.

Cargas concentradas excêntricas podem ser também resultantes de carregamentos triangulares ou trapezoidais.

iii. Os momentos aplicados são substituídos por duas forças nos centros dos dois elementos adjacentes (exemplo na Fig. 8.15b).

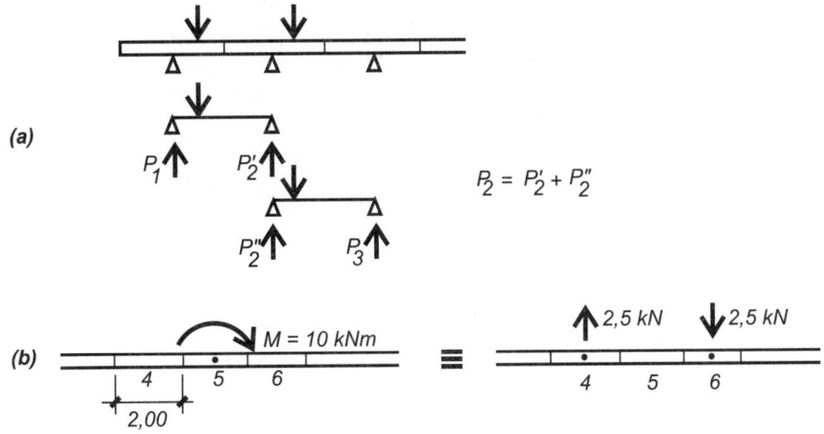

Fig. 8.15 - *Preparação do carregamento para o método de Ohde*

8.5 GRELHAS

As grelhas podem ser calculadas de duas maneiras:

(a) Cálculo rigoroso

Um cálculo rigoroso é feito como grelha sobre base elástica, o que requer o uso de um método numérico. O método numérico geralmente usado é o Método dos Elementos Finitos, com as vigas representadas por elementos unidimensionais (tipo viga) e o solo, por molas (Hipótese de Winkler) de forma semelhante à que foi descrita no item 8.2.5 (Fig. 8.16).

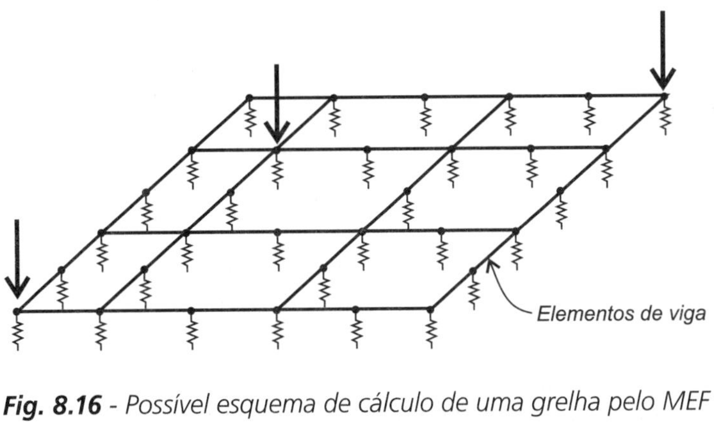

Fig. 8.16 - *Possível esquema de cálculo de uma grelha pelo MEF*

(b) Cálculo aproximado

Um cálculo aproximado pode ser feito analisando-se as vigas separadamente. Segundo o A. C. I. (1966), pode-se fazer uma partição da carga dos pilares para as vigas que neles se cruzam, de acordo com a rigidez destas, como mostrado na Fig. 8.17. Essa partição das cargas deve ser abandonada (tomando-se a totalidade da carga em cada direção) para um dimensionamento mais seguro.

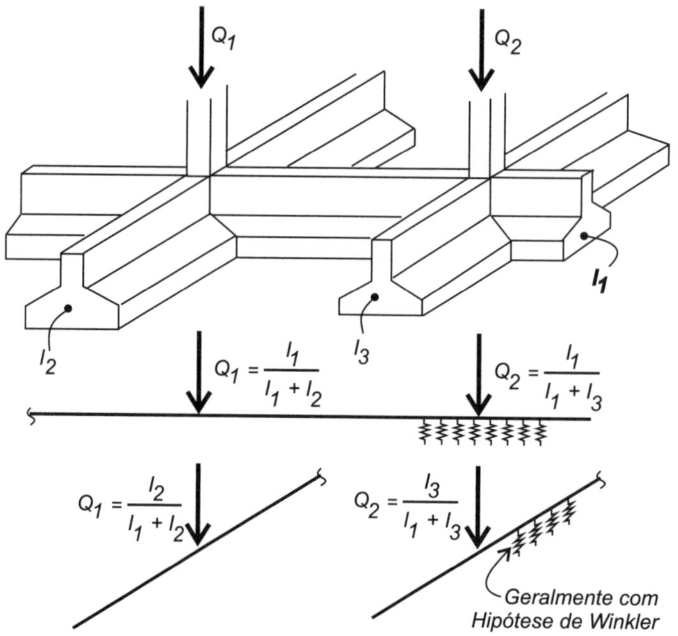

Fig. 8.17 *- Esquema de partição de cargas de pilares para cálculo de grelhas como vigas (A.C.I., 1966)*

REFERÊNCIAS

AMERICAN CONCRETE INSTITUTE (A. C. I.). Suggested design procedures for combined footings and mats. Report by ACI Committee 436. *Journal of the A. C. I.*, p. 1041-1057, Oct. 1966.

BLEICH, H. Berechnung von Eisenbeton - Streifenfundamenten als elastich gestutzte Träger. *Die Bautechnik*, v. 15, 1937.

BOWLES, J. E. *Analytical and computer methods in foundation engineering*. New York: MacGraw-Hill, 1974.

BOWLES, J. E. *Foundation analysis and design*. 4. ed. New York: MacGraw-Hill, 1988.

BREBBIA, C. A.; CONNOR, J. J. *Fundamentals of finite element techniques*. London: Butterworths, 1973.

BREBBIA, C. A.; FERRANTE, A. J. *The finite element technique*. Porto Alegre: Editora da UFRGS, 1975.

HETÉNYI, M. *Beams on elastic foundation*. Ann Arbour: University of Michigan Press, 1946.

KANY, M. *Berechnung von Flächengrundungen*. Berlin: W. Ernst und Sohn, 1959.

KANY, M. *Berechnung von Flächengrundungen*, 2. Auflage. Berlin: W. Ernst und Sohn, 1974.

KOLLBRUNNER, C. F. *Fundation und Konsolidation*. Zurich: Schweizer Druck und Verlagshauss, 1952.

KRAMRICH, F.; ROGERS, P. Simplified design of combined footings. *Journal Soil Mechanics and Foundation Division*, ASCE, v. 88, n. SM5, p. 19-44, 1961.

LEVINTON, Z. Elastic foundations analysed by the method of redundant reactions, *Transactions*, ASCE, v. 114, 1947.

MAGNEL, G. Le calcul des poutres sur terrain elastique. *Technique des Travaux*, 38, 1938.

OHDE, J. Die berechnung der sohldruckverteilung unter grundungskörpern, *Bauingenieur*, 23 Jahrgang, Helf 14/16, Helf 17/18, 1942.

SORIANO, H. L.; LIMA, S. S. *Método dos elementos finitos*. Rio de Janeiro: Escola de Engenharia, UFRJ, 1996.

SÜSSEKIND, J. C. *Curso de análise astrutural*. Rio de Janeiro: Editora Globo, 1973.

SZÉCHY, K. *Der Grundbau*. Wien: Springer Verlag, 1965.

VERDEYEN, J.; ROISIN, V.; NUYENS, J. *Applications de la mécanique des sols*. Paris: Vander/Dunod, 1971.

VESIC, A. S.; JOHNSON, W. Model studies of beams on a silt subgrade. *Journal Soil Mechanics and Foundation Division*, ASCE, v. 89, n. SM 1, Feb. 1963.

WÖLFER, K.-H. *Elastich Gebettete Balken*. Wiesbaden: Bauverlag GmbH, 1971.

ZIENKIEWICZ, O. C. *The finite element method in engineering science*. 2. ed. London: McGraw-Hill, 1971.

Capítulo 9

RADIERS

Segundo a norma brasileira de fundações, a expressão *radier* pode ser usada quando uma fundação superficial associada recebe todos os pilares da obra (*radier geral*) ou quando recebe apenas parte dos pilares da obra (*radier parcial*). Do ponto de vista de projeto, entretanto, estes dois casos podem ser tratados da mesma maneira.

9.1 INTRODUÇÃO

Uma fundação em *radier* é adotada quando:

- as áreas das sapatas se aproximam umas das outras ou mesmo se interpenetram (em consequência de cargas elevadas nos pilares e/ou de tensões de trabalho baixas);
- se deseja uniformizar os recalques (através de uma fundação associada).

Uma orientação prática: quando a área total das sapatas for maior que a metade da área da construção, deve-se adotar o *radier*.

Quanto à forma ou sistema estrutural, os *radiers* são projetados segundo quatro tipos principais (Fig. 9.1):

- *radiers* lisos;
- *radiers* com pedestais ou cogumelos;
- *radiers* nervurados;
- *radiers* em caixão.

Os tipos estão listados em ordem crescente da rigidez relativa. Há, ainda, os *radiers* em abóbadas invertidas, pouco comuns no Brasil.

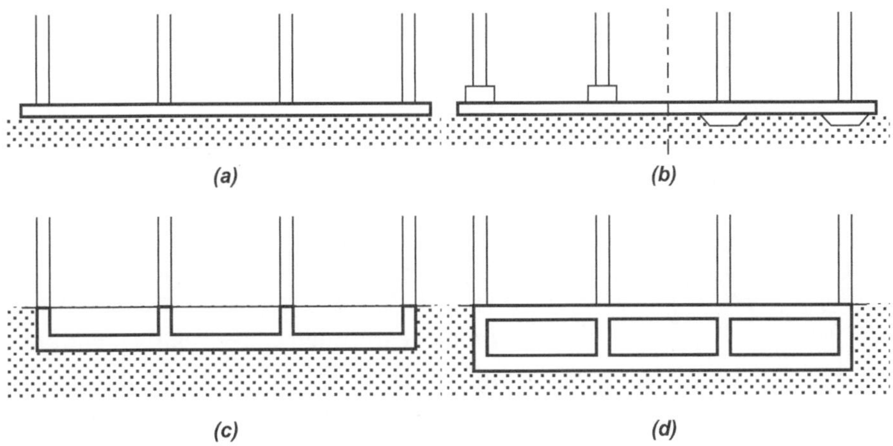

Fig. 9.1 - *Radiers: (a) lisos, (b) com pedestais ou em laje cogumelo, (c) nervurados (vigas invertidas) e (d) em caixão*

9.2 MÉTODOS DE CÁLCULO

É difícil classificar os métodos de cálculo de *radiers*, como foi feito no caso das vigas de fundação, separando métodos estáticos aproximados de métodos matematicamente mais elaborados, de métodos numéricos, de acordo com a natureza do método, ou separando métodos baseados na Hipótese de Winkler de métodos baseados no semiespaço elástico, de acordo com o modelo para o solo, uma vez que os métodos disponíveis têm mais de uma destas características. Assim, decidiu-se apresentar os métodos sem classificá-los.

Uma leitura introdutória sobre o assunto é o trabalho de Teng (1975) do livro editado por Winterkorn e Fang (1975). Outros trabalhos importantes são: Wlasow e Leontiew (1966), Zeevaert (1972), Sherif e Koning (1975), Selvadurai (1979) e Scott (1981). Como trabalhos brasileiros sobre *radiers*, citam-se os de Berberian (1972), Melo e Silva (1981) e Santos (1987).

9.2.1 Cálculo por método estático

Como no caso das vigas de fundação, os esforços internos em *radiers* podem ser calculados pelos chamados *métodos estáticos*, que se baseiam em alguma hipótese sobre a distribuição das pressões de contato, como:

- as pressões variam linearmente sob o *radier*;
- as pressões são uniformes nas áreas de influência dos pilares.

Essas duas hipóteses podem ser vistas, no caso das vigas, na Fig. 8.3. A primeira hipótese se aplica mais a *radiers* mais rígidos, enquanto a segunda, a *radiers* mais flexíveis. Assim, o cálculo que segue a primeira hipótese será chamado de *cálculo com variação linear de pressões*, enquanto o que segue a segunda hipótese, de *cálculo pela área de influencia dos pilares*.

Nos métodos estáticos, nenhuma consideração é feita quanto à compatibilidade de deformações do solo e da estrutura com as reações do solo. Leva-se em conta apenas o equilíbrio estático das cargas atuantes e da reação do terreno. Assim, esses métodos são indicados apenas para o *cálculo de esforços internos* na fundação para seu dimensionamento estrutural (e não para avaliação da *distribuição dos recalques*).

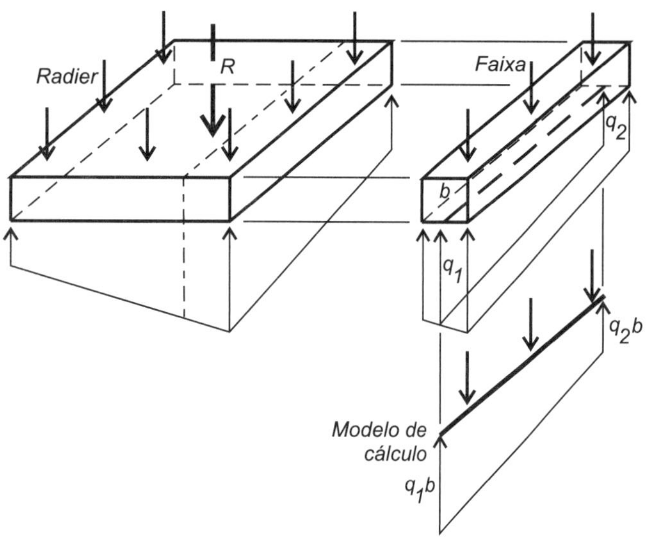

Fig. 9.2 - Pressões de contato variando linearmente sob um radier esquema de cálculo de uma faixa

(a) Cálculo como *radier* rígido ou com variação linear de pressões

Um cálculo por método estático em que se admite variação linear de pressões de contato coincide com aquele em que o *radier* é suposto rígido sobre solo de Winkler. Num cálculo deste tipo, as pressões de contato são determinadas somente a partir da resultante do carregamento (Fig. 9.2). As equações das pressões de contato sob sapatas rígidas podem ser utilizadas (ver item 7.2.1).

Este método normalmente é utilizado para *radiers* de grande rigidez relativa, como no caso de *radiers* nervurados e em caixão. Para efeito de análise, o *radier* é dividido em dois conjuntos de faixas ortogonais. Segundo o A.C.I. (1988), um *radier* pode ser considerado rígido se:

i. o espaçamento entre colunas l atender a:

$$l \leq \frac{1{,}75}{\sqrt[4]{\dfrac{k_v\, b}{4\, E_c\, I}}} \qquad (9.1)$$

onde:

b = largura da faixa de influência da linha de colunas;

k_v = coeficiente de reação vertical (corrigido para a forma e dimensão do *radier*);

$E_c\, I$ = rigidez à flexão da faixa;

ii. a variação nas cargas e espaçamentos das colunas não for maior que 20%.

Para dimensionamento estrutural, as faixas são calculadas como vigas de fundação independentes. As pressões de contato atuantes em cada faixa são projetadas para o eixo das vigas para um cálculo como elemento unidimensional (Fig. 9.2). O problema a resolver recai, então, naquele em que as vigas têm as pressões de contato supostas variando linearmente (Fig. 8.3a).

(b) Cálculo pela área de influência dos pilares

O cálculo pela área de influência dos pilares é geralmente aplicado em *radiers* de rigidez relativa média. O procedimento seguido é (Fig. 9.3a):

a. Determinar a área de influência de cada pilar, A_i.
b. Calcular a pressão média nessa área:

$$q_i = \frac{Q_i}{A_i}$$

c. Determinar uma pressão média atuando nos painéis (média ponderada dos Q_i naquele painel).
d. Calcular, como numa laje de superestrutura, os esforços nas lajes e vigas e as reações nos apoios (pilares).

Se as reações nos apoios forem muito diferentes das cargas nos pilares, devem-se redefinir as pressões médias nos painéis.

Este método é análogo àquele em que as vigas têm suas pressões de contato supostas uniformes nas áreas de influência dos pilares (Fig. 8.3b). Por outro lado, considera a carga dos pilares sem majoração, a despeito da aproximação feita na definição das pressões de contato.

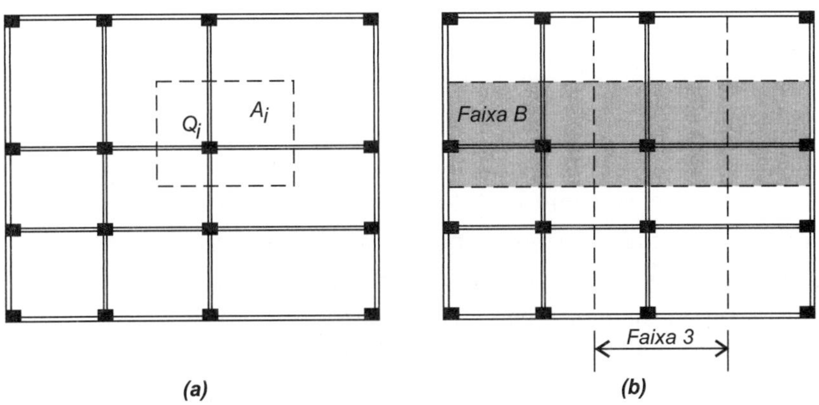

Fig. 9.3 *- Esquema de cálculo de um radier (a) pela área de influência dos pilares e (b) como um sistema de vigas*

Método de Baker

Baker (1957) propôs um método simplificado para cálculo de *radiers* assentes em terrenos cujas propriedades variam horizontalmente, que pode ser considerado um método estático. O método fornece resultados muito próximos de uma solução pelo modelo de Winkler quando o terreno é homogêneo. Além do trabalho de Baker (1957), uma descrição do método pode ser vista em Scott (1981).

9.2.2 Cálculo como um sistema de vigas sobre base elástica

Num cálculo como um sistema de vigas sobre base elástica, separa-se o *radier* em dois sistemas de faixas, como mostrado na Fig. 9.3b (e descrito no item 9.2.1). A partir daí, cada faixa é tratada como uma viga de fundação isolada sobre base elástica (geralmente com a Hipótese de Winkler). Os métodos descritos nos itens 8.3.4 e 8.3.5 podem ser utilizados. Em cada direção de estudo, deve-se tomar a totalidade da carga nos pilares. No Apêndice 6, há um exercício resolvido no qual esse método é utilizado.

9.2.3 Soluções para *radiers* em situação especial

Há algumas soluções matemáticas para *radiers* de forma especial e que estão sujeitos a carregamentos especiais. São casos de *radiers* corridos, caracterizando um problema de *estado plano de deformação*, ou circulares, caracterizando um problema *axissimétrico*. São exemplos (Fig. 9.4): galerias de águas, de metrô etc. (*plano-deformação*); caixas d'água ou cisternas circulares, tanques de óleo, fundações de torres e chaminés (*axissimétrico*).

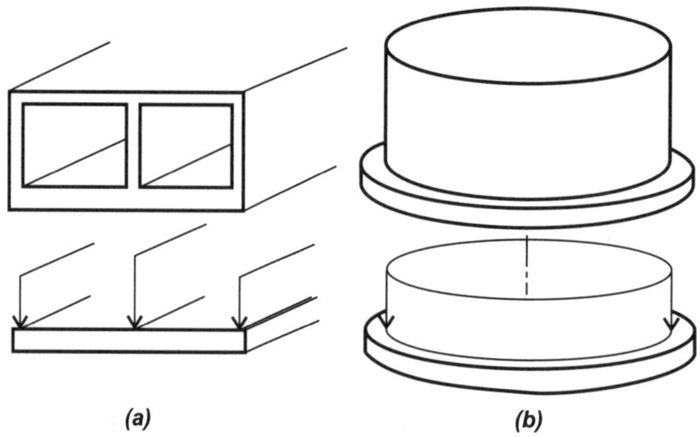

Fig. 9.4 - *Casos especiais : (a) estado plano de deformações e (b) axissimétrico*

Algumas soluções para carregamentos simples de placa circular, como carga distribuída em toda a área ou carga concentrada no centro da placa, foram obtidas por Brown (1969a, 1969b), por exemplo. Soluções para outras possibilidades de carregamento, mais encontradas na prática, foram desenvolvidas por autores alemães, como:

- Kany (1959) → problemas planos (Fig. 9.4a);
- Beyer (1956) → problemas axissimétricos (Fig. 9.4b);
- Grasshoff (1966) → problemas axissimétricos (Fig. 9.4b).

Esses métodos utilizam como modelo o meio elástico contínuo. O método de Grasshoff também foi formulado com base no modelo de Winkler. As formulações desse método constam do Apêndice 5. Berberian (1972) mostrou, em trabalho experimental, que, para *radiers* em areias, a formulação baseada no meio elástico contínuo é mais próxima da realidade.

Uma revisão de métodos mais elaborados matematicamente pode ser vista, por exemplo, em Selvadurai (1979), Scott (1981) e Hemsley (1998).

9.2.4 Método da placa sobre solo de Winkler

O problema da placa delgada sobre solo de Winkler foi estudado por Schleicher (1926) e Hetenyi (1946). O A. C. I. (1966) propôs o cálculo de *radiers* com base na solução obtida por aqueles autores, conforme desenvolvido adiante.

Equações das deformações e esforços internos de placa delgada sobre solo de Winkler

A equação diferencial dos deslocamentos de uma *placa delgada* assente sobre um sistema de molas (Hipótese de Winkler), considerando uma região distante dos carregamentos, é:

$$D\left(\frac{\partial^4 w}{\partial x^4}+\frac{2\partial^4 w}{\partial x^2 \partial y^2}+\frac{\partial^4 w}{\partial y^4}\right)+k_v\ w=0 \tag{9.2}$$

Nesta equação, o parâmetro D é a *rigidez à flexão* da placa (análogo a EI nas vigas) e é dado por:

$$D=\frac{E_c\ t^3}{12\,(1\text{-}\nu^2)} \tag{9.3}$$

onde:

t = espessura da placa;

E_c = Módulo de Young do material da placa (concreto, p.ex.);

ν = Coeficiente de Poisson do material da placa (concreto, p.ex.).

Se a placa e o carregamento possuem simetria radial, a Eq. (9.2) pode tomar a forma:

$$D\left(\frac{d^4 w}{dr^4}+\frac{2}{r}\frac{d^3 w}{dr^3}-\frac{1}{r^2}\frac{d^2 w}{dr^2}+\frac{1}{r^3}\frac{dw}{dr}\right)+k_v\ w=0 \tag{9.4}$$

Numa analogia com o problema da viga, pode-se definir um parâmetro característico β (chamado de *raio de rigidez efetiva*):

$$\beta=\sqrt[4]{\frac{D}{k_v}} \tag{9.5}$$

A solução da Eq. (9.4) pode ser escrita na forma:

$$w=C_1\ Z_1\left(\frac{r}{\beta}\right)+C_2\ Z_2\left(\frac{r}{\beta}\right)+C_3\ Z_3\left(\frac{r}{\beta}\right)+C_4\ Z_4\left(\frac{r}{\beta}\right) \tag{9.6}$$

onde:

C_1, C_2, C_3, C_4 são constantes de integração;

Z_1, Z_2, Z_3, Z_4 são funções tabuladas por Hetenyi (1946), mostradas na Fig. 9.5.

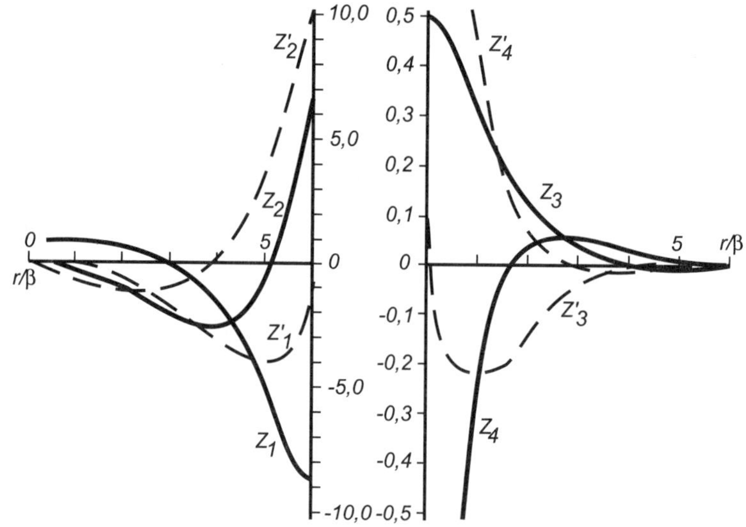

Fig. 9.5 - Funções Z_1, Z_2, Z_3, Z'_3, Z_4, Z'_4 (Hetenyi, 1946)

Para uma carga concentrada distante das bordas da placa, $C_1 = C_2 = C_4 = 0$, a equação do recalque fica:

$$w = C_3 \, Z_3\left(\frac{r}{\beta}\right) \tag{9.7}$$

A constante C_3 é obtida igualando-se a carga P com as pressões de contato, o que leva a:

$$w = \frac{P\beta^2}{4D} Z_3\left(\frac{r}{\beta}\right) \tag{9.8}$$

As rotações e os esforços internos, mostrados na Fig. 9.6, são obtidos pelas equações:

$$\theta = \frac{dw}{dr} = \frac{P\beta^2}{4D} Z_3'\left(\frac{r}{\beta}\right) \tag{9.9}$$

$$M_r = -D\left(\frac{d^2w}{dr^2} + \frac{\nu}{r}\frac{dw}{dr}\right) = -\frac{P}{4}\left(Z_4\left(\frac{r}{\beta}\right) - (1-\nu)\frac{Z_3'\left(\frac{r}{\beta}\right)}{\frac{r}{\beta}}\right) \tag{9.10}$$

$$M_\theta = -D\left(\nu\frac{d^2w}{dr^2} + \frac{1}{r}\frac{dw}{dr}\right) = -\frac{P}{4}\left(\nu\, Z_4\left(\frac{r}{\beta}\right) + (1-\nu)\frac{Z_3'\left(\frac{r}{\beta}\right)}{\frac{r}{\beta}}\right) \tag{9.11}$$

$$Q_r = -D\left(\frac{d^3w}{dr^3} + \frac{1}{r}\frac{d^2w}{dr^2} - \frac{1}{r^2}\frac{dw}{dr}\right) = -\frac{P}{4\beta} Z_4'\left(\frac{r}{\beta}\right) \tag{9.12}$$

onde Z'_3 e Z'_4 são as primeiras derivadas de Z_3 e Z_4. Não há *momentos volventes* (ou *torsores*), devido à axissimetria.

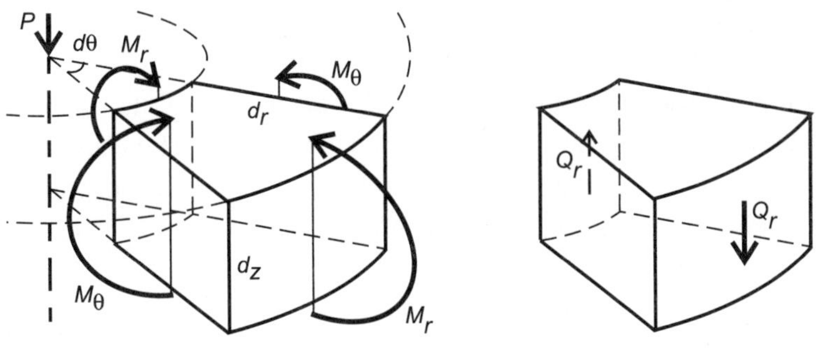

Fig. 9.6 - *Esforços internos em um elemento de placa – problema axissimétrico – (esforços indicados: convencionados positivos)*

Quando se examinam os esforços na origem ($r = 0$), ou seja, no ponto de aplicação da carga, estes tendem para o infinito, o que mostra que a teoria não é satisfatória sob uma carga concentrada. Para contornar esse problema, admite-se que a força concentrada se distribui em uma pequena área, por exemplo sobre um círculo de raio r_o (pilares de qualquer seção podem ser transformados em circulares). Nesse caso, segundo Selvadurai (1979), os esforços no ponto de aplicação da carga serão:

$$M_r(r=0)=M_\theta(r=0)=\frac{P(1+\nu)}{4\pi}\left(\log_e\frac{2\beta}{r_o}+\frac{1}{2}-\xi\right),\ \xi=0{,}5772157 \quad (9.13)$$

$$Q_r(r=0)=\frac{P}{2\pi\, r_o} \quad (9.14)$$

Método do American Concrete Institute

O Método proposto pelo A. C. I. (1966) se baseia na solução acima descrita e é aplicável a *radiers* lisos e flexíveis. Calculam-se os momentos fletores e os cortantes em cada ponto da placa, produzidos por cada pilar. As ações de cada pilar são posteriormente somadas nos pontos em estudo (Fig. 9.7a).

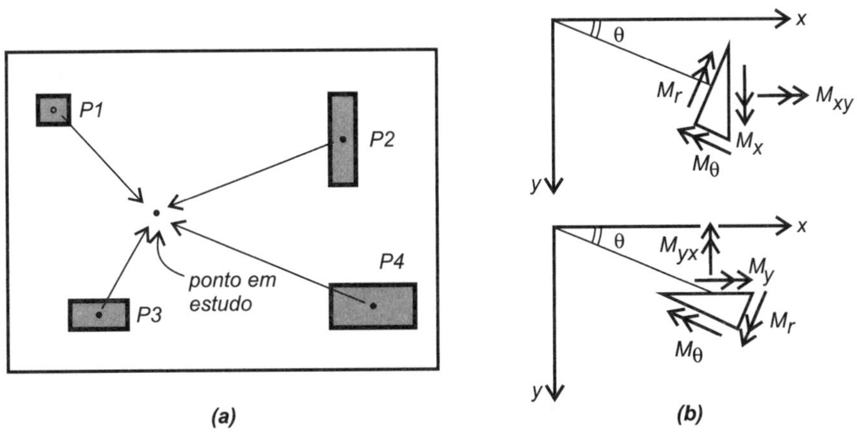

Fig.9.7 - *(a) Esquema de cálculo pelo método do A. C. I. e (b) transformação de momentos fletores obtidos em coordenadas cilíndricas para coordenadas retangulares*

O procedimento do método é o seguinte:

a. Calcula-se a rigidez à flexão da placa D (eq. 9.3).

b. Calcula-se o raio de rigidez efetiva β (eq. 9.5).
c. Escolhe-se um número de pontos da placa nos quais os esforços internos serão calculados. Para cada ponto, são seguidos os passos (d) a (g) abaixo.
d. Calculam-se os momentos fletores radial e tangencial (Eqs. 9.10 e 9.11).
e. Convertem-se os momentos fletores radial e tangencial para momentos, segundo coordenadas retangulares com (Fig. 9.7b):

$$M_x = M_r \, cos^2 \theta + M_\theta \, sen^2 \theta \tag{9.15}$$

$$M_y = M_r \, sen^2 \theta + M_\theta \, cos^2 \theta \tag{9.16}$$

f. Calcula-se o esforço cortante radial com a Eq. (9.12) e converte-se para cortantes, segundo coordenadas retangulares com:

$$Q_x = Q_r \, cos \theta \tag{9.17}$$

$$Q_y = Q_r \, sen \theta \tag{9.18}$$

g. Os passos (d) a (f) são repetidos para cada pilar, e os resultados são somados algebricamente.

Para os esforços em coordenadas retangulares, a notação e a convenção de sinais são as apresentadas na Fig. 9.8, que seguem Timoshenko e Woinowsky-Krieger (1959). Nessa convenção, assim como naquela apresentada na Fig. 9.6, os momentos fletores são positivos quando associados a tensões de tração nas fibras inferiores da placa.

Como o método foi concebido para placa infinita, se a borda do *radier* estiver dentro do raio de influência de um pilar ($r \cong 5\beta$), há que se fazer correções com o objetivo de eliminar momentos fletores e cortantes naquela borda. As correções consistem em calcular os momentos fletores e cortantes na borda e aplicá-los com sinal contrário.

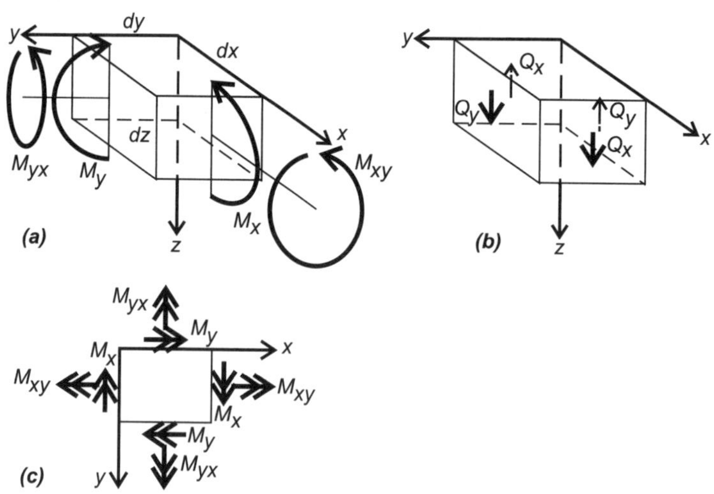

Fig. 9.8 *- (a) Momentos fletores e volventes em um elemento de placa, (b) esforços cortantes e (c) representação dos momentos em planta (esforços indicados: convencionados positivos)*

9.2.5 Método das Diferenças Finitas

Como mencionado no item 8.2.5, no Método das Diferenças Finitas substitui-se a equação diferencial da deformada da placa por um sistema de equações algébricas que relaciona o deslocamento de um ponto aos deslocamentos de pontos vizinhos. Na placa, é imaginada uma malha em cujos cruzamentos estão os pontos em estudo (Fig. 9.9). A primeira formulação do método se deve a Allen e Severn (1960, 1961, 1963).

Para a transformação da equação diferencial em uma equação de diferenças finitas, as derivadas de w são substituídas, de forma aproximada, por funções dos deslocamentos dos nós da malha (w_k no ponto genérico k). Usando-se uma interpolação com operadores centrais, obtém-se:

$$\left(\frac{\partial w}{\partial x}\right)_k = \frac{\Delta\, w_k}{\Delta\, x} = \frac{w_{k+1} - w_{k-1}}{2\Delta\, x} \tag{9.19a}$$

$$\left(\frac{\partial w}{\partial y}\right)_k = \frac{\Delta\, w_k}{\Delta\, y} = \frac{w_i - w_l}{2\Delta\, y} \tag{9.19b}$$

$$\left(\frac{\partial^2 w}{\partial x\, \partial\, y}\right)_k = \frac{\Delta\, ^2 w_k}{\Delta\, x\, \Delta\, y} = \frac{w_{i+1} - w_{i-1} - w_{l+1} + w_{l-1}}{4\Delta\, x\, \Delta\, y} \tag{9.19c}$$

$$\left(\frac{\partial^2 w}{\partial x^2}\right)_k = \frac{\Delta^2\, w_k}{\Delta\, x^2} = \frac{w_{k+1} - 2w_k + w_{k-1}}{\Delta\, x^2} \tag{9.19d}$$

$$\left(\frac{\partial^2 w}{\partial y^2}\right)_k = \frac{\Delta^2\, w_k}{\Delta\, y^2} = \frac{w_i - 2w_k + w_l}{\Delta\, y^2} \tag{9.19e}$$

$$\left(\frac{\partial^3 w}{\partial x^3}\right)_k = \frac{\Delta^3\, w_k}{\Delta\, x^3} = \frac{w_{k+2} - 2w_{k+1} + 2w_{k-1} - w_{k-2}}{2\Delta\, x^3} \tag{9.19f}$$

$$\left(\frac{\partial^3 w}{\partial y^3}\right)_k = \frac{\Delta^3\, w_k}{\Delta\, y^3} = \frac{w_h - 2w_i + 2w_l - w_m}{2\Delta\, y^3} \tag{9.19g}$$

$$\left(\frac{\partial^4 w}{\partial x^2\, \partial y^2}\right)_k = \frac{\Delta^4\, w_k}{\Delta\, x^2\, \Delta\, y^2} = \frac{4w_k - 2(w_{k+1} + w_{k-1} + w_l + w_i) + (w_{i-1} + w_{i+1} + w_{l+1} + w_{l-1})}{\Delta\, x^2\, \Delta\, y^2} \tag{9.19h}$$

$$\left(\frac{\partial^4 w}{\partial x^4}\right)_k = \frac{\Delta^4\, w_k}{\Delta\, x^4} = \frac{w_{k+2} - 4w_{k+1} + 6w_k - 4w_{k-1} + w_{k-2}}{\Delta\, x^4} \tag{9.19i}$$

$$\left(\frac{\partial^4 w}{\partial y^4}\right)_k = \frac{\Delta^4\, w_k}{\Delta\, y^4} = \frac{w_m - 4w_l + 6w_k - 4w_i + w_h}{\Delta\, y^4} \tag{9.19j}$$

A equação diferencial da placa (9.4) se transforma (incluindo uma sobrecarga uniforme p) em:

$$\frac{\Delta^4 w_k}{\Delta x^4}+\frac{2\Delta^4 w_k}{\Delta x^2\,\Delta y^2}+\frac{\Delta^4 w_k}{\Delta y^4}=\frac{p_k}{D}-\frac{k_v\,w_k}{D} \tag{9.20}$$

Fazendo:

$$\frac{\Delta y^2}{\Delta x^2}=\alpha$$

tem-se:

$$w_k\left(6\left(\alpha+\frac{1}{\alpha}\right)+8\right)-4\left[(1+\alpha)(w_{k+1}+w_{k-1})+\left(1+\frac{1}{\alpha}\right)(w_l+w_i)\right]+2(w_{i-1}+w_{l-1}+w_{l+1}+w_{i+1})+$$
$$+\alpha(w_{k+2}+w_{k-2})+\frac{1}{\alpha}(w_m+w_h)=p_k\,\alpha\frac{\Delta x^4}{D}-k_v\,w_k\,\alpha\,\frac{\Delta x^4}{D} \tag{9.21}$$

Essa expressão é válida para um ponto k distante das bordas da placa, como mostrado no trecho de malha interno à placa na Fig. 9.9a e como visto no esquema da Fig. 9.10h. Na Fig. 9.10h, os termos chamados de X seguidos de um número são os coeficientes que multiplicam os deslocamentos w_k, w_{k+1} etc. da Eq. (9.21) acima (o coeficiente de w_k é $6(\alpha+1/\alpha)+8$, p. ex.). Esses coeficientes são úteis para efeito de programação do método e são apresentados na Tab. 9.1, multiplicados por $1/r^2$, sendo $r=\Delta x/\Delta y$.

Se $\Delta x=\Delta y=s$, a Eq. (9.21) se simplifica em:

$$20w_k-8(w_{k+1}+w_{k-1}+w_l+w_i)+2(w_{i-1}+w_{l-1}+w_{l+1}+w_{i+1})+$$
$$+(w_{k+2}+w_{k-2}+w_m+w_h)=p_k\frac{s^4}{D}-k_v\,w_k\frac{s^4}{D} \tag{9.22}$$

Para pontos da placa próximos das suas bordas, os nós vizinhos se situariam fora do domínio da placa, conforme mostrado na Fig. 9.9a. Para contornar esse problema. há duas alternativas: (a) adotar pontos fictícios fora da placa (Fig. 9.9b) ou (b) adotar outras expressões no lugar de (9.21) com derivadas para a frente e para trás, que não requerem pontos fora da placa.

Na primeira alternativa, devem-se buscar mais equações, uma vez que se tem um maior número de incógnitas. Essas equações adicionais são dadas pelas condições de contorno de Kirchhoff associadas a uma placa retangular, de dimensões L_x e L_y, com as bordas livres, que são:

(a) bordas paralelas ao eixo dos y

$$M_x(0,y)=M_x(L_x,y)=0$$

$$V_x=Q_x-\frac{\partial M_{xy}}{\partial y}=0 \quad \text{para} \quad x=0 \;\; e \;\; x=L_x$$

(b) bordas paralelas ao eixo dos x

$$M_y(x,0)=M_y(x,L_y)=0$$

$$V_y=Q_y-\frac{\partial M_{xy}}{\partial x}=0 \quad \text{para} \quad y=0 \;\; e \;\; y=L_y$$

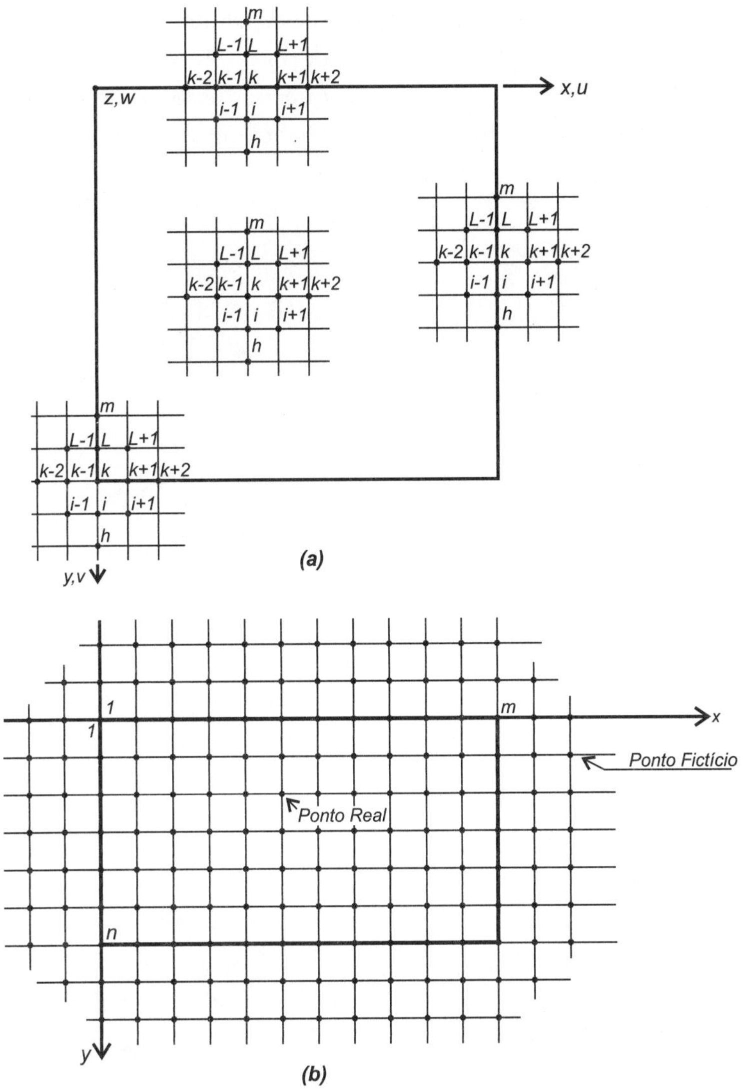

Fig. 9.9 - *Malha para emprego do Método das Diferenças Finitas*

Adicionalmente, têm-se as condições de reações nulas nos cantos das placas:

$$\frac{\partial^2 w}{\partial x \partial y} = 0 \qquad \begin{array}{ll} para\, x = 0 & y = 0 \\ para\, x = Lx & y = 0 \\ para\, x = 0 & y = Ly \\ para\, x = Lx & y = Ly \end{array}$$

Considerando uma malha de m x n pontos nodais (Fig. 9.9b), tem-se um total de $(mn + 4m + 4n + 4)$ incógnitas (que são os deslocamentos w_k dos pontos reais e fictícios). Pelas equações aplicadas aos pontos da malha longe das bordas da placa, obtêm-se m x n equações. Considerando as condições de contorno de Kirchhoff de momentos fletores M_x e M_y, e forças V_x e V_y nulos, têm-se quatro $(m + n)$ equações adicionais. As quatro equações remanescentes são obtidas através da condição de reação nula nos cantos da placa. A partir desse conjunto de equações, os deslocamentos w_k podem ser obtidos pela resolução do sistema assim gerado.

Na segunda alternativa, os deslocamentos dos pontos da placa são relacionados a pontos apenas no domínio da placa, resultando, portanto, num sistema de m x n equações. Esse processo é descrito por Bowles (1974), e as equações para pontos próximos ou sobre as bordas da placa estão indicadas na Fig. 9.10 e seus coeficientes, na Tab. 9.1.

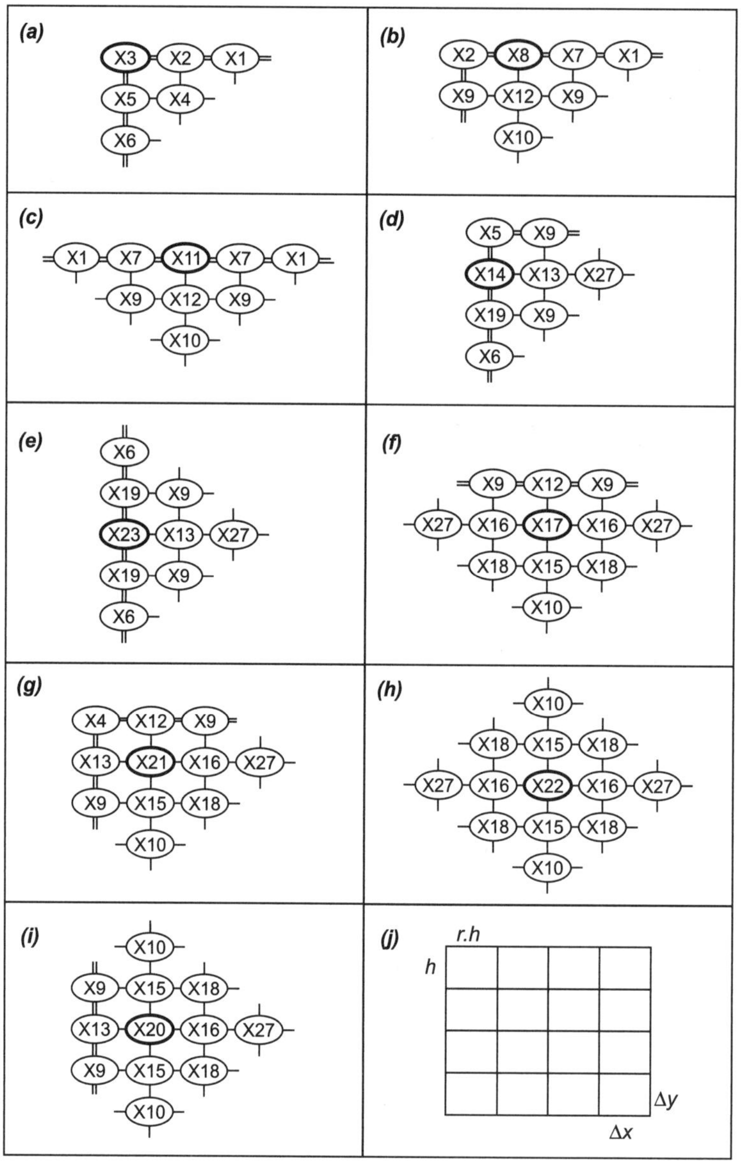

Fig. 9.10 *- Esquema das equações para pontos em diferentes posições da placa e identificação dos coeficientes de deslocamento (Bowles, 1974)*

Nas deduções feitas até o momento, admitiu-se que a carga externa atuante em toda a placa é um carregamento distribuído de valor p (com dimensão FL^{-2}). Quando a carga aplicada for concentrada em um ponto da placa, seus efeitos podem ser levados em consideração de maneira aproximada, substituindo-a por uma carga distribuída equivalente, como mostrado na Fig. 9.11a. Se a carga concentrada não atuar exatamente em um nó da placa, basta distribuí-la pelos nós vizinhos (Fig. 9.11b).

Tab. 9.1 - Coeficientes de deslocamento multiplicados por α ou $1/r^2$ (ver Fig. 9.10)

$X1 = \frac{1}{2r^4}\left(1 - \nu^2\right)$	$X2 = -\frac{1}{r^4}\left(1 - \nu^2\right) - \frac{2}{r^2}(1 - \nu)$
$X3 = \frac{1}{2r^4}\left(1 - \nu^2\right) + \frac{2}{r^2}(1 - \nu) + \frac{1}{2}\left(1 - \nu^2\right)$	$X4 = \frac{2}{r^2}(1 - \nu)$
$X5 = -\frac{2}{r^2}(1 - \nu) - \left(1 - \nu^2\right)$	$X6 = \frac{1}{2}\left(1 - \nu^2\right)$
$X7 = -\frac{2}{r^4}\left(1 - \nu^2\right) - \frac{2}{r^2}(1 - \nu)$	$X8 = \frac{5}{2r^4}\left(1 - \nu^2\right) + \frac{4}{r^2}(1 - \nu) + 1$
$X9 = \frac{1}{r^2}(2 - \nu)$	$X10 = 1$
$X11 = \frac{3}{r^4}\left(1 - \nu^2\right) + \frac{4}{r^2}(1 - \nu) + 1$	$X12 = -\frac{2}{r^2}(2 - \nu) - 2$
$X13 = -\frac{2}{r^4} - \frac{2}{r^2}(2 - \nu)$	$X14 = \frac{1}{r^4} + \frac{4}{r^2}(1 - \nu) + \frac{5}{2}\left(1 - \nu^2\right)$
$X15 = -\frac{4}{r^2} - 4$	$X16 = -\frac{4}{r^4} - \frac{4}{r^2}$
$X17 = \frac{6}{r^4} + \frac{8}{r^2} + 5$	$X18 = \frac{2}{r^2}$
$X19 = -\frac{2}{r^2}(1 - \nu) - 2\left(1 - \nu^2\right)$	$X20 = \frac{5}{r^4} + \frac{8}{r^2} + 6$
$X21 = \frac{5}{r^4} + \frac{8}{r^2} + 5$	$X22 = \frac{6}{r^4} + \frac{8}{r^2} + 6$
$X23 = \frac{1}{r^4} + \frac{4}{r^2}(1 - \nu) + 3\left(1 - \nu^2\right)$	$X27 = \frac{1}{r^4}$ (obs.: ver r na Fig. 9.10j)

Incluindo a carga concentrada, a equação diferencial de flexão da placa, em termos de diferenças finitas, (9.20) passa a ser:

$$\frac{\Delta^4 w_k}{\Delta x^4} + \frac{2\Delta^4 w_k}{\Delta x^2\, \Delta y^2} + \frac{\Delta^4 w_k}{\Delta y^4} = \frac{p_k}{D} - \frac{k_v\, w_k}{D} + \frac{P}{D\, \Delta x \Delta y} \qquad (9.23)$$

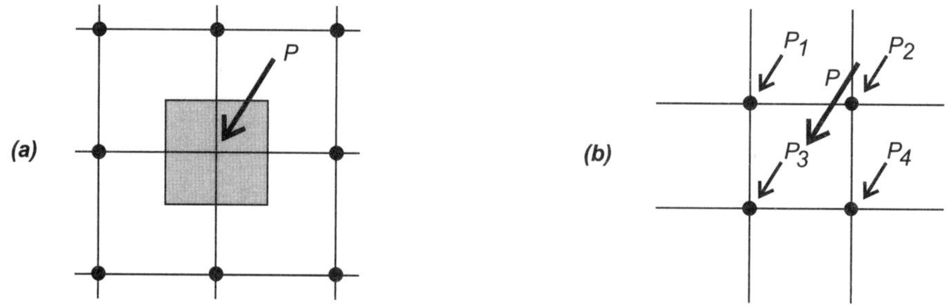

$$p = \frac{P}{\Delta x \, \Delta y} \qquad P_1 = P_2 = P_3 = P_4 = \frac{P}{4}$$

***Fig. 9.11** - Formas de consideração de uma carga concentrada atuando na placa*

Após o cálculo dos deslocamentos dos pontos da malha, é possível, empregando também equações de diferenças finitas centrais, calcular os esforços internos na placa. Pela teoria das placas, temos as seguintes equações diferenciais para momentos fletores e volventes e esforços cortantes (ver convenção de sinais na Fig. 9.8):

$$M_x = -D\left(\frac{\partial^2 w}{\partial x^2} + \nu \frac{\partial^2 w}{\partial y^2}\right) \tag{9.24}$$

$$M_y = -D\left(\frac{\partial^2 w}{\partial y^2} + \nu \frac{\partial^2 w}{\partial x^2}\right) \tag{9.25}$$

$$M_{yx} = -M_{xy} = -D\,(1-\nu)\frac{\partial^2 w}{\partial x\,\partial y} \tag{9.26}$$

$$Q_x = \frac{\partial M_x}{\partial x} + \frac{\partial M_{yx}}{\partial y} \tag{9.27}$$

$$Q_y = \frac{\partial M_y}{\partial y} - \frac{\partial M_{xy}}{\partial x} \tag{9.28}$$

Utilizando-se diferenças finitas, temos as seguintes expressões para os esforços internos em termos dos deslocamentos nodais para um ponto *k* genérico:

$$M_{x,k} = D\left(\frac{-w_{k+1} + 2w_k - w_{k-1}}{\Delta x^2} + \frac{\nu\,(-w_l + 2w_k - w_i)}{\Delta y^2}\right) \tag{9.29}$$

$$M_{y,k} = D\left(\frac{-w_l + 2w_k - w_i}{\Delta y^2} + \frac{\nu\,(-w_{k+1} + 2w_k - w_{k-1})}{\Delta x^2}\right) \tag{9.30}$$

$$M_{xy,k} = \frac{D\,(1-\nu)}{4\,\Delta x\,\Delta y}(w_{l+1} - w_{l-1} - w_{i+1} + w_{i-1}) \tag{9.31}$$

$$Q_{x,k} = \frac{M_{x,k+1} - M_{x,k-1}}{2\,\Delta x} + \frac{M_{yx,i} - M_{yx,l}}{2\,\Delta y} \tag{9.32}$$

$$Q_{y,k} = \frac{M_{y,l} - M_{y,i}}{2\,\Delta y} - \frac{M_{xy,k+1} - M_{xy,k-1}}{2\,\Delta x} \tag{9.33}$$

As pressões de contato podem ser obtidas facilmente através da Hipótese de Winkler:

$$q_k = k_v \; w_k \tag{9.34}$$

Os esforços obtidos são expressos por unidade de largura, sendo os cortantes com dimensão FL^{-1} (p. ex., em kN/m) e os momentos fletores com dimensão FLL^{-1} (p. ex., em kNm/m).

Mais detalhes sobre o método e sua programação podem ser vistos em Bowles (1974), Cheung (1977), Selvadurai (1979) e Santos (1987).

9.2.6 Método dos Elementos Finitos

O Método dos Elementos Finitos é normalmente utilizado por meio de programas comerciais. São utilizados programas para análise linear bi e tridimensional de estruturas, preferencialmente com elementos de placa disponíveis e com possibilidade de apoio elástico.

Para análise do *radier*, um modelo bastante simples consiste no uso de elementos de placa para representar o *radier*, e de molas ou apoios elásticos para representar o solo (Fig. 9.12a). Um segundo modelo de cálculo utiliza elementos de placa ou sólidos para representar o *radier*, e elementos sólidos para representar o solo (Fig. 9.12b). É um modelo bem mais complexo, que permite levar em conta a heterogeneidade espacial do solo.

Comparado a diferenças finitas, um modelo de elementos finitos apresenta maiores possibilidades de acompanhar uma geometria mais complicada da placa (não só em planta, mas também em termos de espessuras) e uma variação do solo num plano horizontal. Caso elementos de placa não estejam disponíveis, um modelo em que faixas do *radier* são substituídas por elementos unidimensionais (tipo viga) conduz a um modelo de grelha, como aquele mostrado na Fig. 8.16.

Os resultados do MEF são influenciados pelo refinamento da malha e pelo tipo de elemento finito implantado no programa. Assim, o engenheiro deve procurar ganhar experiência com o programa, inicialmente analisando casos que têm solução por outros métodos.

Exemplos de aplicação do método podem ser vistos em Cheung e Nag (1968), Melo e Silva (1981) e Santos (1967). Segundo o A. C. I. (1988), as molas nas bordas da placa devem ter sua rigidez aumentada para compensar o fato de que no modelo de Winkler a placa causa recalques apenas sob ela, e não em sua vizinhança.

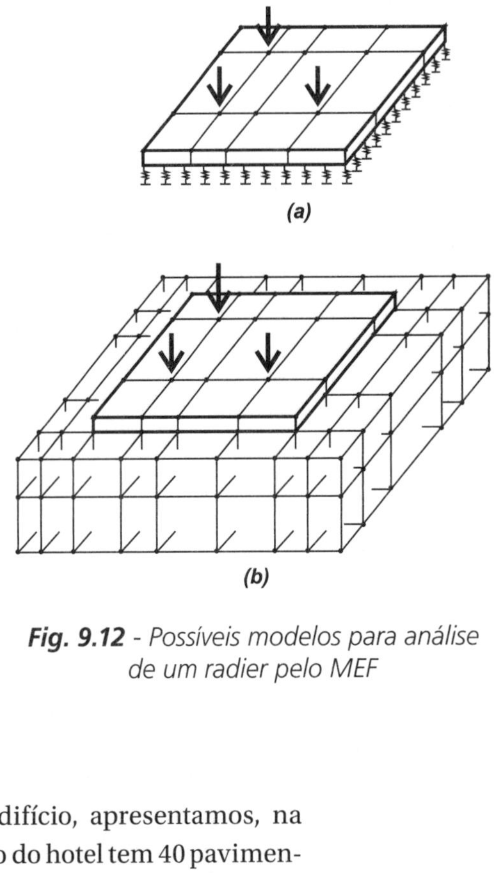

Fig. 9.12 - Possíveis modelos para análise de um radier pelo MEF

9.3 EXEMPLO DE FUNDAÇÃO EM *RADIER*

Para ilustrar a aplicação de *radier* na fundação de um edifício, apresentamos, na Fig. 9.13, as fundações do Hotel Meridien, no Rio de Janeiro. O edifício do hotel tem 40 pavimentos, incluindo 4 pavimentos de subsolo. O terreno no local é constituído basicamente por areia fina e média de compacidade crescente, com profundidade até cerca de 20,0 m, onde aparece solo residual de gnaisse. O nível d'água está a cerca de 2,0 m de profundidade. Como o projeto previa subsolos até a profundidade de 12,70 m, optou-se por uma fundação em *radier* em caixão, aproveitando-se o último nível de subsolo para uma cisterna. A tensão média aplicada pelo *radier* é da ordem de 500 kN/m^2 (0,5 MPa ou 5 kgf/cm^2). Levando-se em conta a subpressão na base do *radier*, devida à submersão de cerca de 11,0 m, a tensão efetiva aplicada ao solo é da ordem de 400 kN/m^2. O subsolo foi executado por método convencional, sendo a escavação suportada por parede diafragma atirantada. A parede diafragma foi incorporada à estrutura do subsolo.

Outros exemplos podem ser vistos em Hemsley (2000).

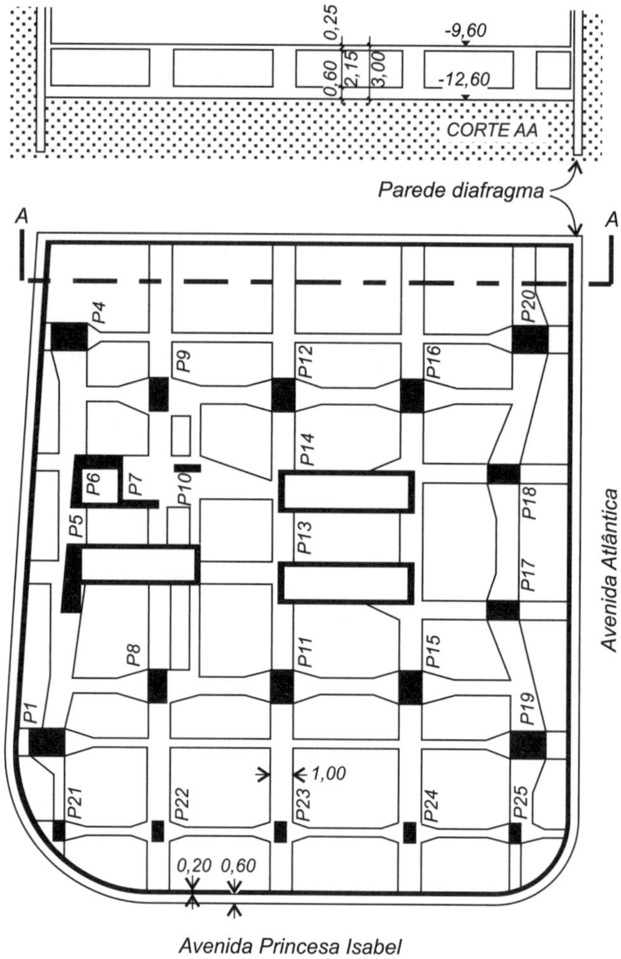

***Fig. 9.13** - Radier de fundação do Hotel Meridien, Rio de Janeiro (cortesia Projectum Enga.)*

REFERÊNCIAS

ALLEN, D. N. G.; SEVERN, R. T. The stresses in foundation rafts - I. *Proceedings of the Institution of Civil Engineers*, 1960. v. 15, p. 35-48.

ALLEN, D. N. G.; SEVERN, R. T. The stresses in foundation rafts - II. *Proceedings of the Institution of Civil Engineers*, 1961. v. 20, p. 293-304.

ALLEN, D. N. G.; SEVERN, R. T. The stresses in foundation rafts - III. *Proceedings of the Institution of Civil Engineers*, 1963. v. 25, p. 257-266.

AMERICAN CONCRETE INSTITUTE (A. C. I.). Suggested design procedures for combined footings and mats. Report by ACI Committee 436. *Journal of the A. C. I.*, p. 1041-1057, Oct. 1966.

AMERICAN CONCRETE INSTITUTE (A. C. I.). Suggested analysis and design procedures for combined footings and mats. Report by ACI Committee 336, *Journal of the A.C.I.*, p. 304-324, May-June, 1988.

BAKER, A. L. L. *Raft foundations*. 3. ed. London: Concrete Publications Ltd., 1957.

BERBERIAN, D. *Análise de placas circulares sobre base elástica*. Tese M. Sc. COPPE-UFRJ, Rio de Janeiro, 1972.

BEYER, K. *Die Statik in Stahlbetonbau*. Berlin: Springer Verlag, 1956.

BOWLES, J. E. *Analytical and computer methods in foundation engineering*. New York: McGraw-Hill Book Co., 1974.

BROWN, P. T. Numerical analyses of uniformly loaded circular rafts on elastic layers of finite depth. *Geotechnique*, v. 19, p. 301-306, 1969a.

BROWN, P. T. Numerical analyses of uniformly loaded circular rafts on deep elastic foundations. *Geotechnique*. v. 19, p. 399-404, 1969b.

CHEUNG, Y. K. Beams, slabs and pavements. In: DESAI, C. S.; CHRISTIAN, J. T. (ed.). *Numerical methods in geotechnical engineering*. New York: McGraw-Hill Book Co., 1977. Chap. 5.

CHEUNG, Y. K.; NAG, D. K. Plates and beams on elastic foundations - linear and non-linear behaviour. *Geotechnique*, v.. 18, n. 2, p. 250-260, 1968.

GRASSHOFF, H. *Das steife bauwerk auf nachgiebigem untergrund*. Berlin: W. Ernst und Sohn, 1966.

HEMSLEY, J. A. *Elastic analysis of raft foundations*. London: Thomas Telford, 1998.

HEMSLEY, J. A. (Ed.). *Design applications of raft foundations*. London: Thomas Telford, 2000.

HETENYI, M. *Beams on elastic foundation*. Ann Arbour: University of Michigan Press, 1946.

HIRSCHFELD, K. *Baustatik*. Berlin: Springer Verlag, 1959.

KANY, M. *Berechnung von Flachengründungen*. Berlin: W. Ernst und Sohn, 1959.

MELO, C. E.; SILVA, L. T. G. Comparative analysis of four methods for the design of mats. *Solos e Rochas*, v. 4, n. 2, 1981.

SANTOS, M. J. C. *Contribuição ao projeto de fundações em radier*, Tese M.Sc. COPPE-UFRJ, Rio de Janeiro, 1987.

SHERIF, G.; KONING, G. *Platten und balken auf nachgiebigen baugrund*. Berlin: Springer Verlag, 1975.

SCHLEICHER, F. *Kreisplatten auf Elastischer Unterlage*. Berlin: Julius Springer, 1926.

SCOTT, R. F. *Foundation analysis*. Englewood Cliffs: Prentice-Hall, 1981.

SELVADURAI, A. P. S. *Elastic analysis of soil-foundation interaction*. Amsterdam: Elsevier, 1979.

TENG, W. C. Mat foundations. In: WINTERKORN, H. F.; FANG, H. Y. (Ed.). *Foundation engineering handbook*. New York: Van Nostrand Reinhold Co., 1975.

TIMOSHENKO, S. P.; WOINOWSKY-KRIEGER, S. *Theory of plates and shells*. New York: McGraw-Hill Book Co., 1959.

VLASOW, V. Z.; LEONTIEV, U. N. *Beams, plates and shells on elastic foundations*. Jerusalem: Israel Program for Scientific Translations, 1966.

ZEEVAERT, D. *Foundation engineering for difficult subsoil conditions*. New York: Van Nostrand Reinhold Co., 1972.

APÊNDICE 1

Tabelas e Ábacos para Cálculo de Acréscimos de Tensão e Recalques pela Teoria da Elasticidade

A1.1 Cálculo de recalques sob o centro de área circular carregada

$$w_z = w_0 - q\,B\frac{(1-\nu^2)}{E}\,I_z$$

$$w_0 = qB\;\frac{1-\nu^2}{E}\,I_0\;,\;\;I_0 = 0{,}7853$$

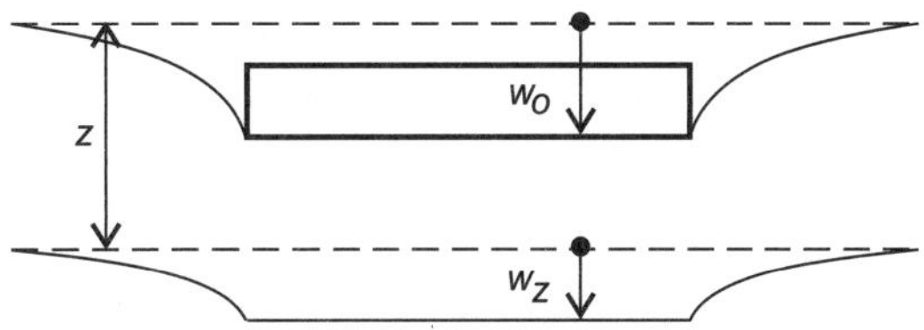

Fig. A1.1 - Esquema do cálculo de recalques

Tabela A1.1 - Fatores de forma I_z

z/B	ν = 0,50	0,33	0,25	0
0,10	0,0025	0,0269	0,0345	0,0506
0,20	0,0178	0,0616	0,0753	0,1040
0,30	0,0496	01056	0,1232	0,1599
0,40	0,0935	0,1554	0,1748	0,2154
0,50	0,1427	0,2061	0,2260	0,2677
0,60	0,1921	0,2545	0,2741	0,3151
0,70	0,2388	0,2986	0,3176	0,3570
0,80	0,2814	0,3384	0,3563	0,3937
0,90	0,3196	0,3734	0,3903	0,4257
1,00	0,3536	0,4043	0,4202	0,4536
1,20	0,4105	0,4555	0,4697	0,4992
1,40	0,4555	0,4957	0,5083	0,5347
1,60	0,4916	0,5277	0,5391	0,5628
1,80	0,5210	0,5537	0,5640	0,5855
2,00	0,5453	0,5751	0,5845	0,6041
2,50	0,5905	0,6149	0,6226	0,6386
3,00	0,6217	0,6423	0,6488	0,6623
3,50	0,6445	0,6622	0,6678	0,6795
4,00	0,6617	0,6773	0,6822	0,6925
5,00	0,6861	0,6986	0,7026	0,7108
6,00	0,7024	0,7129	0,7162	0,7231
8,00	0,7231	0,7310	0,7334	0,7386
10,00	0,7355	0,7418	0,7438	0,7480
20,00	0,7604	0,7636	0,7645	0,7667
∞	0,7853	0,7853	0,7853	0,7853

A1.2 Cálculo de tensões sob área circular carregada

$$\Delta \sigma_z = q\, I_\sigma$$

Tab. A1.2 - Fatores de influência para tensões $I\sigma$ (Vesic)

z/r \ x/r	0	0,2	0,4	0,6	0,8	1,0	1,2	1,5	2	3	4	5	6
0	1,0	1,0	1,0	1,0	1,0	,5	0	0	0	0	0	0	0
0,1	,999	,999	,998	,996	,976	,484	,017	,001	,000	,000	,000	,000	
0,2	,992	,991	,987	,970	,890	,468	,077	,008	,001	,000	,000	,000	,000
0,3	,976	,973	,963	,922	,793	,451	,136	,022	,003	,000	,000		
0,4	,949	,943	,920	,860	,713	,435	,179	,041	,006				
0,5	,911	,902	,869	,796	,646	,417	,207	,060	,011	,000	,000	,000	,000
0,6	,864	,852	,814	,732	,591	,400	,224	,079	,022				
0,7	,811	,798	,756	,674	,545	,367	,233	,095					
0,8	,756	,742	,699	,619	,504	,366	,237	,109					
0,9	,701	,688	,644	,570	,467	,349	,238	,119					
1,0	,646	,633	,591	,525	,434	,332	,235	,127	,042	,006	,002	,000	,000
1,2	,547	,535	,501	,447	,377	,300	,226	,136	,053	,009	,002	,001	,000
1,5	,424	,416	,392	,355	,308	,256	,205	,138	,065	,015	,004	,001	,001
2	,284	,286	,268	,248	,224	,196	,167	,126	,073	,022	,008	,003	,001
2,5	,200	,197	,191	,180	,167	,151	,134	,109	,072	,028	,011	,005	,002
3	,146	,145	,141	,135	,127	,118	,108	,092	,067	,031	,014	,006	,003
4	,087	,086	,085	,082	,080	,075	,072	,065	,053	,031	,017	,009	,005
5	,057	,057				,052			,040	,028	,018	,011	,007
6	,040					,038			,031	,024	,017	,011	,007

A1.3 Cálculo de tensões sob o canto de área retangular carregada

$\Delta \sigma_z = q \, I_\sigma$

Tab. A1.3 - Fatores de influência para tensões I_σ (Vesic)

z/B \ L/B	1,0	1,2	1,4	1,6	1,8	2,0	3,0	4,0	5,0	10	100
0,1	0,2498	0,2499	0,2499	0,2499	0,2499	0,2499	0,2499	0,2499	0,2499	0,2499	,2499
0,2	0,2486	0,2489	0,2491	0,2491	0,2491	0,2491	0,2492	0,2492	0,2492	0,2492	0,2492
0,3	0,2455	0,2464	0,2468	0,2470	0,2472	0,2472	0,2474	0,2474	0,2474	0,2474	0,2474
0,4	0,2401	0,2420	0,2429	0,2434	0,2437	0,2439	0,2442	0,2443	0,2443	0,2443	0,2443
0,5	0,2325	0,2356	0,2373	0,2382	0,2388	0,2391	0,2397	0,2398	0,2398	0,2399	0,2399
0,6	0,2229	0,2275	0,2301	0,2315	0,2324	0,2330	0,2339	0,2341	0,2342	0,2342	0,2342
0,7	0,2119	0,2180	0,2215	0,2236	0,2249	0,2257	0,2271	0,2274	0,2275	0,2276	0,2276
0,8	0,1999	0,2075	0,2120	0,2147	0,2165	0,2176	0,2196	0,2200	0,2202	0,2202	0,2202
0,9	0,1876	0,1964	0,2018	0,2053	0,2075	0,2089	0,2116	0,2122	0,2124	0,2125	0,2125
1,0	0,1752	0,1851	0,1914	0,1955	0,1981	0,1999	0,2034	0,2042	0,2044	0,2046	0,2046
1,2	0,1516	0,1628	0,1705	0,1757	0,1793	0,1818	0,1870	0,1882	0,1885	0,1888	0,1888
1,4	0,1305	0,1423	0,1508	0,1569	0,1613	0,1644	0,1712	0,1730	0,1735	0,1740	0,1740
1,6	0,1123	0,1241	0,1329	0,1396	0,1445	0,1482	0,1566	0,1590	0,1598	0,1604	0,1604
1,8	0,0969	0,1083	0,1172	0,1240	0,1294	0,1334	0,1434	0,1463	0,1474	0,1482	0,1483
2,0	0,0840	0,0947	0,1034	0,1103	0,1158	0,1202	0,1314	0,1350	0,1363	0,1374	0,1375
2,5	0,0602	0,0691	0,0767	0,0832	0,0886	0,0931	0,1063	0,1114	0,1134	0,1153	0,1154
3,0	0,0447	0,0519	0,0583	0,0640	0,0689	0,0732	0,0870	0,0931	0,0959	0,0987	0,0990
3,5	0,0343	0,0401	0,0454	0,0503	0,0546	0,0585	0,0720	0,0788	0,0822	0,0859	0,0863
4,0	0,0270	0,0318	0,0362	0,0403	0,0441	0,0475	0,0603	0,0674	0,712	0,0758	0,0764
5,0	0,0179	0,0212	0,0243	0,0273	0,0301	0,0328	0,0435	0,0504	0,0547	0,0610	0,0620
6	0,0127	0,0151	0,0174	0,0196	0,0217	0,0238	0,0325	0,0388	0,0431	0,0506	0,0521
8	0,0073	0,0087	0,0101	0,0114	0,0127	0,0140	0,0198	0,0246	0,0283	0,0367	0,0394
10	0,0047	0,0056	0,0065	0,0074	0,0083	0,0092	0,0132	0,0168	0,0198	0,0279	0,0316
20	0,0012	0,00146	0,0017	0,0019	0,0021	0,0024	0,0035	0,0046	0,0057	0,0099	0,0159

A1.4 Ábaco para cálculo de tensões sob área circular carregada

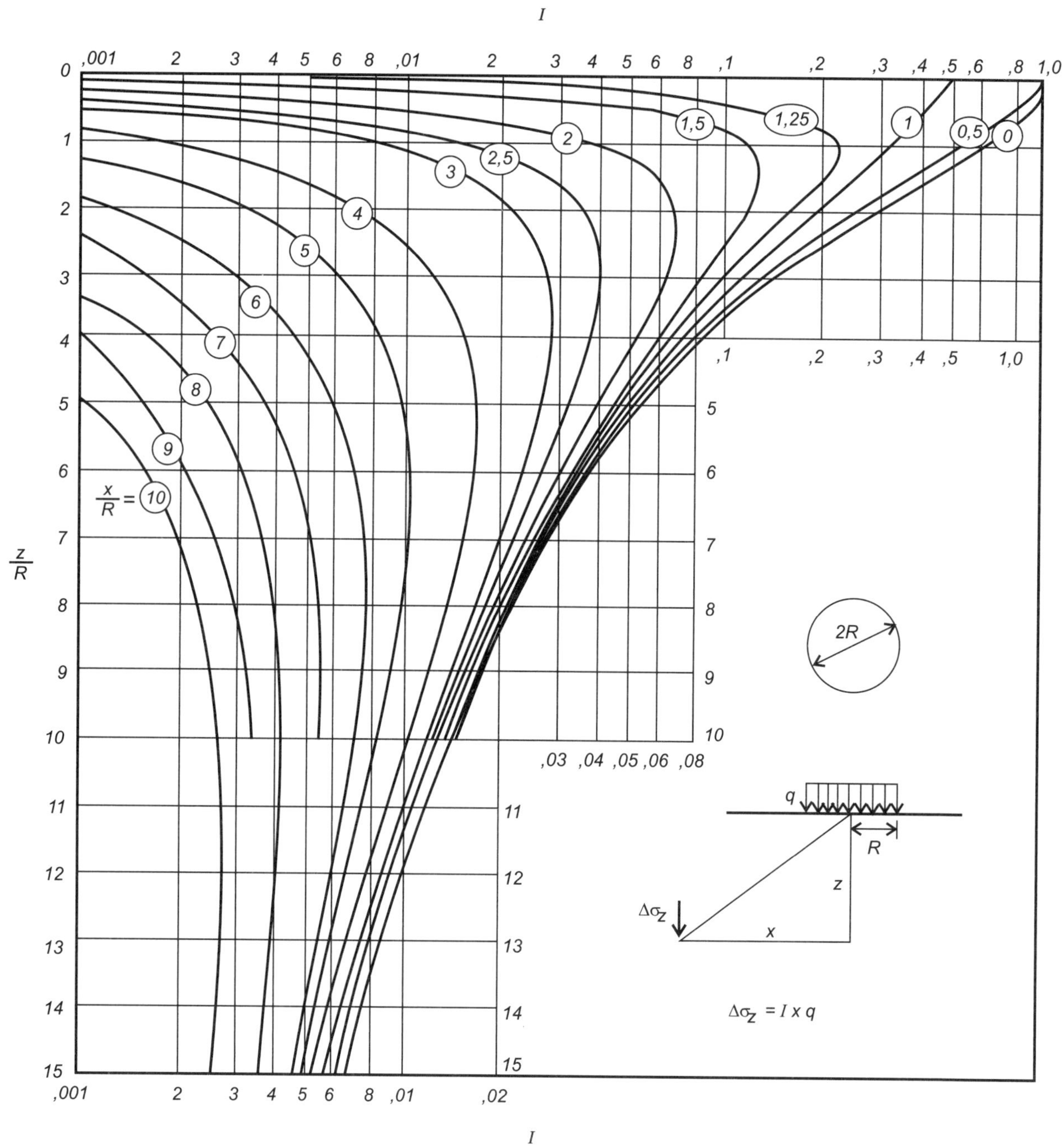

REFERÊNCIA

FOSTER, C. R. e AHLVIN, R. G. Stresses and defections induced by a uniform circular load, Proc. *Highway Research Board*, n. 34, 1954.

A1.5 Ábaco para cálculo de tensões sob o canto de área retangular carregada

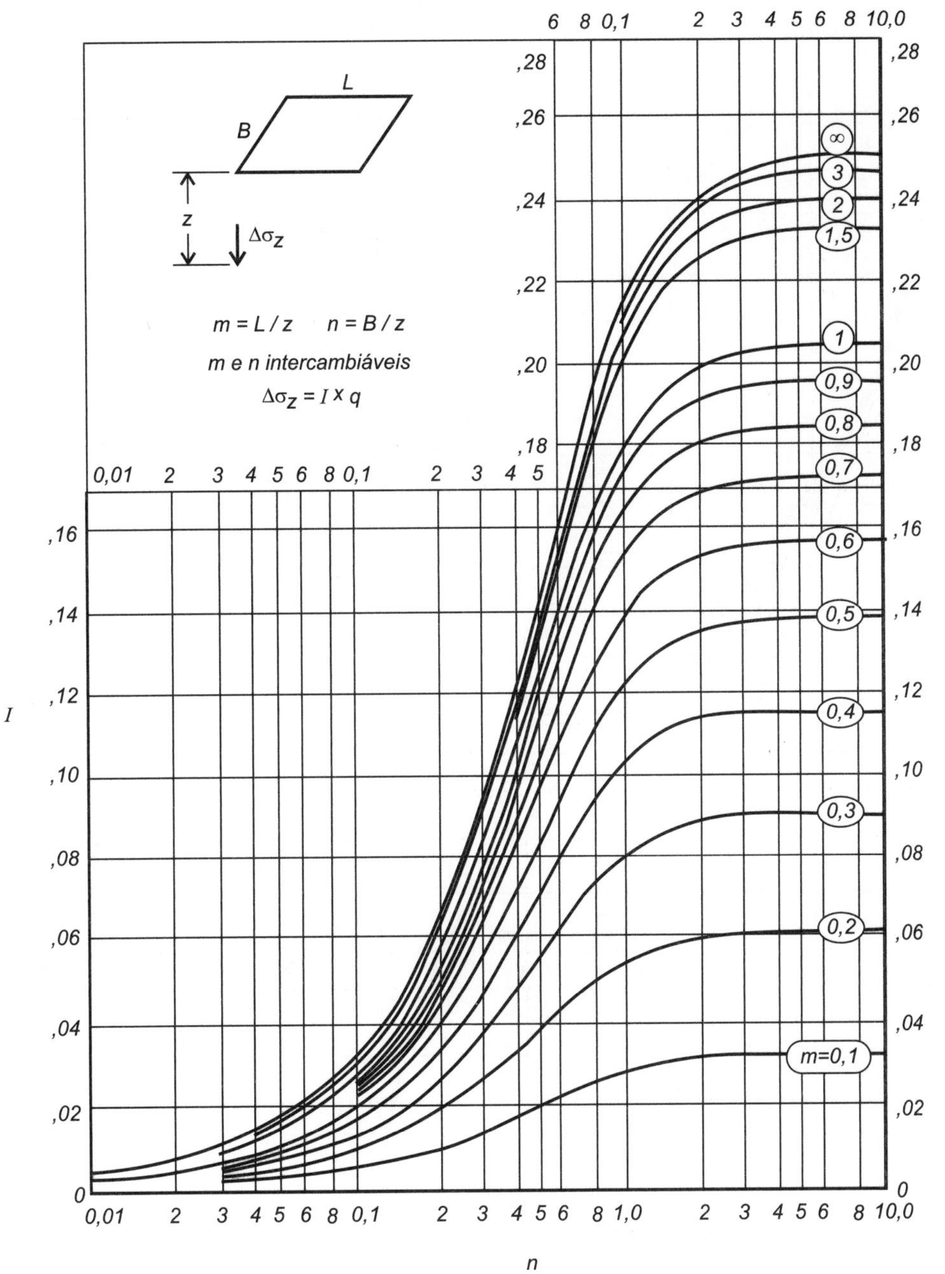

REFERÊNCIA

FADUM, R. E. Influence values for estimating stresses in elastic foundations, *Proceedings*... 2., ICSMFE, Rotterdam, 1948.

A1.6 Ábaco para cálculo de recalque sob área retangular carregada

$$w_o = q\, a \frac{1-\nu^2}{E} f_o$$

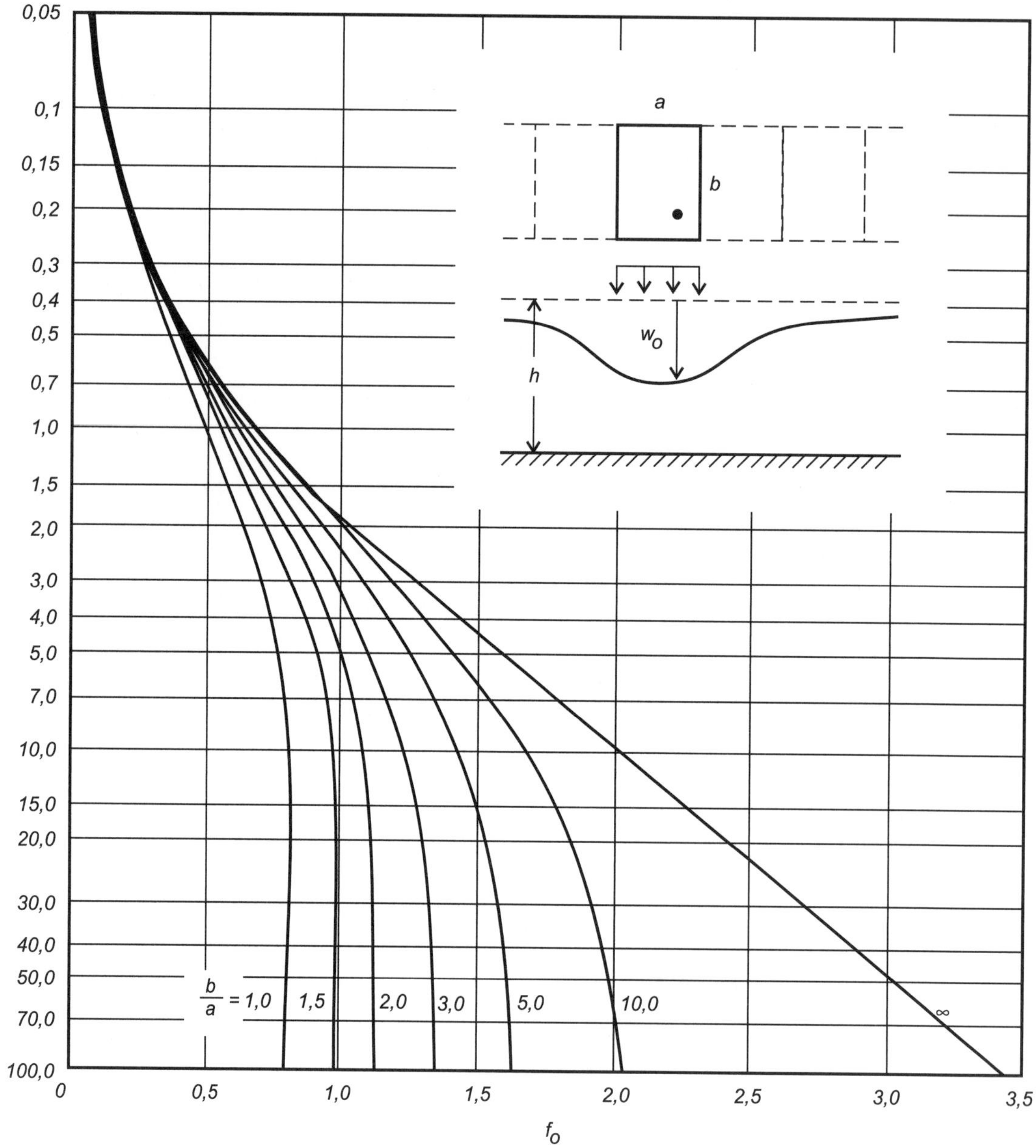

REFERÊNCIA

KANY, M. *Berechnung von Flächengründungen*, 2. Auflage, Berlin: W. Ernst und Sohn 1974.

A1.7 Ábaco para cálculo de recalque ao lado de área retangular carregada

$$w_2 = q\,a\frac{1-\nu^2}{E}f_2$$

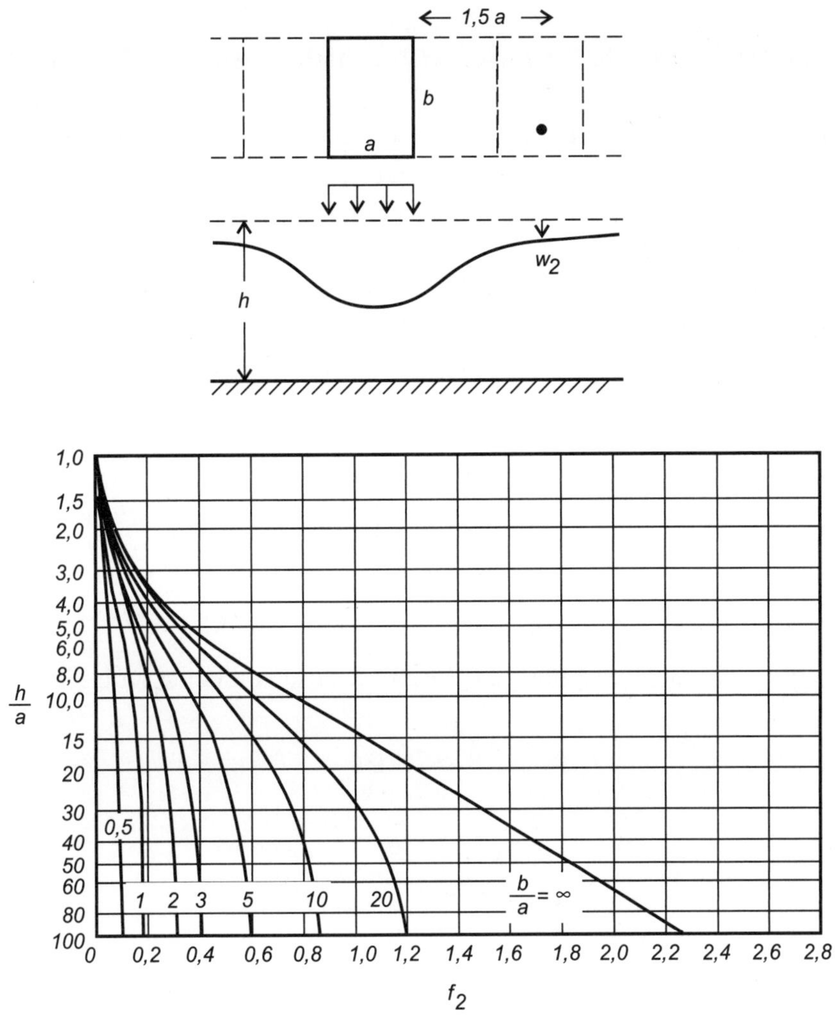

REFERÊNCIA

KANY, M. *Berechnung von Flächengründungen*, 2. Auflage, Berlin: W. Ernst und Sohn, 1974.

APÊNDICE 2

Cálculo do Acréscimo de Tensões sob Fundações pelo Método de Salas

O Método de Salas (1948) permite calcular o acréscimo de tensões em um ponto % ou em vários pontos de uma vertical % devido a um conjunto de áreas carregadas de geometria qualquer. Pode ser classificado como um dos chamados "métodos das áreas de influência", como é o método de Newmark.

Um círculo de raio *R*, carregado uniformemente em sua superfície, produz, a uma profundidade *z*, uma tensão vertical:

$$\Delta\sigma_z = q\, I_{R,z}$$

onde:

$I_{R,z}$ é um coeficiente de influência dado por:

$$I_{R,z} = 1 - \frac{z^3}{(R^2 + z^2)^{3/2}}$$

Para uma coroa definida pelos raios *R* e *R+1*, a tensão induzida será:

$$\Delta\sigma z = q\, I_{R,R+1,z}$$

onde:

$$I_{R,R+1,z} = \frac{z^3}{(R^2 + z^2)^{3/2}} - \frac{z^3}{\left[(R+1)^2 + z^2\right]^{3/2}}$$

Se a área carregada cobre apenas um setor da coroa, que corresponde a uma percentagem A daquela coroa, a tensão será:

$$\Delta\sigma_z = q\, I_{R,R+1,z}\, A(\%)\,/100$$

Esta percentagem é chamada de *peso do setor de coroa*.

Pode-se desenhar um *ábaco de influência* em que os raios e as percentagens dos setores de coroa são preestabelecidos, como aquele mostrado na Fig. A2.1. Neste ábaco, o raio foi dividido em vinte partes, ficando, portanto, os setores de coroa com peso de 5%. As divisões do raio podem ser diminuídas longe do centro do ábaco (como foi feito na Fig. A2.1, em que foram dobradas a partir da 10ª divisão) com o objetivo de diminuir os cálculos sem prejuízo da precisão. Os fatores de influência (função do intervalo R - $R + \Delta R$, e de z) constam da Tab. A2.1.

O procedimento completo do método é:

1. preparar um ábaco de influência (como o da Fig. A2.1);

2. desenhar (ou superpor) sobre o ábaco a planta das áreas carregadas (planta das sapatas, p. ex.), ficando o(s) ponto(s) onde se deseja conhecer as tensões no centro do ábaco, numa escala tal que todas as áreas caiam dentro do ábaco; vamos supor que a escala da planta seja *1/E;*
3. calcular o parâmetro λ, que é o produto $\Delta R.\ E$;
4. determinar as interseções da(s) área(s) carregada(s) com os setores de coroa *A* (%) e levar a uma planilha;
5. tirar os fatores de influência da Tab. A2.1 para cada profundidade em estudo (função de z/λ);
6. multiplicar $q.\ A$ (ou $q.\ A(\%)/100$) pelos fatores de influência;
7. somar os produtos do passo anterior para obter $\Delta\sigma_z$.

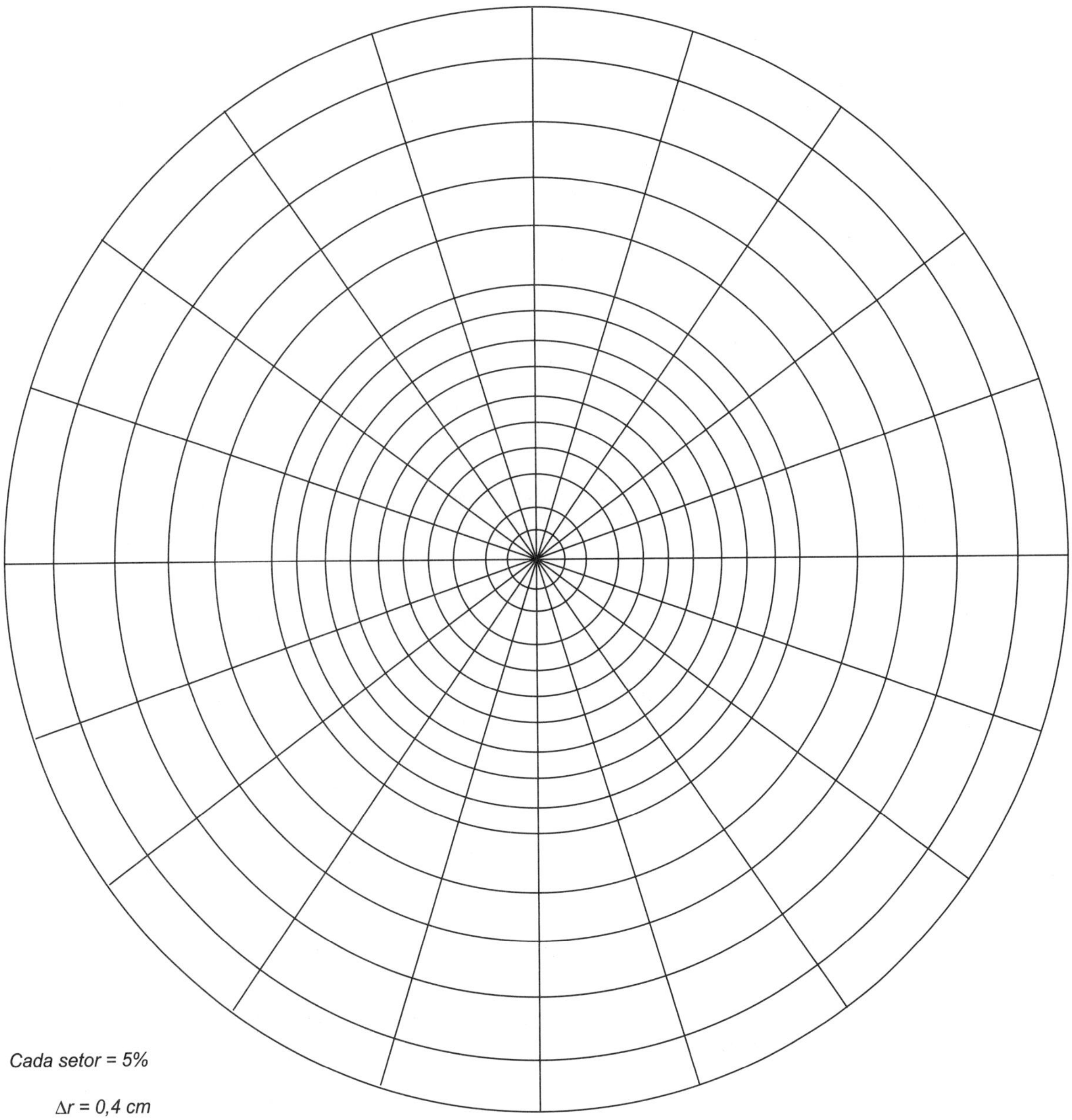

Cada setor = 5%

Δr = 0,4 cm

← 8 cm →

Fig. A2.1 *- Ábaco de influência de Salas*

Tab. A2.1 - Fatores de influência (função do intervalo R a $R + \Delta R$, e de z)

R/λ \ $z\lambda$	0,1	0,2	0,3	0,4	0,5	0,6	0,7	0,8	0,9	1	2	3	4	5
20-18	0	0	0	0	0	0	0	0	0	0,0001	0,0004	0,0012	0,0027	0,0049
18-16	0	0	0	0	0	0	0	0	0,0001	0,0001	0,0006	0,0018	0,0041	0,0074
16-14	0	0	0	0	0	0	0	0,0001	0,0001	0,0001	0,0009	0,0029	0,0065	0,0115
14-12	0	0	0	0	0	0	0,0001	0,0001	0,0002	0,0002	0,0016	0,0051	0,0109	0,0189
12-10	0	0	0	0	0	0,0001	0,0001	0,0002	0,0003	0,0004	0,0031	0,0095	0,0196	0,0325
10-9	0	0	0	0	0	0,0001	0,0001	0,0002	0,0002	0,0004	0,0027	0,0079	0,0158	0,0251
9-8	0	0	0	0	0,0001	0,0001	0,0002	0,0003	0,0004	0,0006	0,0040	0,0117	0,0225	0,0343
8-7	0	0	0	0,0001	0,0001	0,0002	0,0003	0,0005	0,0007	0,0009	0,0065	0,0179	0,0327	0,0475
7-6	0	0	0	0,0001	0,0002	0,0004	0,0006	0,0008	0,0012	0,0016	0,0109	0,0283	0,0486	0,0660
6-5	0	0	0,0001	0,0002	0,0004	0,0007	0,0011	0,0017	0,0023	0,0031	0,0196	0,0467	0,0731	0,0912
5-4	0	0,0001	0,0002	0,0005	0,0009	0,0016	0,0025	0,0036	0,0050	0,0067	0,0382	0,0798	0,1098	0,1226
4-3	0	0,0002	0,0006	0,0013	0,0025	0,0042	0,0066	0,0096	0,0131	0,0174	0,0812	0,1376	0,1585	0,1544
3-2	0,0001	0,0007	0,0023	0,0052	0,0098	0,0162	0,0243	0,0341	0,0454	0,0578	0,1829	0,2225	0,2035	0,1699
2-1	0,0009	0,0066	0,0205	0,0437	0,0752	0,1125	0,1525	0,1926	0,2303	0,2641	0,3620	0,2778	0,1975	0,1425
1-0	0,9990	0,9925	0,9763	0,9488	0,9106	0,8638	0,8114	0,7562	0,7006	0,6465	0,2845	0,1462	0,0869	0,0571

R/λ \ $z\lambda$	6	7	8	9	10	20	30	40	50	60	70	80	90	100
20-18	0,0079	0,0116	0,0158	0,0203	0,0251	0,0571	0,0545	0,0428	0,0325	0,0249	0,0195	0,0155	0,0126	0,0104
18-16	0,0117	0,0168	0,0225	0,0284	0,0343	0,0655	0,0564	0,0421	0,0310	0,0233	0,0180	0,0143	0,0115	0,0095
16-14	0,0178	0,0250	0,0327	0,0403	0,0475	0,0737	0,0572	0,0404	0,0290	0,0215	0,0164	0,0129	0,0104	0,0085
14-12	0,0283	0,0385	0,0486	0,0579	0,0660	0,0807	0,0563	0,0379	0,0265	0,0193	0,0146	0,0114	0,0091	0,0075
12-10	0,0468	0,0607	0,0731	0,0834	0,0912	0,0850	0,0534	0,0343	0,0234	0,0169	0,0127	0,0098	0,0079	0,0064
10-9	0,0345	0,0428	0,0495	0,0542	0,0571	0,0428	0,0249	0,0155	0,0104	0,0074	0,0056	0,0043	0,0034	0,0028
9-8	0,0453	0,0541	0,0603	0,0640	0,0655	0,0421	0,0233	0,0143	0,0095	0,0067	0,0050	0,0039	0,0031	0,0025
8-7	0,0596	0,0680	0,0727	0,0743	0,0737	0,0404	0,0215	0,0129	0,0085	0,0060	0,0045	0,0034	0,0027	0,0022
7-6	0,0779	0,0841	0,0858	0,0842	0,0807	0,0379	0,0193	0,0114	0,0075	0,0053	0,0039	0,0030	0,0024	0,0019
6-5	0,0998	0,1011	0,0978	0,0920	0,0850	0,0343	0,0169	0,0098	0,0064	0,0045	0,0033	0,0026	0,0020	0,0016
5-4	0,1227	0,1157	0,1057	0,0951	0,0849	0,0299	0,0142	0,0082	0,0053	0,0037	0,0027	0,0021	0,0017	0,0013
4-3	0,1395	0,1220	0,1053	0,0907	0,0783	0,0243	0,0113	0,0064	0,0041	0,0029	0,0021	0,0016	0,0013	0,0011
3-2	0,1383	0,1124	0,0922	0,0764	0,0641	0,0180	0,0082	0,0046	0,0030	0,0021	0,0015	0,0012	0,0009	0,0008
2-1	0,1059	0,0812	0,0639	0,0516	0,0423	0,0111	0,0050	0,0028	0,0018	0,0012	0,0009	0,0007	0,0006	0,0005
1-0	0,0403	0,0299	0,0230	0,0182	0,0148	0,0037	0,0017	0,0009	0,0006	0,0004	0,0003	0,0002	0,0002	0,0002

APÊNDICE 3

Exercício Resolvido de Cálculo de Tensões pelo Método de Salas[1]

Calcule os acréscimos de tensão vertical na camada de argila sob o centro das três sapatas abaixo, que aplicam uma tensão de 3 kgf/cm^2.

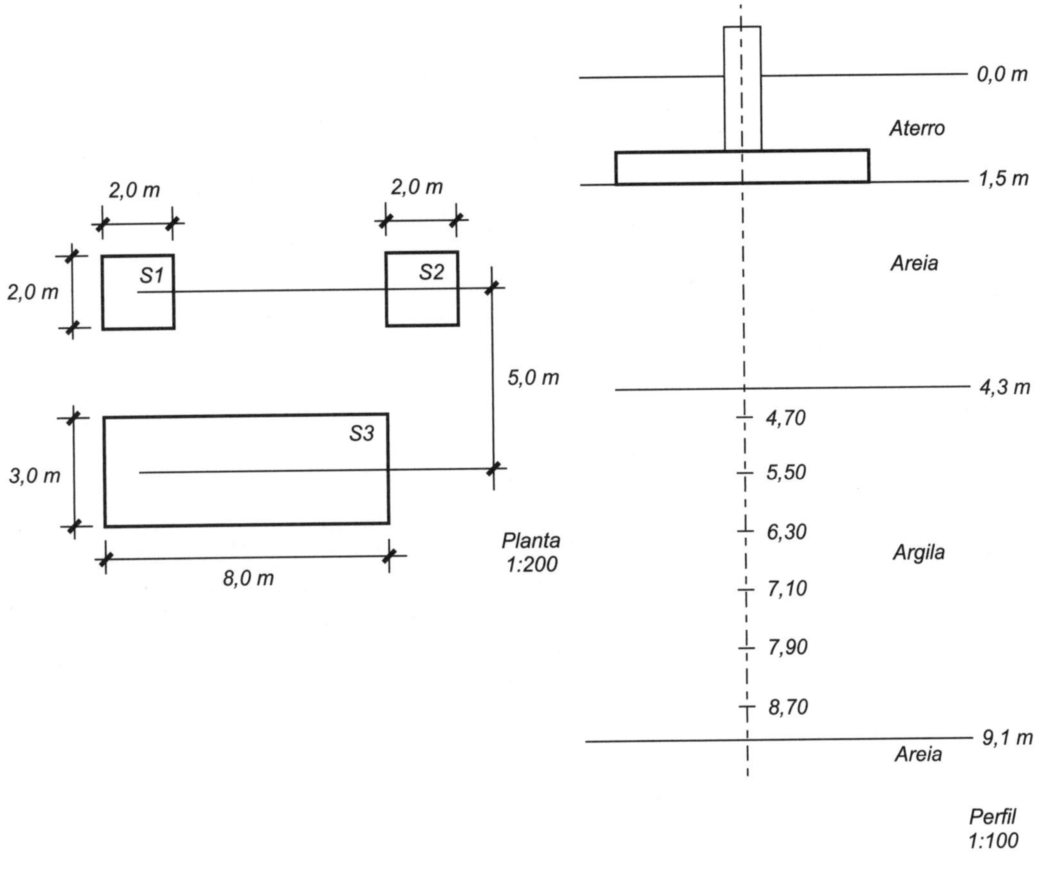

Fig. A3.1 - Planta das sapatas e perfil do terreno

O ábaco de Salas fornecido tem ΔR = 0,4 cm. A escala do desenho é 1:200. Assim, λ = 0,4 x 200 = 0,8 m.

Foram escolhidos seis pontos na camada de argila (z é a profundidade abaixo da sapata):

Prof. (m)	z (m)	z/λ
4,70	3,20	4
5,50	4,00	5
6,30	4,80	6
7,10	5,60	7
7,90	6,40	8
8,70	7,20	9

1. Este exercício foi resolvido pelo Prof. Ian S.M. Martins quando aluno da disciplina Fundações I da COPPE-UFRJ de 1980. Os cálculos são manuais e, portanto, sujeitos a pequenos erros de arredondamento.

Tab. A3.1 - Sapata 1

R/λ	A (%)	$q.A$	I $z/\lambda = 4$	$q.A.I$ $z/\lambda = 4$	I $z/\lambda = 5$	$q.A.I$ $z/\lambda = 5$	I $z/\lambda = 6$	$q.A.I$ $z/\lambda = 6$	I $z/\lambda = 7$	$q.A.I$ $z/\lambda = 7$	I $z/\lambda = 8$	$q.A.I$ $z/\lambda = 8$	I $z/\lambda = 9$	$q.A.I$ $z/\lambda = 9$
20-18	0	0	0,0027	0	0,0049	0	0,0079	0	0,0116	0	0,0158	0	0,0203	0
18-16	0	0	0,0041	0	0,0074	0	0,0117	0	0,0168	0	0,0225	0	0,0284	0
16-14	0	0	0,0065	0	0,0115	0	0,0178	0	0,0250	0	0,0327	0	0,0403	0
14-12	0	0	0,0109	0	0,0189	0	0,0283	0	0,0385	0	0,0486	0	0,0579	0
12-10	6	0,18	0,0196	0,0035	0,0325	0,0059	0,0467	0,0084	0,0607	0,0109	0,0731	0,0132	0,0834	0,0150
10-9	13	0,39	0,0158	0,0062	0,0251	0,0098	0,0345	0,0135	0,0428	0,0167	0,0495	0,0193	0,0542	0,0211
9-8	14	0,42	0,0225	0,0095	0,0343	0,0144	0,0453	0,0190	0,0541	0,0227	0,0603	0,0253	0,0640	0,0269
8-7	18	0,54	0,0327	0,0177	0,0475	0,0257	0,0596	0,0322	0,0680	0,0367	0,0727	0,0393	0,0743	0,0401
7-6	17	0,51	0,0486	0,0248	0,0660	0,0337	0,0779	0,0397	0,0841	0,0429	0,0858	0,0438	0,0842	0,0429
6-5	14	0,42	0,0731	0,0307	0,0912	0,0383	0,0998	0,0419	0,1011	0,0425	0,0978	0,0411	0,0920	0,0386
5-4	7	0,21	0,1098	0,0231	0,1226	0,0257	0,1227	0,0258	0,1157	0,0243	0,1057	0,0222	0,0951	0,0200
4-3	0	0	0,1585	0	0,1544	0	0,1395	0	0,1220	0	0,1053	0	0,0907	0
3-2	0	0	0,2035	0	0,1699	0	0,1383	0	0,1124	0	0,0922	0	0,0764	0
2-1	44	1,32	0,1975	0,2607	0,1425	0,1681	0,1059	0,1398	0,0812	0,1072	0,0639	0,0843	0,0516	0,0681
1-0	100	3,0	0,0869	0,2607	0,0571	0,1716	0,0403	0,1209	0,0299	0,0897	0,0230	0,0690	0,0182	0,0546
$\Delta\sigma_z$ (kgf/cm²)		→		0,64		0,51		0,44		0,39		0,36		0,33

Tab. A3.2 - Sapata 2

R/λ	A (%)	$q.A$	I $z/\lambda = 4$	$q.A.I$ $z/\lambda = 4$	I $z/\lambda = 5$	$q.A.I$ $z/\lambda = 5$	I $z/\lambda = 6$	$q.A.I$ $z/\lambda = 6$	I $z/\lambda = 7$	$q.A.I$ $z/\lambda = 7$	I $z/\lambda = 8$	$q.A.I$ $z/\lambda = 8$	I $z/\lambda = 9$	$q.A.I$ $z/\lambda = 9$
20-18	0	0	0,0027	0	0,0049	0	0,0079	0	0,0116	0	0,0158	0	0,0203	0
18-16	0	0	0,0041	0	0,0074	0	0,0117	0	0,0168	0	0,0225	0	0,0284	0
16-14	0	0	0,0065	0	0,0115	0	0,0178	0	0,0250	0	0,0327	0	0,0403	0
14-12	3	0,09	0,0109	0,0010	0,0189	0,0017	0,0283	0,0025	0,0385	0,0035	0,0486	0,0044	0,0579	0,0052
12-10	10	0,30	0,0196	0,0059	0,0325	0,0098	0,0467	0,0140	0,0607	0,0182	0,0731	0,0219	0,0834	0,0250
10-9	13	0,39	0,0158	0,0062	0,0251	0,0098	0,0345	0,0135	0,0428	0,0167	0,0495	0,0193	0,0542	0,0211
9-8	13	0,39	0,0225	0,0088	0,0343	0,0134	0,0453	0,0177	0,0541	0,0211	0,0603	0,0235	0,0640	0,0250
8-7	13	0,39	0,0327	0,0128	0,0475	0,0185	0,0596	0,0232	0,0680	0,0265	0,0727	0,0284	0,0743	0,0290
7-6	11	0,33	0,0486	0,0160	0,0660	0,0218	0,0779	0,0257	0,0841	0,0278	0,0858	0,0283	0,0842	0,0278
6-5	7	0,21	0,0731	0,0154	0,0912	0,0192	0,0998	0,0210	0,1011	0,0212	0,0978	0,0205	0,0920	0,0193
5-4	1	0,03	0,1098	0,0033	0,1226	0,0037	0,1227	0,0037	0,1157	0,0035	0,1057	0,0032	0,0951	0,0029
4-3	0	0	0,1585	0	0,1544	0	0,1395	0	0,1220	0	0,1053	0	0,0907	0
3-2	0	0	0,2035	0	0,1699	0	0,1383	0	0,1124	0	0,0922	0	0,0764	0
2-1	44	1,32	0,1975	0,2607	0,1425	0,1881	0,1059	0,1398	0,0812	0,1072	0,0639	0,0843	0,0516	0,0681
1-0	100	3,0	0,0869	0,2607	0,0571	0,1713	0,0403	0,1209	0,0299	0,0897	0,0230	0,0690	0,0182	0,0546
$\Delta\sigma_z$ (kgf/cm²)		→		0,59		0,46		0,38		0,34		0,30		0,28

Tab. A3.3 – Sapata 3

R/λ	A (%)	$q.A$	I $z/\lambda = 4$	$q.A.I$ $z/\lambda = 4$	I $z/\lambda = 5$	$q.A.I$ $z/\lambda = 5$	I $z/\lambda = 6$	$q.A.I$ $z/\lambda = 6$	I $z/\lambda = 7$	$q.A.I$ $z/\lambda = 7$	I $z/\lambda = 8$	$q.A.I$ $z/\lambda = 8$	I $z/\lambda = 9$	$q.A.I$ $z/\lambda = 9$
20-18	0	0	0,0027	0	0,0049	0	0,0079	0	0,0116	0	0,0158	0	0,0203	0
18-16	0	0	0,0041	0	0,0074	0	0,0117	0	0,0168	0	0,0225	0	0,0284	0
16-14	0	0	0,0065	0	0,0115	0	0,0178	0	0,0250	0	0,0327	0	0,0403	0
14-12	0	0	0,0109	0	0,0189	0	0,0283	0	0,0385	0	0,0486	0	0,0579	0
12-10	1	0,03	0,0196	0,0006	0,0325	0,0010	0,0467	0,0014	0,0607	0,0018	0,0731	0,0022	0,0834	0,0025
10-9	4	0,12	0,0158	0,0019	0,0251	0,0030	0,0345	0,0041	0,0428	0,0051	0,0495	0,0059	0,0542	0,0065
9-8	8	0,23	0,0225	0,0052	0,0343	0,0079	0,0453	0,0104	0,0541	0,0124	0,0603	0,0139	0,0640	0,0147
8-7	8	0,23	0,0327	0,0075	0,0475	0,0109	0,0596	0,0137	0,0680	0,0156	0,0727	0,0167	0,0743	0,0171
7-6	5	0,15	0,0486	0,0073	0,0660	0,0099	0,0779	0,0117	0,0841	0,0126	0,0858	0,0129	0,0842	0,0126
6-5	3	0,09	0,0731	0,0066	0,0912	0,0082	0,0998	0,0090	0,1011	0,0091	0,0978	0,0088	0,0920	0,0083
5-4	28	0,81	0,1098	0,0889	0,1226	0,0993	0,1227	0,0994	0,1157	0,0937	0,1057	0,0856	0,0951	0,0770
4-3	36	1,04	0,1585	0,1648	0,1544	0,1606	0,1395	0,1451	0,1220	0,1269	0,1053	0,1095	0,0907	0,0943
3-2	58	1,68	0,2035	0,3419	0,1699	0,2854	0,1383	0,2323	0,1124	0,1888	0,0922	0,1549	0,0764	0,1284
2-1	100	2,90	0,1975	0,5728	0,1425	0,4133	0,1059	0,3071	0,0812	0,2355	0,0639	0,1853	0,0516	0,1496
1-0	100	2,90	0,0869	0,2520	0,0571	0,1656	0,0403	0,1169	0,0299	0,0867	0,0230	0,0667	0,0182	0,0528
$\Delta\sigma_z$ (kgf/cm²)		→		1,45		1,17		0,95		0,79		0,66		0,56

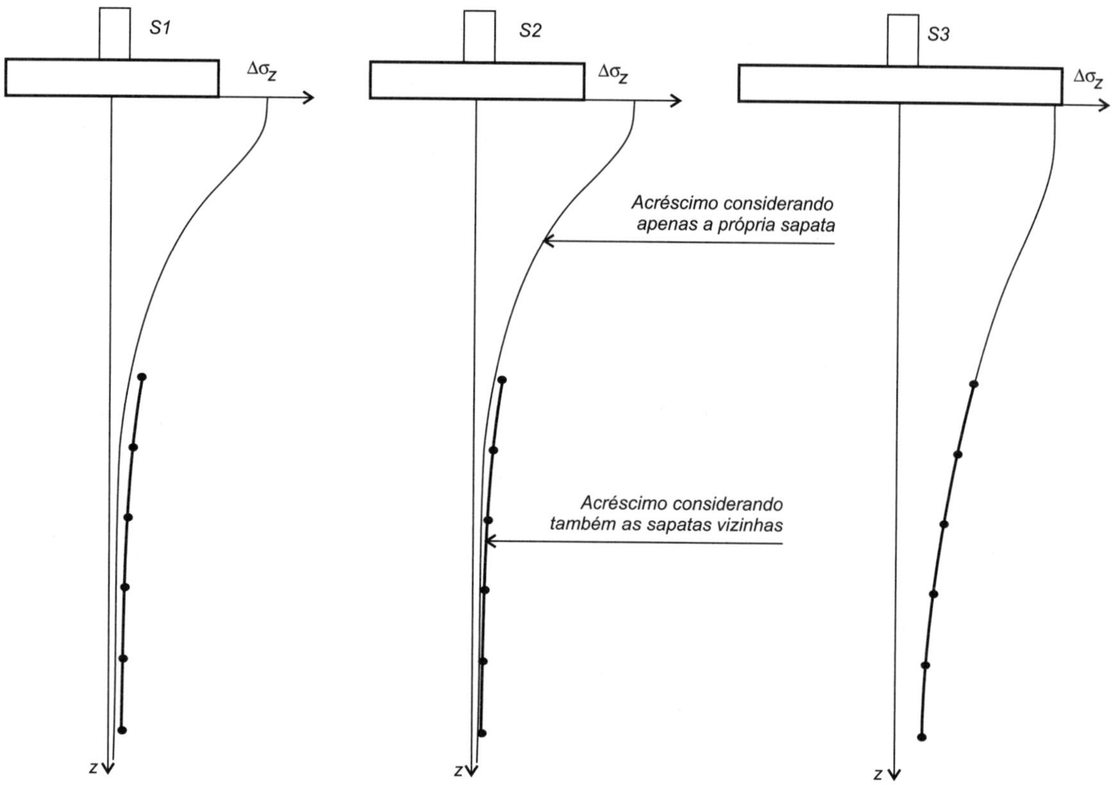

Fig. A3.2 - *Perfis de acréscimos de tensão sob as sapatas*

APÊNDICE 4

Exercício Resolvido de Viga de Fundação[1]

A4.1. Dados do problema

Seja prever esforços internos e deslocamentos da viga de concreto armado mostrada na Fig. A4.1, pelos métodos: (1) *estático* (com variação linear das pressões de contato) ou *de viga rígida*; (2) Hetenyi; (3) Bleich-Magnel; (4) Levinton; (5) Ohde; (6) Matricial; (7) método dos elementos finitos.

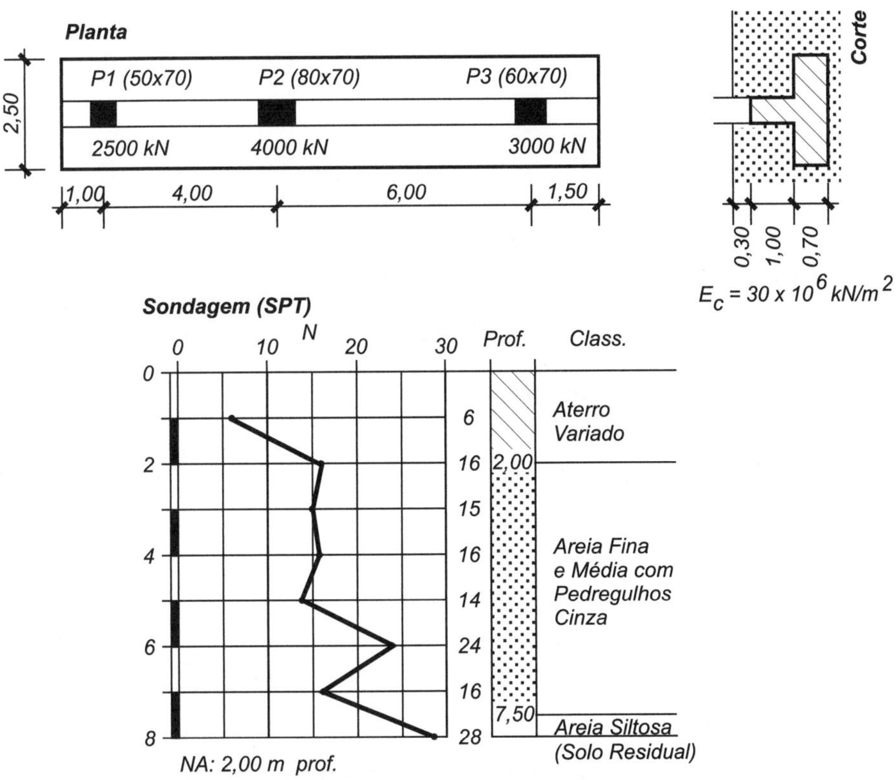

Fig. A4.1 *- Viga a ser calculada*

1. Este exercício foi resolvido pelos seguintes alunos da disciplina Fundações I da COPPE-UFRJ de 1988: Alexandre D. Gusmão, Carlos Alberto M. Ferreira, Celina Aida B. Schmidt, Marcos B. de Mendonça e Paulo Jose Brugger. Os cálculos dos métodos (1) a (5) listados acima foram manuais e, portanto, apresentam pequenos erros de arredondamento.

A4.2. Parâmetros do Solo para Cálculo da Viga

(a) Relação pressão-recalque

A fim de obter parâmetros do solo para cálculo da viga, vamos inicialmente estabelecer a relação pressão-recalque supondo a viga rígida. Como dispomos apenas do resultado de sondagem com SPT, e dada a natureza arenosa do solo de fundação, vamos utilizar um método semiempírico.

(a.1) Segundo Alpan (1964)

Estimando a tensão vertical geostática na profundidade de 2,0 m (nível da base da viga) e a uma profundidade correspondente a uma vez a menor dimensão da viga (2,0 + 2,5 m), tem-se:

$$\sigma'_{vo} = 2{,}0 \times 17 \sim 34\ kN/m^2 \qquad N = 15\,; \rightarrow N_{corr} \sim 40$$

$$\sigma'_{vo} = 34 + 2{,}5 \times 8 \sim 54\ kN/m^2 \qquad N = 15\,; \rightarrow N_{corr} \sim 30$$

Decidiu-se adotar o N_{corr} médio de 35 golpes.
Desprezando o peso próprio da viga, tem-se $q \sim 300$ kN/m². Para a expressão:

$$w_B = m\, a_o\, q \left(\frac{2B}{B+b} \right)^2$$

tem-se:

$$L/B = 5 \rightarrow m = 1{,}94$$

$$N_{corr} = 35 \rightarrow a_o \sim 1{,}7 \times 10^{-5}\ m^3/kN$$

o que fornece:

$$w \sim 0{,}031\ m$$

(a.2) Segundo Burland e Burbidge (1985)

Com:

$$Z_l = 2{,}0\ m \rightarrow N \sim 16$$
$$f_s = 1{,}2\ ;\ f_l = 1{,}0$$

obtém-se (com a Eq. 5.28a):

$$w = 300 \times 2{,}5^{0,7}\ \frac{1{,}71}{16^{1,4}}\ 1{,}2 \times 1{,}0 \sim 26\ mm$$

Adotou-se, para o recalque, a média dos dois resultados acima: 2,8 cm.

(b) Parâmetros da hipótese de Winkler

(b.1) Cálculo de k_v

$$k_v = \frac{q}{w} \sim \frac{300}{0{,}028} \sim 10{,}8 \times 10^3\ kN/m^3$$

(b.2) Cálculo de λ

Com:

$$K = k\,B = 10{,}8 \times 10^3 \times 2{,}5 = 27{,}0 \times 10^3\ kN/m^2 \quad ; \quad E_c = 3 \times 10^7\ kN/m^2$$

e o momento de inércia:

$$I = \frac{2{,}50 \times 0{,}70^3}{12} + 1{,}75\,(0{,}243)^2 + \frac{0{,}70 \times 1{,}00^3}{12} + 0{,}70\,(0{,}607)^2 = 0{,}49m^4$$

obtém-se (Eq. 8.2):

$$\lambda \sim 0{,}146\ m^{-1}$$

Como λL = 12,5 x 0,146 = 1,825, concluímos que se trata de uma viga "de rigidez relativa média".

(c) Parâmetros do meio elástico

Para o cálculo de $E^* = E/(1 - \nu^2)$ de acordo com a equação:

$$w = q\,B\,\frac{1-\nu^2}{E}\,I = q\,B\,\frac{1}{E^*}\,I$$

tem-se:

$$q = 300\ kN/m^2 \quad ; \quad B = 2{,}5\ m$$
$$I = 1{,}3\ (\textit{considerando a espessura compressível limitada})$$

o que conduz a:

$$E^* \sim 35000\ kN/m^2$$

A4.3. Cálculo pelo Método Estático

O cálculo pelo método estático (supondo-se uma variação linear das pressões de contato) - ou pela hipótese de viga rígida - pode ser feito de acordo com o esquema mostrado na Fig. 8.4a. Para este cálculo, tem-se R = 9500 kN e a distância do ponto de passagem da resultante a = 5,84 m.

(a) Determinação das pressões de contato

Com a Eq. (8.1), tem-se (considerando a pressão de contato multiplicada por B):

$$q_A = 908{,}8\ kN/m \quad ; \quad q_B = 611{,}2\ kN/m$$

(b) Determinação dos recalques supondo a viga rígida e solo de Winkler

Os recalques podem ser determinados com a Eq. (8.3), obtendo-se:

$$w_A = 33{,}7\ mm \quad ; \quad w_B = 22{,}6\ mm$$

(c) Determinação de esforços cortantes e momentos fletores

O cálculo de cortantes e momentos é mostrado na Tab. A4.1 e os diagramas pressões de contato, esforços internos e deslocamentos, na Fig. A4.2.

Tab A4.1 – Cálculo de esforços e momentos

x (m)	Cortante (kN)	Momento Fletor (kN.m)
0	0	0
1,0 esq	897	450
1,0 dir	-1603	450
2,0	-730	-714
3,0	119	-1018
4,0	944	-484
5,0 esq	1746	863
5,0 dir	-2254	863
6,0	-1476	-1000
7,0	-722	-2098
8,0	08	-2453
9,0	715	-2090
10,0	1397	-1032
11,0 esq	2056	697
11,0 dir	-944	697
12,0	-309	72
12,50	0	0

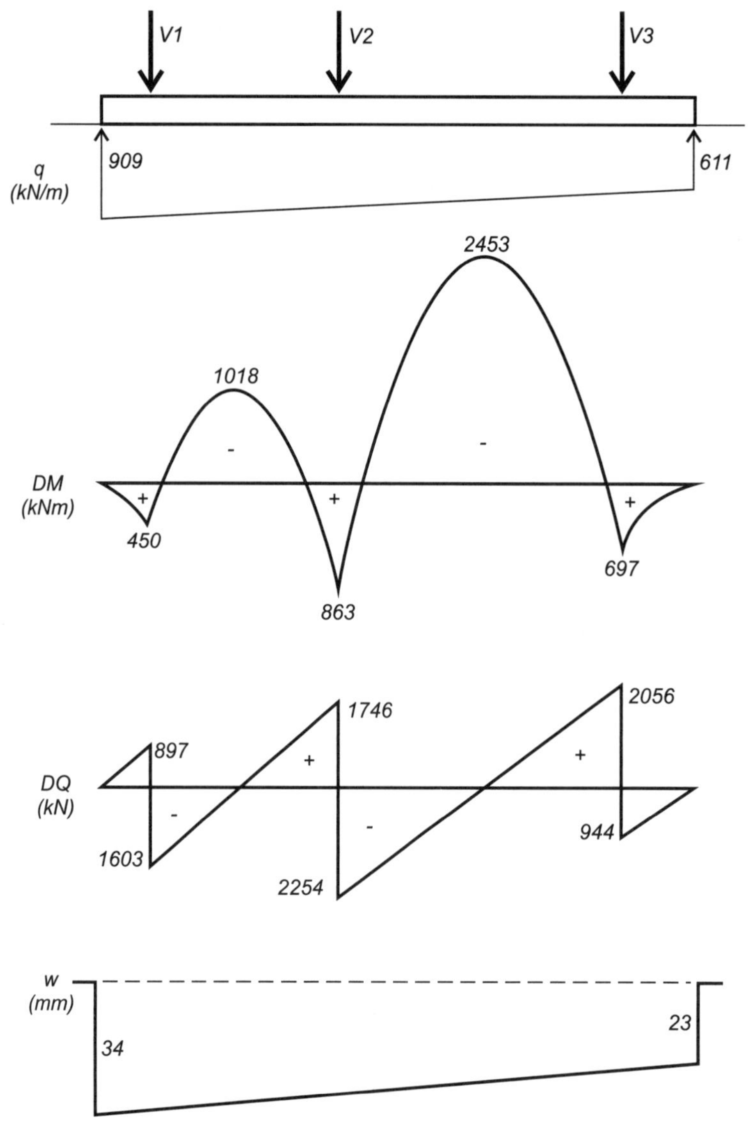

Fig. A4.2 - *Esquema de cálculo e resultados pelo método estático (viga rígida)*

A4.4. Cálculo pelo método de Hetenyi

A viga real é mostrada na Fig. A4.3a. Primeiramente resolve-se a viga como infinita e calculam-se, nos pontos que correspondem às extremidades da viga, os esforços cortantes (Q) e os momentos fletores (M) devidos às cargas (Fig. A4.3b e Tab. A4.2).

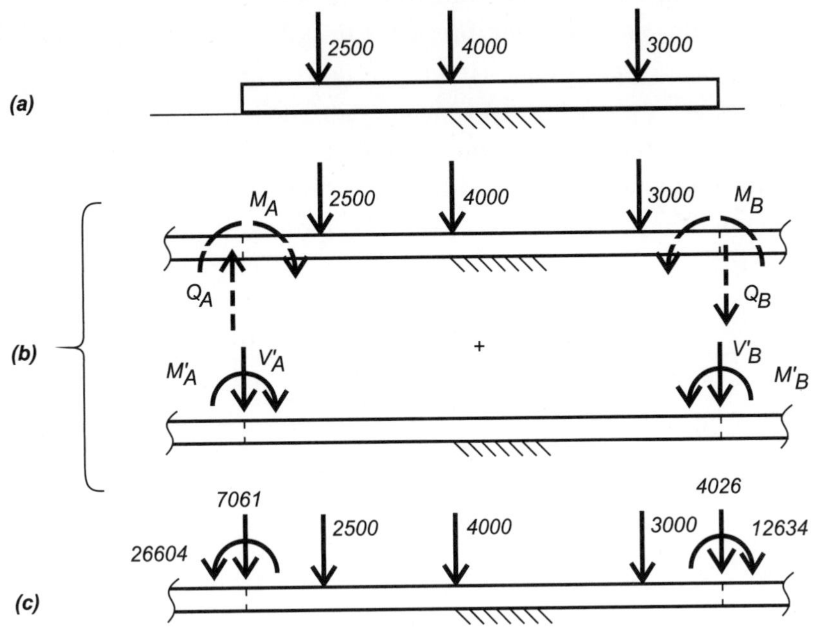

Fig. A4.3 - Esquema de cálculo pelo método de Hetenyi

Tab. A4.2 - Cálculo de esforços nas extremidades da viga

	V1	V2	V3	Σ
M_A (kNm)	3.121,8	258,5	-1066,6	2313,7
M_B (kNm)	-880,2	-987,3	3131,6	1264,1
Q_A (kN)	1.068,7	718,2	-10,6	1776,3
Q_B (kN)	25,2	-306,5	-1176,2	-1457,5

O cálculo dos esforços auxiliares é feito com o Sistema de equações (8.20 a 8.23). Com:

$$\lambda = 0{,}146 \,;\ A = 0{,}1155 \,;\ C = -0{,}1966 \,;\ D = -0{,}0405$$

monta-se o Sistema de equações:

$$+1{,}712\,V'_A \quad +0{,}5\,M'_A \quad -0{,}337\,V'_B \quad -0{,}0203\,M'_B \quad = -2313{,}7$$
$$-0{,}5\,V'_A \quad -0{,}073\,M'_A \quad -0{,}0203\,V'_B \quad +0{,}0084\,M'_B \quad = -1776{,}3$$
$$-0{,}337\,V'_A \quad -0{,}0203\,M'_A \quad +1{,}712\,V'_B \quad +0{,}5\,M'_B \quad = -1264{,}1$$
$$+0{,}0203\,V'_A \quad -0{,}0084\,M'_A \quad +0{,}5\,V'_B \quad +0{,}073\,M'_B \quad = 1457{,}5$$

Resolvendo o Sistema, obtém-se:

$$V'_A = 7061 \text{ kN}$$
$$M'_A = -26604 \text{ kNm}$$

$$V'_B = 4026 \text{ kN}$$
$$M'_B = -12634 \text{ kNm}$$

Para a solução da viga de comprimento finito, teremos que somar os esforços devidos ao carregamento (Fig. A4.3b) com os esforços devidos às cargas e aos momentos auxiliares (Fig. A4.3c). O esquema de cálculo final é mostrado na Fig. A4.3d.

Os resultados dos cálculos (em intervalos de 1,0 m) de recalque (w), cortante (Q) e momento fletor (M) para a viga de comprimento finito são apresentados nas Tabs. A4.3 a A4.5. Para os esforços auxiliares V'_A e M'_A, serão considerados no ponto 0,0 m os valores à direita (na viga), respectivamente para cortante e momento fletor. Para os esforços auxiliares V'_B e M'_B, serão considerados no ponto 12,5 m os valores à esquerda (na viga), respectivamente para cortante e momento fletor. Os resultados são apresentados graficamente na Fig. A4.4.

Tab. A4.3 - Cálculo dos recalques

x (m)	w (mm)							
	V1	V2	V3	V'A	M'A	V'B	M'B	Σ
0,0	6,62	7,35	1,57	19,06	0,00	1,25	-1,55	34,30
1,0	6,75	8,34	2,08	18,69	-2,64	1,80	-1,85	33,17
2,0	6,62	9,26	2,66	17,73	-4,51	2,43	-2,15	32,04
3,0	6,28	10,04	3,30	16,36	-5,74	3,16	-2,45	30,95
4,0	5,79	10,59	4,01	14,73	-6,45	3,99	-2,72	29,94
5,0	5,21	10,80	4,75	12,97	-6,74	4,90	-2,96	28,93
6,0	4,59	10,59	5,51	11,18	-6,71	5,87	-3,13	27,90
7,0	3,96	10,04	6,26	9,43	-6,44	6,88	-3,21	26,92
8,0	3,34	9,26	6,95	7,78	-6,00	7,90	-3,15	26,08
9,0	2,75	8,34	7,53	6,26	-5,45	8,97	-2,92	25,38
10,0	2,21	7,35	7,94	4,89	-4,84	9,74	-2,47	24,82
11,0	1,73	6,33	8,10	3,69	-4,21	10,41	-1,74	24,31
12,0	1,31	5,34	7,94	2,66	-3,58	10,01	-0,68	23,80
12,5	1,12	4,87	7,76	2,20	-3,27	10,86	0,00	23,54

Tab. A4.4 - Cálculo dos cortantes

x (m)	Q (kN)							
	V1	V2	V3	V'A	M'A	V'B	M'B	Σ
0,0	1069	718	-11	-3531	1943	-82	-106	0
1,0	1250	930	38	-3019	1905	-41	-152	912
1,0	-1250							-1588
2,0	-1069	1169	102	-2525	1807	16	-206	-706
3,0	894	1430	183	-2064	1667	92	-269	1934
4,0	-730	1710	282	-1643	1501	188	-339	969
5,0	-581	2000	400	-1268	1322	308	-416	1765
5,0		-2000						-2235
6,0	-449	-1710	539	-941	1140	454	-498	-1466
7,0	-333	-1430	698	-663	961	626	-584	-725
8,0	-235	-1169	877	-430	793	826	-671	-9
9,0	-152	-930	1073	-241	638	1053	-753	686
10,0	-85	-718	1282	-91	498	1305	-827	1365
11,0	-32	-533	1500	25	376	1578	-884	2029
11,0			-1500					-971
12,0	9	-375	-1282	110	271	1866	-918	-320
12,5	25	-306	-1176	143	224	2012	-922	-0

Tab. A4.5 - Cálculo dos momentos fletores

x (m)	M (kNm)							
	V1	V2	V3	V'A	M'A	V'B	M'B	Σ
0,0	3122	258	-1066	12093	-13308	-1355	256	-0
1,0	4281	1080	-1054	8819	11378	-1417	127	459
2,0	3122	2128	-985	6049	-9517	-1430	-51	-685
3,0	2141	3426	-843	3757	-7777	-1378	-288	-963
4,0	1330	4995	-613	1909	-6191	-1240	-591	-403
5,0	675	6849	-274	456	-4779	-993	-968	967
6,0	161	4995	194	-644	-3548	-614	-1425	-882
7,0	-228	3426	810	-1443	-2498	-77	-1966	-1975
8,0	-511	2128	1596	-1986	-1622	647	-2593	-2341
9,0	-703	1080	2569	-2318	-908	1584	-3306	-2001
10,0	-820	258	3746	-2481	-342	12761	-4097	-974
11,0	-878	-365	5137	-2511	94	4201	-4954	724
12,0	-889	-817	3746	-2441	416	5922	-5857	78
12,5	-880	-987	3131	-2377	539	6891	-6318	0

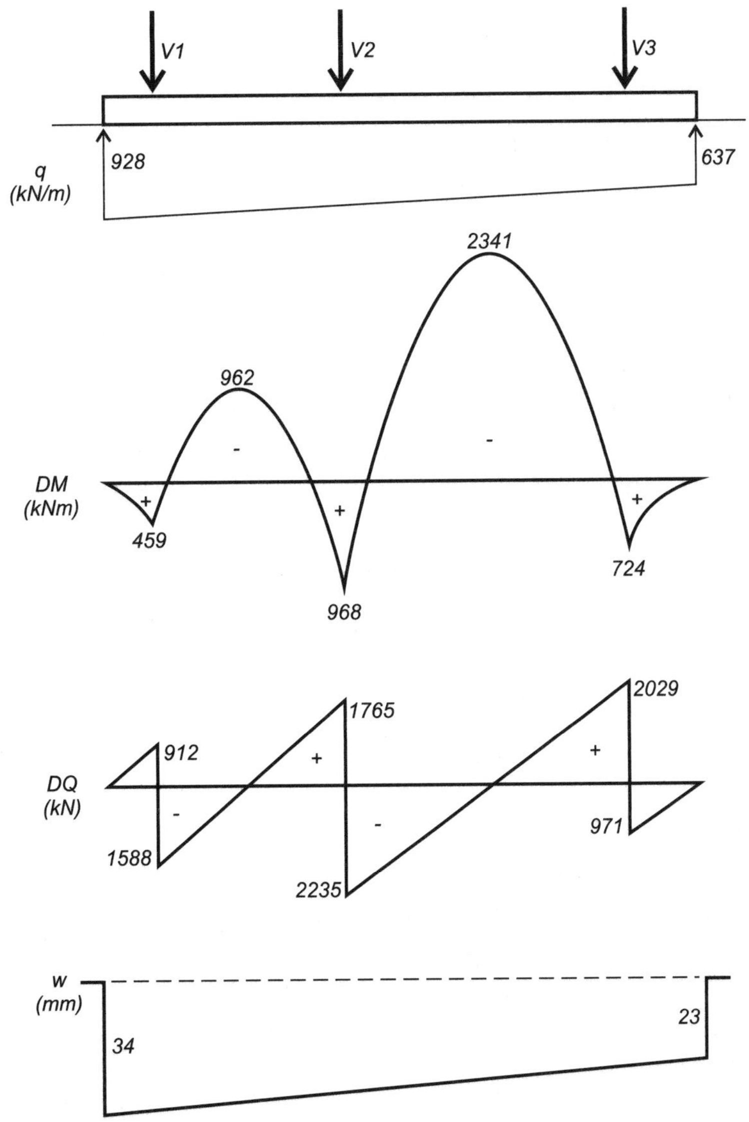

Fig. A4.4 *- Resultados do cálculo pelo método de Hetenyi*

A4.5. Cálculo pelo Método de Bleich-Magnel

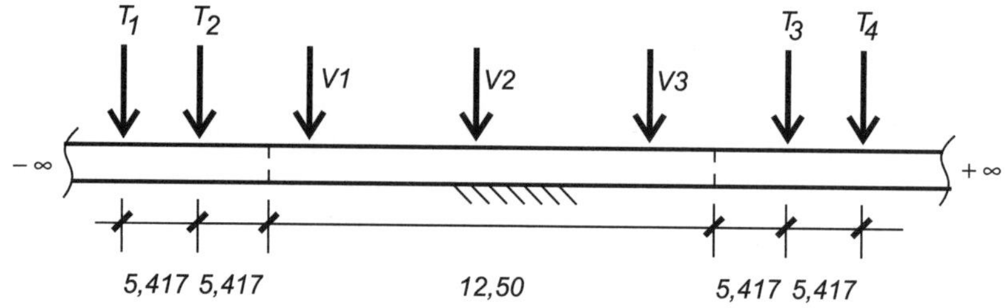

Fig. A4.5 *- Esquema de cálculo pelo método de Bleich-Magnel*

Os esforços nas extremidades da viga devidos ao carregamento real e às forças auxiliares estão na Tab. A4.6.

Tab. A4.6 – Esforços nas extremidades da viga

Ponto	Carga (kN)	λx*	Momento (kNm)	Cortante (kN)
A	2500	0,145	3151	1070
	4000	0,73	260	720
	3000	1,60	-1075	- 9
	Somatório		2336	1781
	T_1	$\pi/2$	-0,358 T_1	0
	T_2	$\pi/4$	0	- 0,16 T_2
	T_3	2,60	-0,176 T_3	- 0,032 T_3
	T_4	3,38	-0,043 T_4	- 0,017 T_4
B	2500	1,67	-888	23
	4000	1,09	-983	-1177
	3000	0,22	3160	-310
	Somatório		1289	-1464
	T_1	3,38	-0,04 T_1	0,017 T_1
	T_2	2,60	-0,18 T_2	0,032 T_2
	T_3	$\pi/4$	0	0,16 T_3
	T_4	$\pi/2$	-0,36 T_4	0

* na aplicação deste método foi adotado λ = 0,145

O Sistema de equações (8.24 a 8.27) fica:

$$2336 - 0{,}358\,T_1 - 0{,}176\,T_3 - 0{,}043\,T_4 = 0$$
$$1781 - 0{,}16\,T_2 - 0{,}032\,T_3 - 0{,}017\,T_4 = 0$$
$$1289 - 0{,}04\,T_1 - 0{,}18\,T_2 - 0{,}36\,T_4 = 0$$
$$-1464 + 0{,}017\,T_1 + 0{,}032\,T_2 + 0{,}16\,T_3 = 0$$

A solução do Sistema fornece:

$$T_1 = 3396\,kN$$
$$T_2 = 9960\,kN$$

$$T_3 = 6798\ kN$$
$$T_4 = -1777\ kN$$

Na Tab. A4.7 estão os recalques, cortantes e momentos nos pontos A, B, C, D, E, F da viga. Os diagramas de esforços obtidos são praticamente os mesmos do método de Hetenyi. Na Fig. A4.6 está uma verificação da anulação do cortante nas extremidades da viga pelas forças auxiliares.

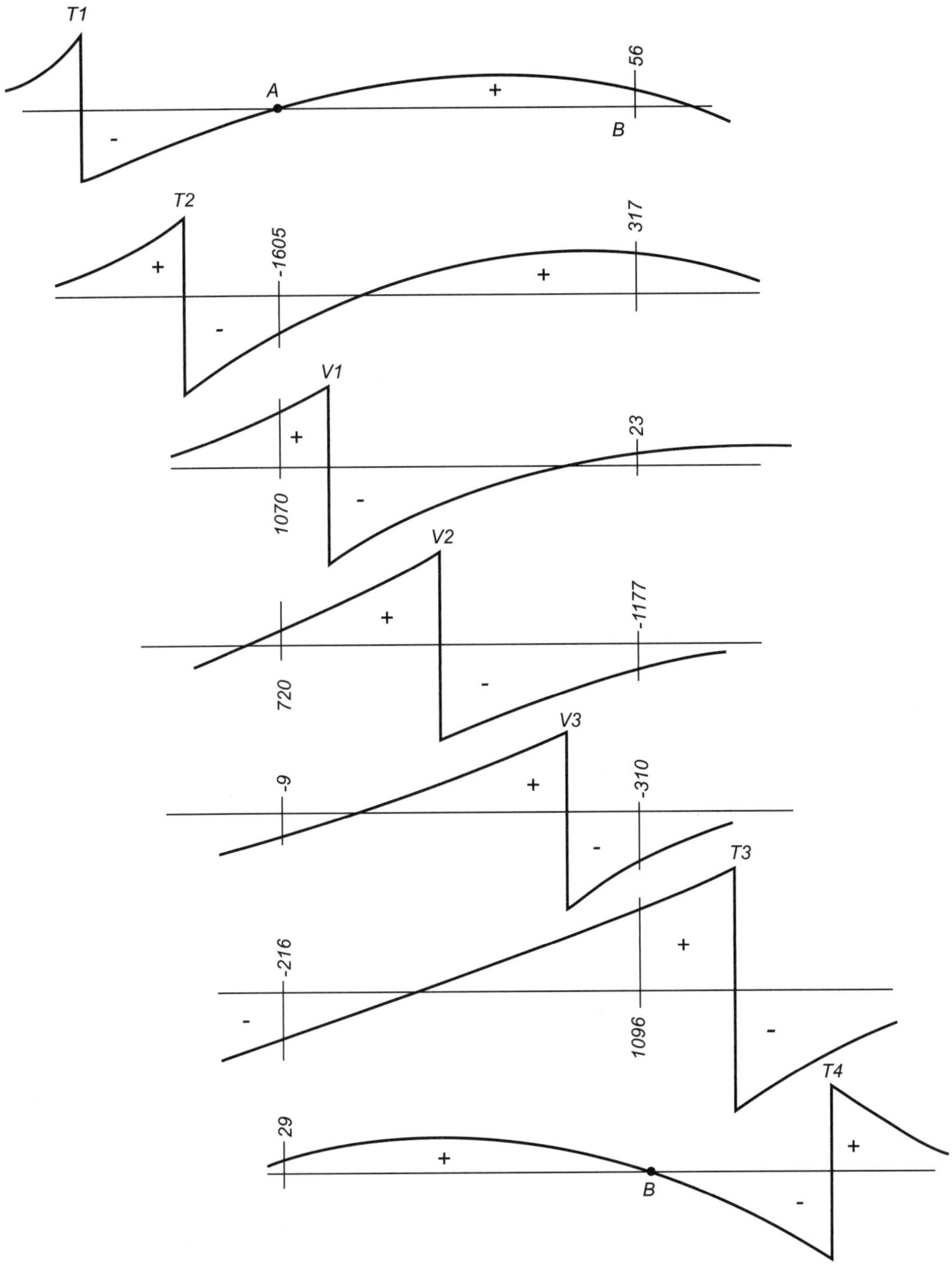

Fig. A4.6 *- Verificação da anulação do cortante nas extremidades da viga pelo método de Bleich-Magnel*

Tab. A4.7 – Recalques, cortantes e momentos na viga

Ponto	Carga (kN)	λx	w (mm)	Momento (kNm)	Cortante (kN)
A	2500	0,145	6,8	3151	1070
	4000	0,73	7,5	260	720
	3000	1,60	1,6	-1075	-9
	3396	p/2	1,9	-1217	0
	9960	p/4	17,8	0	-1605
	6798	2,60	-0,5	-1195	-216
	-1777	3,38	-0,2	77	29
	Somatório		34,9	1*	-11*
B	2500	1,67	1,2	-888	23
	4000	1,09	5,0	-983	-1177
	3000	0,218	7,9	3160	-310
	3396	3,38	-0,4	-147	56
	9960	2,60	-0,7	-1750	317
	6798	$\pi/4$	12,1	0	1096
	-1777	$\pi/2$	-1,0	637	0
	Somatório		24,1	28*	-5*
C (sob 2500 kN)	2500	0	6,9	4310	-
	4000	0,58	8,6	1114	937
	3000	1,45	2,2	-1058	42
	3396	1,72	1,4	-1193	45
	9960	0,93	15,2	-1381	-1175
	6798	2,45	-0,2	-1424	-226
	-1777	3,24	0,2	108	35
	Somatório		34,3	476	-342**
D (sob 4000 kN)	2500	0,58	5,4	696	-585
	4000	0	11,1	6897	-
	3000	0,87	4,9	-259	405
	3396	2,30	0,1	-829	113
	9960	1,51	6,4	-3556	-67
	6798	1,87	1,9	-2259	-154
	-1777	2,66	0,2	289	55
	Somatório		30,0	979	-233**
E (meio de D - F)	2500	1,02	3,4	-511	-236
	4000	0,44	9,5	2127	-1165
	3000	0,44	7,1	1595	874
	3396	2,73	-0,3	-503	101
	9960	1,95	2,2	-3174	262
	6798	1,44	5,0	-2391	105
	-1777	2,22	-0,1	466	58
	Somatório		26,8	-2391	-1
F (sob 3000 kN)	2500	1,45	1,8	-882	-35
	4000	0,87	6,5	-345	-540
	3000	0	8,3	5172	-
	3396	3,17	-0,4	-239	71
	9960	2,38	-0,1	-2247	334
	6798	1,00	9,6	-1299	675
	-1777	1,79	-0,6	610	32
	Somatório		25,1	771	537**

* Estes valores deveriam ser nulos

**Cortantes: Ponto C: 908 (esq); - 1592 (dir)
Ponto D: 1767 (esq); -2233 (dir)
Ponto F: 2037 (esq); - 963 (dir)

A4.6. Cálculo pelo Método de Levinton

O esquema de cálculo consta da Fig. A4.7a. No caso, tem-se: $a = 12{,}50 / 3 = 4{,}17\ m$.

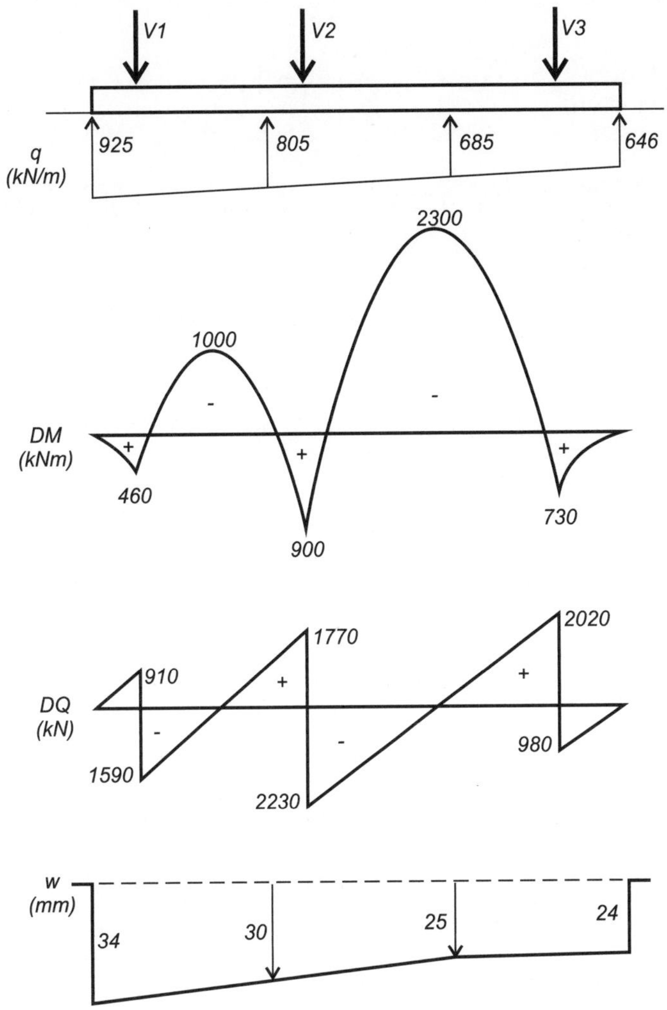

Fig. A4.7 - Resultados do cálculo pelo método de Levinton

(a) Equações baseadas no equilíbrio

$$M_L = -2500\ (1{,}39 - 1{,}0) + 4000\ (5{,}0 - 1{,}39) + 3000\ (11{,}0 - 1{,}39) \cong 42295\ kNm \qquad (1)$$

$$M_R = -2500\ (11{,}5 - 1{,}39) - 4000\ (7{,}5 - 1{,}39) - 3000\ (1{,}5 - 1{,}39) \cong -50045\ kNm \qquad (2)$$

Logo:

$$4\,q_2 + 10\,q_3 + 7\,q_4 = 14594 \qquad (1)$$

$$7\,q_1 + 10\,q_2 + 4\,q_3 = 17268 \qquad (2)$$

(b) Equações baseadas na compatibilidade de deformações

$$K' = (10800 \times 2{,}5)^{-1} = 3{,}7 \times 10^{-5}\ m^2/kN$$

$$N = \frac{1080\ E\,I\,K'}{a^4} = \frac{1080 \times 3 \times 10^7 \times 0{,}49 \times 3{,}7 \times 10^{-5}}{4{,}17^4} = 1943$$

De uma tabela de resistência dos materiais pode-se tirar:

$$f_2 = \frac{4000 \times 7{,}50 \times 4{,}17}{6x12{,}5x1{,}47x10^7}\left[12{,}50^2 - 7{,}50^2 - 4{,}17^2\right] +$$

$$+ \frac{3000 \times 1{,}50 \times 4{,}17}{6x12{,}5x1{,}47x10^7}\left[12{,}50^2 - 1{,}50^2 - 4{,}17^2\right] +$$

$$+ \frac{2500 \times 1{,}0\,(12{,}5 - 4{,}17)}{6x12{,}5x1{,}47x10^7}\left[2 \times 12{,}5 \times 11{,}5 - 11{,}5^2 - (12{,}5 - 4{,}17)^2\right] = 1{,}33 \times 10^{-2}\ m$$

Daí vem:

$$-1200\,q_1 + 2372\,q_2 + 390\,q_3 - 570\,q_4 = 699360 \qquad \textbf{(3)}$$

Última equação:

$$f_3 = \frac{3000 \times 1{,}50 \times 8{,}33}{6x12{,}5x1{,}47x10^7}\left[12{,}50^2 - 1{,}50^2 - 8{,}33^2\right] +$$

$$+ \frac{2500 \times 1{,}0 \times (12{,}5 - 8{,}33)}{6x12{,}5x1{,}47x10^7}\left[2x12{,}5 \times 11{,}5^2 - 11{,}5^2 \cdot (12{,}5 - 8{,}33)^2\right] +$$

$$+ \frac{4000 \times 5{,}0\,(12{,}5 - 8{,}33)}{6x12{,}5x1{,}47x10^7}\left[2 \times 12{,}5 \times 7{,}5 - 7{,}5^2 - (12{,}5 - 8{,}33)^2\right] = 1{,}22 \times 10^{-2}\ m$$

Daí vem:

$$-570\,q_1 + 390\,q_2 + 2372\,q_3 - 1200\,q_4 = 637090 \qquad \textbf{(4)}$$

Resolvendo o sistema, obtém-se:

$$q_1 = 924{,}9\ kN/m$$

$$q_2 = 805{,}3\ kN/m$$

$$q_3 = 685{,}2\ kN/m$$

$$q_4 = 645{,}9\ kN/m$$

Pressões de contato, esforços internos e recalques da viga constam das Figs. A4.7b a A4.7e.

A4.7 Cálculo pelo Método de Ohde

Inicialmente, tem-se γ_{conc} = 25 kN/m³, o que conduz a um peso próprio por metro de 2,45 x 25 = 61,25 kN/m, e adotou-se um número de elementos (divisões da viga) igual a 6.

(1) Cálculo de α:

$$\alpha = \frac{a^4\ b}{E_c\ I} = \frac{2{,}083^4 x\,2{,}5}{3x10^7 x\,0{,}49} = 3{,}2x10^{-6}\ m^3/kN$$

(2) Cálculo dos p_i:

Peso próprio/divisão:

$$\frac{61{,}25\,.\,a}{a\,.\,b} = \frac{61{,}25}{2{,}5} = 24{,}5\ kN/m^2$$

Com a área da divisão $a\,b$ = 2,5 x 2,083 = 5,21 m², tem-se:

$$p_1 = \frac{2500}{5{,}21} + 24{,}5 = 504{,}6\ kN/m^2 \qquad p_4 = 24{,}5\ KN/m^2$$

$$p_2 = 24{,}5\ KN/m^2 \qquad p_5 = 24{,}5\ KN/m^2$$

$$p_3 = \frac{4000}{5{,}21} + 24{,}5 = 792{,}6\ kN/m^2 \qquad p_6 = \frac{3000}{5{,}21} + 24{,}5 = 600{,}6\ kN/m^2$$

(3) Cálculo dos c_i:

$$\frac{b}{a} = \frac{2{,}5}{2{,}083} = 1{,}2 \qquad \frac{h}{a} = \frac{5{,}5}{2{,}083} = 2{,}6$$

$$f_0 = 0{,}70 \qquad f_2 = 0{,}04$$

$$c_0 = \frac{2{,}083}{35000} x\,0{,}7 = 4{,}17 x 10^{-5}$$

$$c_2 = \frac{2{,}083}{35000} x\ 0{,}04 = 2{,}38\ x\ 10^{-6}$$

$$K_1 = \left(\frac{4{,}17x10^{-5}}{2{,}38x10^{-6}} - 1\right) 0{,}3536 = 5{,}84$$

$c_1 = 6{,}10\ x\ 10^{-6}$

$c_3 = 1{,}33\ x\ 10^{-6}$

$c_4 = 8{,}74\ x\ 10^{-7}$

$c_5 = 6{,}29\ x\ 10^{-7}$

(4) Cálculo dos C_i:

$C_o = 7{,}12\ x\ 10^{-5}$ $\quad C_1 = 3{,}19\ x\ 10^{-5}$

$C_2 = 2{,}67\ x\ 10^{-6}$ $\quad C_3 = 5{,}94\ x\ 10^{-7}$

$C_4 = 2{,}11\ x\ 10^{-7}$

(5) Montagem do sistema de equações (8.46) e, ainda, com (8.51) e (8.53) ($m_1 = 0$):

$-3{,}51 \times 10^{-5} q_1 + 7{,}07 \times 10^{-5} q_2 - 3{,}19 \times 10^{-5} q_3 - 2{,}67 \times 10^{-6} q_4 - 5{,}94 \times 10^{-7} q_5 + 2{,}11 \times 10^{-7} q_6$
$= -1{,}63 \times 10^{-3}$

$-9{,}07 \times 10^{-6} q_1 - 3{,}51 \times 10^{-5} q_2 + 7{,}07 \times 10^{-5} q_3 - 3{,}19 \times 10^{-5} q_4 - 2{,}67 \times 10^{-6} q_5 - 5{,}94 \times 10^{-7} q_6$
$= -3{,}73 \times 10^{-3}$

$-1{,}02 \times 10^{-5} q_1 - 9{,}07 \times 10^{-6} q_2 - 3{,}51 \times 10^{-5} q_3 + 7{,}07 \times 10^{-5} q_4 - 3{,}19 \times 10^{-5} q_5 - 2{,}67 \times 10^{-6} q_6$
$= -7{,}55 \times 10^{-3}$

$-1{,}30 \times 10^{-5} q_1 - 1{,}02 \times 10^{-5} q_2 - 9{,}07 \times 10^{-6} q_3 - 3{,}51 \times 10^{-5} q_4 + 7{,}07 \times 10^{-5} q_5 - 3{,}19 \times 10^{-5} q_6$
$= -1{,}19 \times 10^{-2}$

$q_1 + q_2 + q_3 + q_4 + q_5 + q_6 = 1971{,}30$

$5\,q_1 + 3\,q_2 + q_3 - q_4 - 3\,q_5 - 5\,q_6 = 288{,}1$

(6) Pressões de contato:

$q_1 = 395{,}567\ kN/m^2$	$q_1 B = 988{,}9\ kN/m$
$q_2 = 325{,}455\ kN/m^2$	$q_2 B = 813{,}6\ kN/m$
$q_3 = 304{,}935\ kN/m^2$	$q_3 B = 762{,}3\ kN/m$
$q_4 = 290{,}702\ kN/m^2$	$q_4 B = 726{,}8\ kN/m$
$q_5 = 296{,}437\ kN/m^2$	$q_5 B = 741{,}1\ kN/m$
$q_6 = 358{,}204\ kN/m^2$	$q_6 B = 895{,}5\ kN/m$

(7) Cálculo dos recalques (sistema 8.43):

$w_1 = q_1 c_0 + q_2 c_1 + q_3 c_2 + q_4 c_3 + q_5 c_4 + q_6 c_5 = 20{,}1\ mm$

$w_2 = q_1 c_1 + q_2 c_0 + q_3 c_1 + q_4 c_2 + q_5 c_3 + q_6 c_4 = 19{,}2\ mm$

$w_3 = q_1 c_2 + q_2 c_1 + q_3 c_0 + q_4 c_1 + q_5 c_2 + q_6 c_3 = 18{,}6\ mm$

$w_4 = q_1 c_3 + q_2 c_2 + q_3 c_1 + q_4 c_0 + q_5 c_1 + q_6 c_2 = 18{,}0\ mm$

$w_5 = q_1 c_4 + q_2 c_3 + q_3 c_2 + q_4 c_1 + q_5 c_0 + q_6 c_1 = 17{,}8\ mm$

$w_6 = q_1 c_5 + q_2 c_4 + q_3 c_3 + q_4 c_2 + q_5 c_1 + q_6 c_0 = 18{,}4\ mm$

(8) Cálculo dos momentos fletores (Sistema 8.45)

$M_1 = 0\ kNm$

$M_2 = -1178\ kNm$

$M_3 = 908\ kNm$

$M_4 = -2295\ kNm$

$M_5 = -2610\ kNm$

$M_6 = 23\ kNm$

Não é possível traçar o diagrama de momentos a partir dos dados acima, obtidos com o sistema de equações (8.45), por haver um número insuficiente de pontos. Assim, calculamos os momentos fletores fazendo uso das pressões de contato (multiplicadas por *b*), esforços atuantes e peso próprio. Os resultados dos cálculos constam da Fig. A4.8.

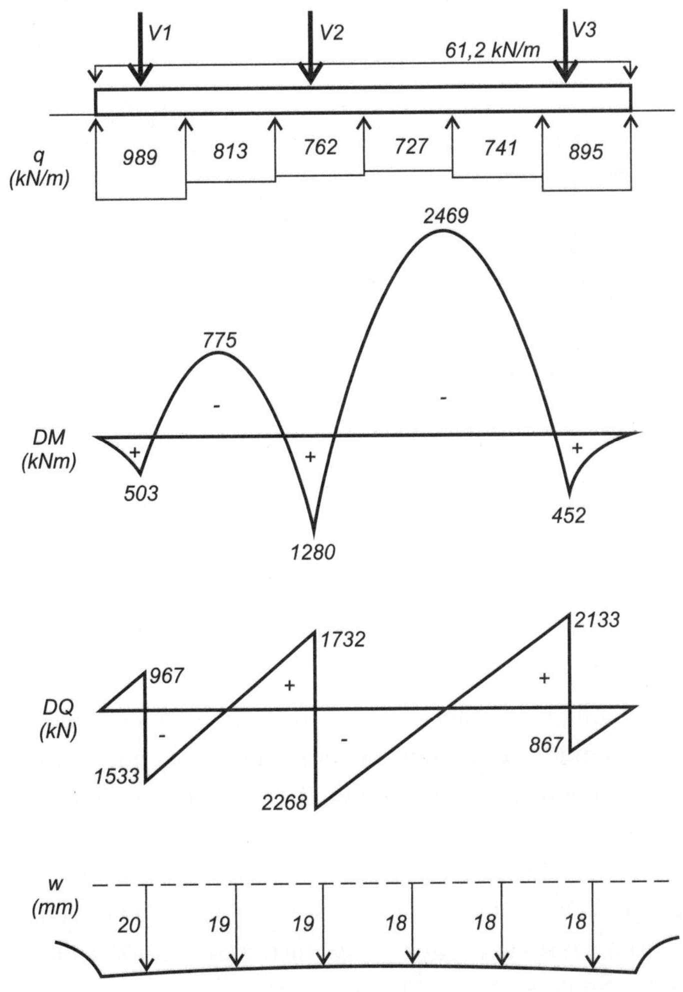

Fig. A.4.8 *- Resultados do cálculo pelo método de Ohde*

A4.8. Métodos Numéricos

(a) Método Matricial

Os Métodos Matriciais antecedem o Método dos Elementos Finitos e são formulados para problemas específicos, como é o caso de viga sobre base elástica pela Hipótese de Winkler. Um programa para solução por Método Matricial é apresentado em Bowles (1974). O programa ali fornecido foi aplicado à viga em questão, fazendo-se uma divisão dela em 25 elementos iguais. Os resultados obtidos constam da Fig. A4.9. Como pode ser observado, os resultados são muito próximos daqueles obtidos pelo método de Hetenyi.

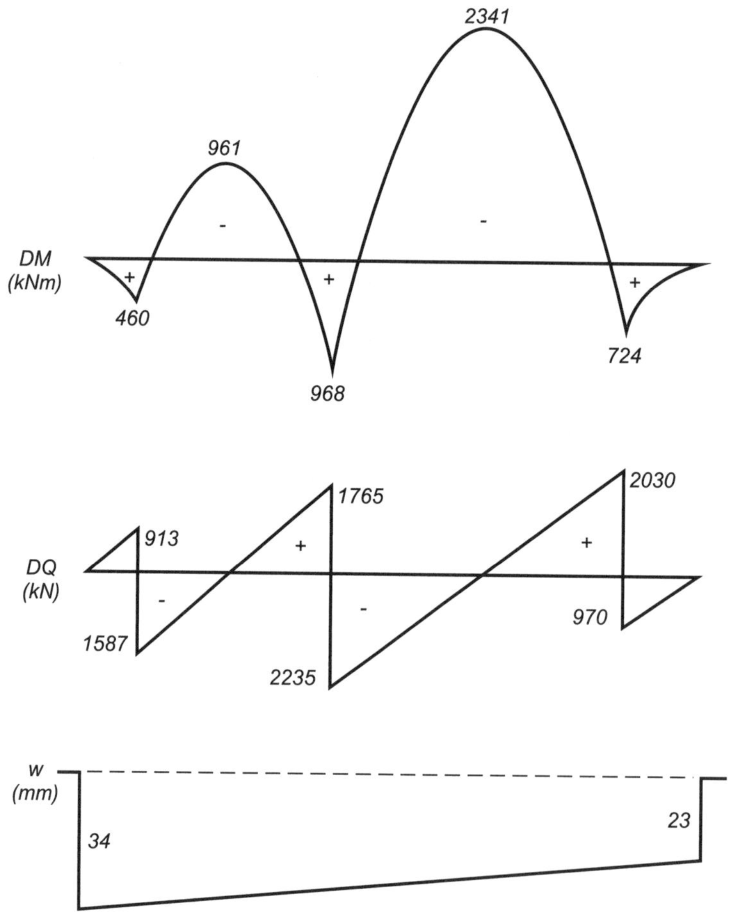

Fig. A.4.9 - *Resultados do cálculo por método matricial*

(b) Método dos Elementos Finitos

O Método dos Elementos Finitos pode ser utilizado através de programas de uso geral em análise estrutural. Quando o programa não tem o elemento com apoio contínuo por molas, utilizam-se apoios discretos nos pontos nodais. Estes apoios podem ser molas ou, na falta delas, barras birrotuladas.

Para exemplo de solução por este método, foi utilizado o programa **SALT**, desenvolvido no Departamento de Mecânica Aplicada e Estruturas, da Escola de Engenharia da UFRJ, pelos Profs. Humberto L. Soriano e Silvio S. Lima. A viga foi dividida em 25 elementos iguais, ficando com 26 nós, onde estão as molas (Fig. A4.10, parte superior).

As molas das extremidades devem ter metade da rigidez das molas restantes, uma vez que o comprimento de influência delas é metade do comprimento de influência das molas restantes. Os resultados obtidos são muito próximos daqueles apresentados na Fig. A4.9. Pequenas diferenças se devem às aproximações próprias dos métodos numéricos, devendo a solução melhorar à medida que se aumenta o número de elementos e nós.

Um cálculo com a rigidez das molas extremas igual à do restante das molas conduziu a resultados significativamente diferentes, como mostrado na Fig. A4.10 (diagrama de esforços na parte inferior).

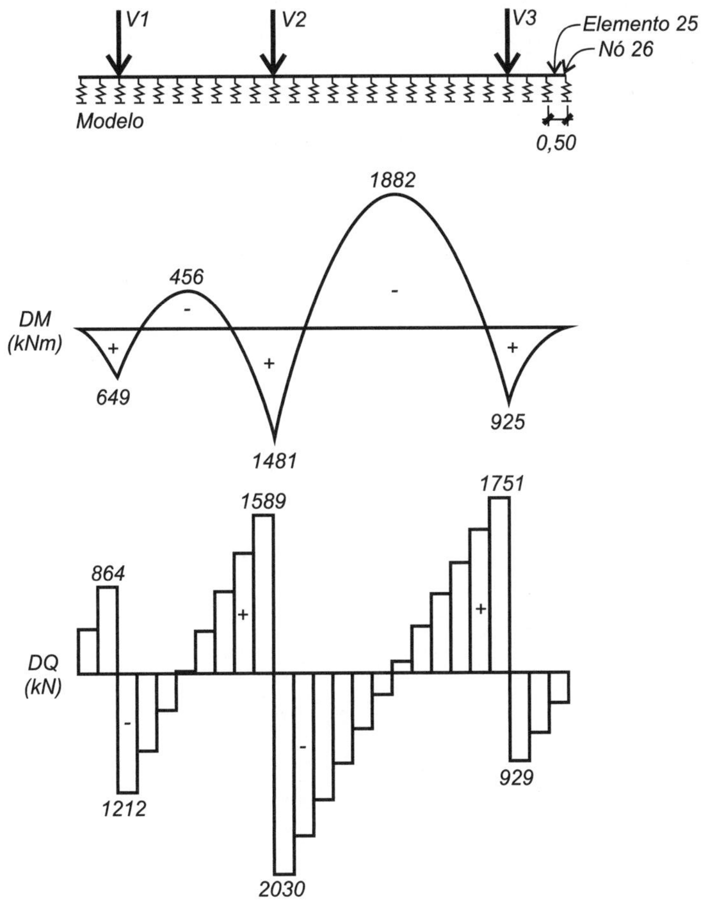

Fig. A.4.10 *- Esforços na viga calculados pelo MEF*

APÊNDICE 5

Cálculo de Placas Circulares pelo Método de Grasshoff (1966)

A5.1 Formulação geral

Considere-se uma placa circular, submetida a carregamento axissimétrico (Fig. A5.1a). Sob a placa atuarão pressões de contato caracterizadas pelas ordenadas q_1, q_2, q_3 e q_4 em pontos que distam do centro da placa *r, 3/4 r, 1/2 r* e *1/6 r.*

O equilíbrio de forças verticais permite escrever (Teorema de Guldin):

$$\begin{aligned} &{}^{1}\!/_{2}\, q_1 \cdot {}^{r}\!/_{4} \cdot 2\pi \cdot {}^{11}\!/_{12} \cdot r + {}^{1}\!/_{2}\, q_2 \;\; {}^{r}\!/_{2} \cdot 2\pi \cdot {}^{3}\!/_{4} \cdot r + {}^{1}\!/_{2}\, q_3 \cdot {}^{r}\!/_{4} \cdot 2\pi \cdot {}^{7}\!/_{12} \cdot r \,+ \\ &+ {}^{1}\!/_{2}\, q_3 \cdot {}^{r}\!/_{3} \cdot 2\pi \cdot {}^{7}\!/_{18}\; r + {}^{1}\!/_{2}\, q_4 \cdot {}^{r}\!/_{3} \cdot 2\pi \cdot {}^{5}\!/_{18} r + q_4 \cdot \pi \cdot {}^{r^2}\!/_{36} = \Sigma P \end{aligned} \qquad \textbf{(A5.1a)}$$

ou:

$$ {}^{11}\!/_{48}\, q_1 + {}^{3}\!/_{8}\, q_2 + {}^{119}\!/_{423}\, q_3 + {}^{26}\!/_{216}\, q_4 = \frac{\Sigma P}{\pi\, r^2} \qquad \textbf{(A5.1b)}$$

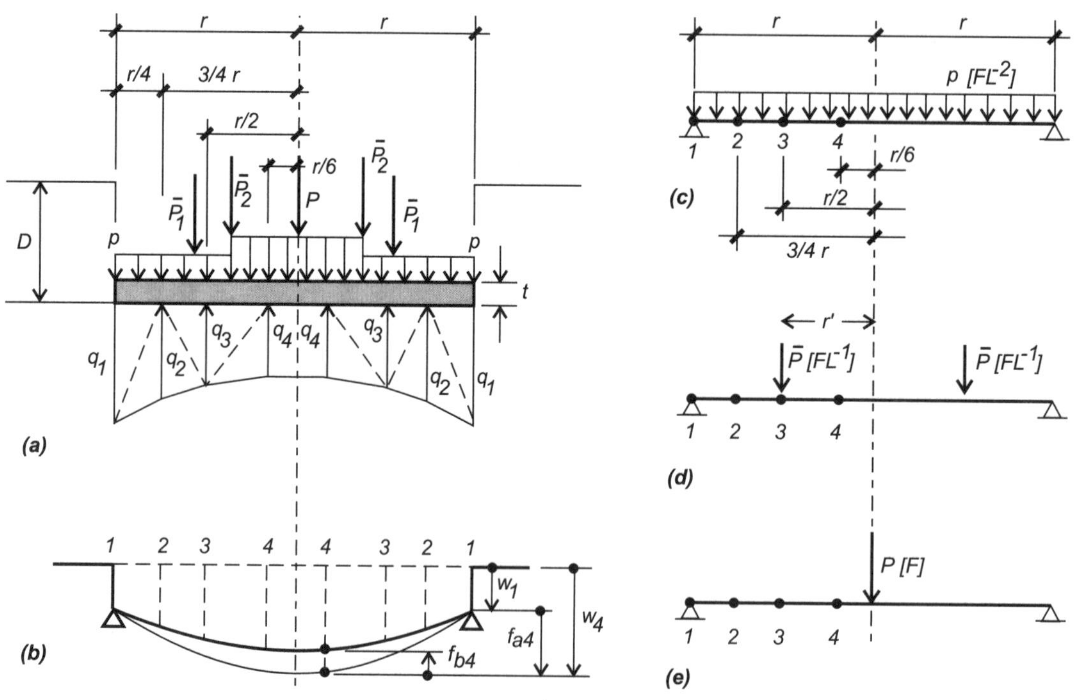

***Fig. A5.1** - Esquema de cálculo pelo método de Grasshoff*

O recalque de um ponto i qualquer pode ser considerado como a superposição de três parcelas: (i) recalque da placa como se fosse rígida, w_1; (ii) flecha do ponto i como se a placa fosse apoiada nas bordas e submetida ao carregamento, f_{ai}; e (iii) flecha do ponto i como se a placa fosse apoiada nas bordas e submetida apenas às pressões de contato, f_{bi}, ou (Fig. A5.1b):

$$w_i = w_1 + f_{ai} - f_{bi} \qquad \textbf{(A5.2)}$$

sendo:

$$f_{bi} = \frac{r}{E_c}\left(\frac{r}{t}\right)^3 (q_1\, \xi^o_{i,1} + q_2\, \xi^o_{i,2} + q_3\, \xi^o_{i,3} + q_4\, \xi^o_{i,4}) \qquad \textbf{(A5.3)}$$

onde:

E_c = módulo de elasticidade do material da placa.

Os valores de ξ^o para um Coeficiente de Poisson, υ_c, igual a 1/6, são:

$\xi^o_{2,1}$	0,019873	$\xi^o_{3,1}$	0,034315	$\xi^o_{4,1}$	0,044717
$\xi^o_{2,2}$	0,092483	$\xi^o_{3,2}$	0,164515	$\xi^o_{4,2}$	0,214748
$\xi^o_{2,3}$	0,126197	$\xi^o_{3,3}$	0,237289	$\xi^o_{4,3}$	0,325750
$\xi^o_{2,4}$	0,069777	$\xi^o_{3,4}$	0,135171	$\xi^o_{4,4}$	0,194728

De (A5.2) e (A5.3), vem:

$$w_i = w'_i + f_{ai} - \frac{r}{E_c}\left(\frac{r}{t}\right)^3 (q_1\, \xi^o_{i,1} + q_2\, \xi^o_{i,2} + q_3\, \xi^o_{i,3} + q_4\, \xi^o_{i,4}) \qquad \textbf{(A5.4)}$$

Essa equação será escrita para $i = 2, 3$ e 4.

As flechas f_{ai} são tiradas de um formulário de placas circulares, para uma variedade de carregamentos, como aqueles mostrados na Fig. A5.1a. Grasshoff fornece fórmulas para três tipos de carregamento mais frequentes, mostrados nas Figs. A5.1c a A5.1e.

(a) Carregamento uniformemente distribuído em toda a placa *(Fig. A5.1c)*

$$f_{ai} = p \cdot \frac{r}{E_c}\left(\frac{r}{d}\right)^3 \frac{3}{16}(1 - \upsilon_c^2)(1 - \rho_i^2)\left(\frac{5 + \upsilon_c}{1 + \upsilon_c} - \rho_i^2\right)$$

ou, resumidamente:

$$f_{ai} = p \cdot \frac{r}{E_c}\left(\frac{r}{d}\right)^3 \omega_i^o$$

sendo os valores de ω^o dados, para $v_c = 1/6$, em função de $\rho = r_i / r$, por:

$$\rho_2 = \tfrac{3}{4} \rightarrow \omega_2^o = 0{,}308330$$
$$\rho_3 = \tfrac{1}{2} \rightarrow \omega_3^o = 0{,}571289$$
$$\rho_4 = \tfrac{1}{6} \rightarrow \omega_4^o = 0{,}779944$$

(b) Carregamento linear, circular *(Fig. A5.1d)*

(b. 1) $r' \geq 1/2\, r$

$$f_{ai} = \frac{\bar{P}}{r} \frac{r}{E_c} \left(\frac{r}{t}\right)^3 x$$

$$x \; \tfrac{3}{2}.\beta\,(1-v_c)\left\{[(3+v_c)-(1-v_c)\beta^2]\,(1-\rho^2) + 2\,(1+v_c)\,(\beta^2+\rho^2) + ln\,\rho\right\}$$

onde:
β é a razão entre a distância da carga ao centro (r') e o raio da placa (r).

(b. 2) $r' \leq 1/2\, r$

$$f_{ai} = \frac{\bar{P}}{r} \frac{r}{E_c} \left(\frac{r}{t}\right)^3 x$$

$$\tfrac{3}{2}.\beta\,(1-v_c)\left\{(3+v_c)(1-\beta^2) + 2\,(1+v_c)\beta^2\, ln\,\beta - [(1-v_c)(1-\beta^2) - 2(1+v_c)\,ln\,\beta]\rho^2\right\}$$

ou, resumidamente:

$$f_{ai} = \frac{\bar{P}}{r} \frac{r}{E_c} \left(\frac{r}{t}\right)^3 \omega_i^o$$

Para $\beta = 1/2$ (carga no ponto 3) e $v_c = 1/6$, os valores de ω^o são dados em função de $\rho = r_i / r$ por:

$$\rho_2 = \tfrac{3}{4} \rightarrow \omega_2^o = 0{,}468046$$
$$\rho_3 = \tfrac{1}{2} \rightarrow \omega_3^o = 0{,}881299$$
$$\rho_4 = \tfrac{1}{6} \rightarrow \omega_4^o = 1{,}192736$$

(c) Carga concentrada no centro da placa *(Fig. A5.1e)*

$$f_{ai} = \frac{P}{\pi\, r^2} \frac{r}{E_c} \left(\frac{r}{t}\right)^3 \tfrac{3}{4}(1-v_c{}^2)\left[\frac{3+v_c}{1+v_c}(1-\rho^2) + 2\,\rho^2\, ln\,\rho\right]$$

ou, resumidamente:

$$f_{ai} = \frac{P}{\pi\, r^2} \; \frac{r}{E_c} \left(\frac{r}{t}\right)^3 \omega^o$$

sendo os valores de ω^o dados, para $\nu_c = 1/6$, em função de $\rho = r_i \,/\, r$, por:

$$\rho_2 = 3/4 \;\rightarrow\; \omega_2^o = 0{,}629896$$

$$\rho_3 = 1/2 \;\rightarrow\; \omega_3^o = 1{,}231665$$

$$\rho_4 = 1/6 \;\rightarrow\; \omega_4^o = 1{,}851607$$

Os recalques dependem do modelo adotado para o solo. Serão consideradas duas possibilidades: modelo de Winkler e meio elástico contínuo. No primeiro caso, as equações são bastante simples, uma vez que o recalque de um ponto depende da pressão apenas naquele ponto.

A5.2 Formulação complementar pela Hipótese de Winkler

Por este modelo, tem-se:

$$w_i = \frac{q_i}{k_{v,\,i}}$$

onde:

$k_{v,i}$ = coeficiente de reação vertical (que pode variar de ponto para ponto).

Trabalhando com c_i, o inverso de $k_{v,i}$, tem-se:

$$w_i = c_i \cdot q_i \qquad \textbf{(A5.5)}$$

De (A5.4) e (A5.5), vem:

$$\begin{aligned}
(\xi^o_{2,1} - c_1 R^o)\, q_1 + (\xi^o_{2,2} + c_2 R^o)\, q_2 + \xi^o_{2,3}\, q_3 + \xi^o_{2,4}\, q_4 &= f_{a2}\, R^o \\
(\xi^o_{3,1} - c_1 R^o)\, q_1 + \xi^o_{3,2}\, q_2 + (\xi^o_{3,3} + c_3 R^o)\, q_3 + \xi^o_{3,4}\, q_4 &= f_{a3}\, R^o \\
(\xi^o_{4,1} - q_1 R^o)\, q_1 + \xi^o_{4,2}\, q_2 + \xi^o_{4,3}\, q_3 + (\xi^o_{4,4} + c_4 R^o)\, q_4 &= f_{a4}\, R^o
\end{aligned} \qquad \textbf{(A5.6)}$$

onde:

$$R^o = \frac{E_c}{r} \left(\frac{t}{r}\right)^3$$

Com as Eqs. (A5.1) e (A5.6), achamos q_1, q_2, q_3 e q_4.

A5.3 Formulação complementar baseada no Meio Elástico Contínuo

Nesse caso, o solo será caracterizado pelo módulo de elasticidade confinado $E^{*}= E/(1-\nu^2)$, e as equações da deformação serão:

$$
\begin{aligned}
&(\xi^o_{2,1}.N^o+\eta^o_{2,1}).q_1+(\xi^o_{2,2}.N^o+\eta^o_{2,2})\,q_2+(\xi^o_{2,3}.N^o+\eta^o_{2,3})\,q_3+\\
&\quad+(\xi^o_{2,4}.N^o+\eta^o_{2,4}).q_4=\alpha^o_2.E^*+x^o_2.q_o\\
&(\xi^o_{3,1}.N^o+\eta^o_{3,1}).q_1+(\xi^o_{3,2}.N^o+\eta^o_{3,2})\,q_2+(\xi^o_{3,3}.N^o+\eta^o_{3,3})\,q_3+\\
&\quad+(\xi^o_{3,4}.N^o+\eta^o_{3,4}).q_4=\alpha^o_3.E^*+x^o_3.q_o\\
&(\xi^o_{4,1}.N^o+\eta^o_{4,1}).q_1+(\xi^o_{4,2}.N^o+\eta^o_{4,2})\,q_2+(\xi^o_{4,3}.N^o+\eta^o_{4,3})\,q_3+\\
&\quad+(\xi^o_{4,4}.N^o+\eta^o_{4,4}).q_4=\alpha^o_4.E^*+x^o_4.q_o
\end{aligned}
\qquad \text{(A5.7)}
$$

onde:

$$N^o = \frac{E^*}{E_c}\left(\frac{r}{t}\right)^3 ;\alpha^o_i = \frac{f_{ai}}{r}$$

$q_o=\gamma\, D$, sendo γ = peso específico do solo e D = profundidade da placa.

$$
\begin{aligned}
\eta^o_{i,1} &= \xi^o_{i,1} - \xi^o_{1,1}\\
\eta^o_{i,2} &= \xi^o_{i,2} - \xi^o_{1,2}\\
\eta^o_{i,3} &= \xi^o_{i,3} - \xi^o_{1,3}\\
x^o_i &= \xi^o_i + \xi^o_1
\end{aligned}
$$

Os valores de η^o e x^o são:

$\eta^o_{2,1}$	-0,077281	$\eta^o_{3,1}$	-0,124625	$\eta^o_{4,1}$	-0,144143
$\eta^o_{2,2}$	0,310322	$\eta^o_{3,2}$	0,117322	$\eta^o_{4,2}$	0,042646
$\eta^o_{2,3}$	0,133029	$\eta^o_{3,3}$	0,477874	$\eta^o_{4,3}$	0,304098
$\eta^o_{2,4}$	0,039408	$\eta^o_{3,4}$	0,124620	$\eta^o_{4,4}$	0,510161
x^o_2	2,951956	x^o_3	3,141669	x^o_4	3,259240

Com as Eqs. (A5.1) e (A5.7), achamos q_1, q_2, q_3 e q_4.

A5.4 Cálculo de momentos fletores

O momento fletor radial será: $M_{ri} = M'_{ri} - M''_{ri}$

O momento fletor tangencial será: $M_{\theta\, i} = M'_{\theta\, i} - M''_{\theta\, i}$

Inicialmente, vejamos os valores de M'_{ri} e $M'_{\theta i}$ (devidos ao carregamento aplicado à placa).

(a) Carregamento uniformemente distribuído em toda a placa *(Fig. A5.1c)*

$M'_{ri} = q\,r^2\,\varepsilon_i$	$M'_{\theta i} = q\,r^2\,\varphi_i$
$\varepsilon_1 = 0$	$\varphi_1 = 0{,}1041667$
$\varepsilon_2 = 0{,}0865886$	$\varphi_2 = 0{,}1451823$
$\varepsilon_3 = 0{,}1484375$	$\varphi_3 = 0{,}1744792$
$\varepsilon_4 = 0{,}1924190$	$\varphi_4 = 0{,}1953125$

(b) Carregamento circular *(Fig. A5.1d)*

$M'_{ri} = \overline{P}\,r\,\varepsilon_i$	$M'_{\theta i} = \overline{P}\,r\,\varphi_i$
$\varepsilon_1 = 0$	$\varphi_1 = 0{,}156250$
$\varepsilon_2 = 0{,}104162$	$\varphi_2 = 0{,}219903$
$\varepsilon_3 = 0{,}280293$	$\varphi_3 = 0{,}280293$
$\varepsilon_4 = 0{,}280293$	$\varphi_4 = 0{,}280293$

(c) Carga concentrada no centro da placa *(Fig. A5.1e)*

$M'_{ri} = P\,\varepsilon_i$	$M'_{\theta i} = P\,\varphi_i$
$\varepsilon_1 = 0$	$\varphi_1 = 0{,}0663146$
$\varepsilon_2 = 0{,}0267085$	$\varphi_2 = 0{,}0930231$
$\varepsilon_3 = 0{,}0643521$	$\varphi_3 = 0{,}1306666$
$\varepsilon_4 = 0{,}1663477$	$\varphi_4 = 0{,}2326622$

Os valores de M''_{ri} são dados por:

$$M''_{ri} = r^2\,(q_1\,\varepsilon_{i,1} + q_2\,\varepsilon_{i,2} + q_3\,\varepsilon_{i,3} + q_4\,\varepsilon_{i,4})$$

$\varepsilon_{1,1}$	0	$\varepsilon_{2,1}$	0,0092431	$\varepsilon_{3,1}$	0,0092431	$\varepsilon_{4,1}$	0,0092428
$\varepsilon_{1,2}$	0	$\varepsilon_{2,2}$	0,0374545	$\varepsilon_{3,2}$	0,0463139	$\varepsilon_{4,2}$	0,0463143
$\varepsilon_{1,3}$	0	$\varepsilon_{2,3}$	0,0290346	$\varepsilon_{3,3}$	0,0656278	$\varepsilon_{4,3}$	0,0786853
$\varepsilon_{1,4}$	0	$\varepsilon_{2,4}$	0,0108564	$\varepsilon_{3,4}$	0,0272527	$\varepsilon_{4,4}$	0,0581766

Os valores de $M''_{\theta\,i}$ são dados por:

$$M''_{\theta\,i} = r^2\,(q_1\,\varphi_{i,1} + q_2\,\varphi_{i,2} + q_3\,\varphi_{i,3} + q_4\,\varphi_{i,4})$$

$\varphi_{1,1}$	0,0071344	$\varphi_{2,1}$	0,0092430	$\varphi_{3,1}$	0,0092599	$\varphi_{4,1}$	0,0092433
$\varphi_{1,2}$	0,0317382	$\varphi_{2,2}$	0,0441097	$\varphi_{3,2}$	0,0462803	$\varphi_{4,2}$	0,0463137
$\varphi_{1,3}$	0,0421621	$\varphi_{2,3}$	0,0593540	$\varphi_{3,3}$	0,0743895	$\varphi_{4,3}$	0,0786853
$\varphi_{1,4}$	0,0231320	$\varphi_{2,4}$	0,0324756	$\varphi_{3,4}$	0,0445495	$\varphi_{4,4}$	0,0610702

APÊNDICE 6

Exercício Resolvido de *Radier*[1]

A6.1. Dados do problema

Seja prever os esforços internos no *radier* (liso) de concreto armado mostrado na Fig. A6.1, assente num terreno que pode ser representado pela Hipótese de Winkler por um coeficiente de reação de 4.000 kN/m^3. Devem ser aplicados: (1) método do A. C. I.; (2) método das diferenças finitas; (3) método dos elementos finitos; (4) um método simplificado (como um conjunto de vigas). Na apresentação dos resultados, serão enfocados apenas os momentos fletores, embora os métodos forneçam também esforços cortantes, pressões de contato e deslocamentos (recalques). Será desprezado o peso próprio do *radier*.

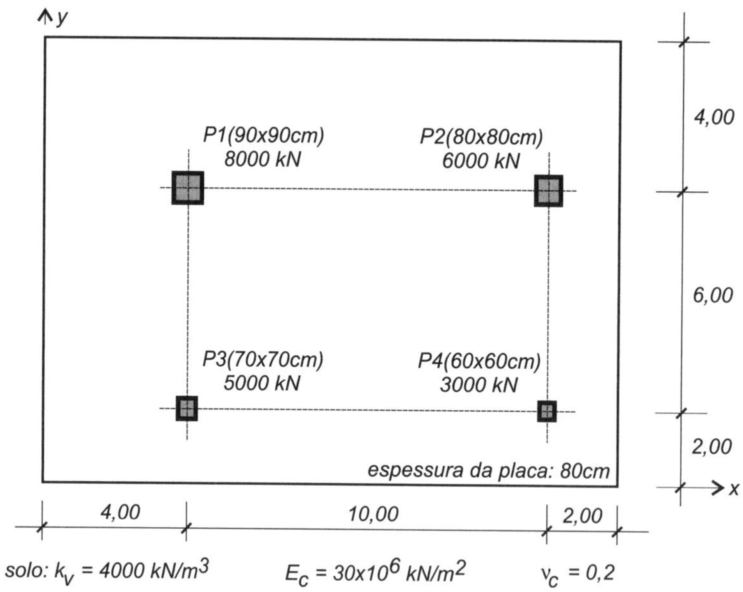

Fig. A6.1 - *Radier a ser calculado*

1. Este exercício foi resolvido pelos seguintes alunos da disciplina Fundações da COPPE-UFRJ de 1996: Antonio Marcos L. Alves, Marcos Massao Futai e Bruno T. Dantas.

A6.2. Cálculo pelo Método do American Concrete Institute

O cálculo pelo método do A.C.I. (1966) é feito para um conjunto de pontos, tendo sido escolhidos pontos numa malha de 1 x 1 m, como mostrado na Fig. A6.2. No cálculo foi utilizado o programa desenvolvido por Santos (1987). Os resultados do cálculo são apresentados na Fig. A6.3 e na Tab. A6.1, em termos de momentos fletores em 4 eixos:

Eixo A: passando pelos pilares P1 e P2

Eixo B: passando pelos pilares P3 e P4

Eixo 1: passando pelos pilares P2 e P4.

Eixo 1: passando pelos pilares P1 e P3

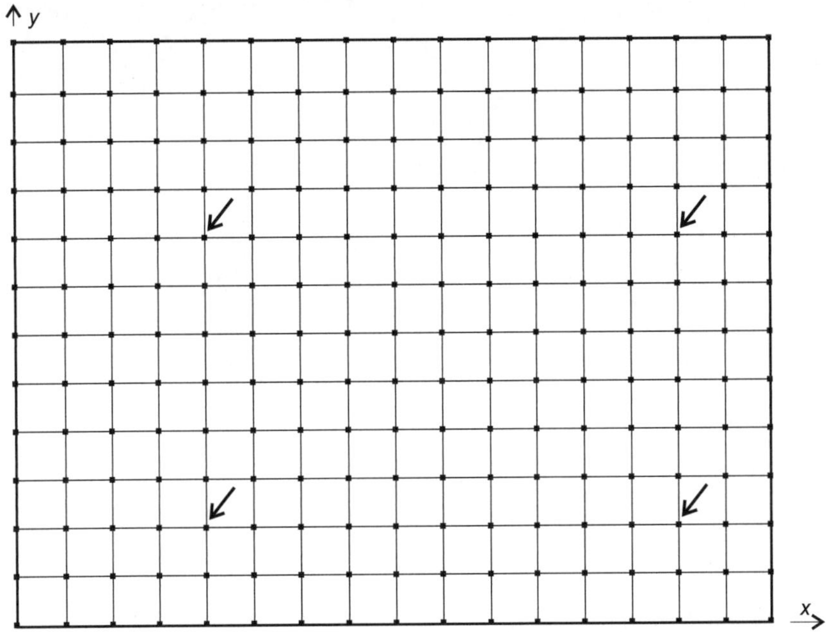

Fig. A6.2 - Pontos para cálculo de esforços no radier pelo método do A. C. I.

Tab. A6.1 - Momentos fletores pelo método do A. C. I., Método das Diferenças Finitas e Método dos Elementos Finitos

		Método		
	Momento	**ACI**	**MDF**	**MEF**
Eixo 1	M1*	268	581	767
	M2	-308	-116	-36
	M3	1034	1704	2085
Eixo 2	M1	436	1023	1298
	M2	-550	-108	-73
	M3	1270	2068	2522
Eixo A	M4	1333	2060	2432
	M5	-1175	-774	-794
	M6	503	1142	1477
Eixo B	M4	926	1434	1637
	M5	-664	-746	-780
	M6	258	477	647

**Ver localização dos momentos na Fig. A6.7*

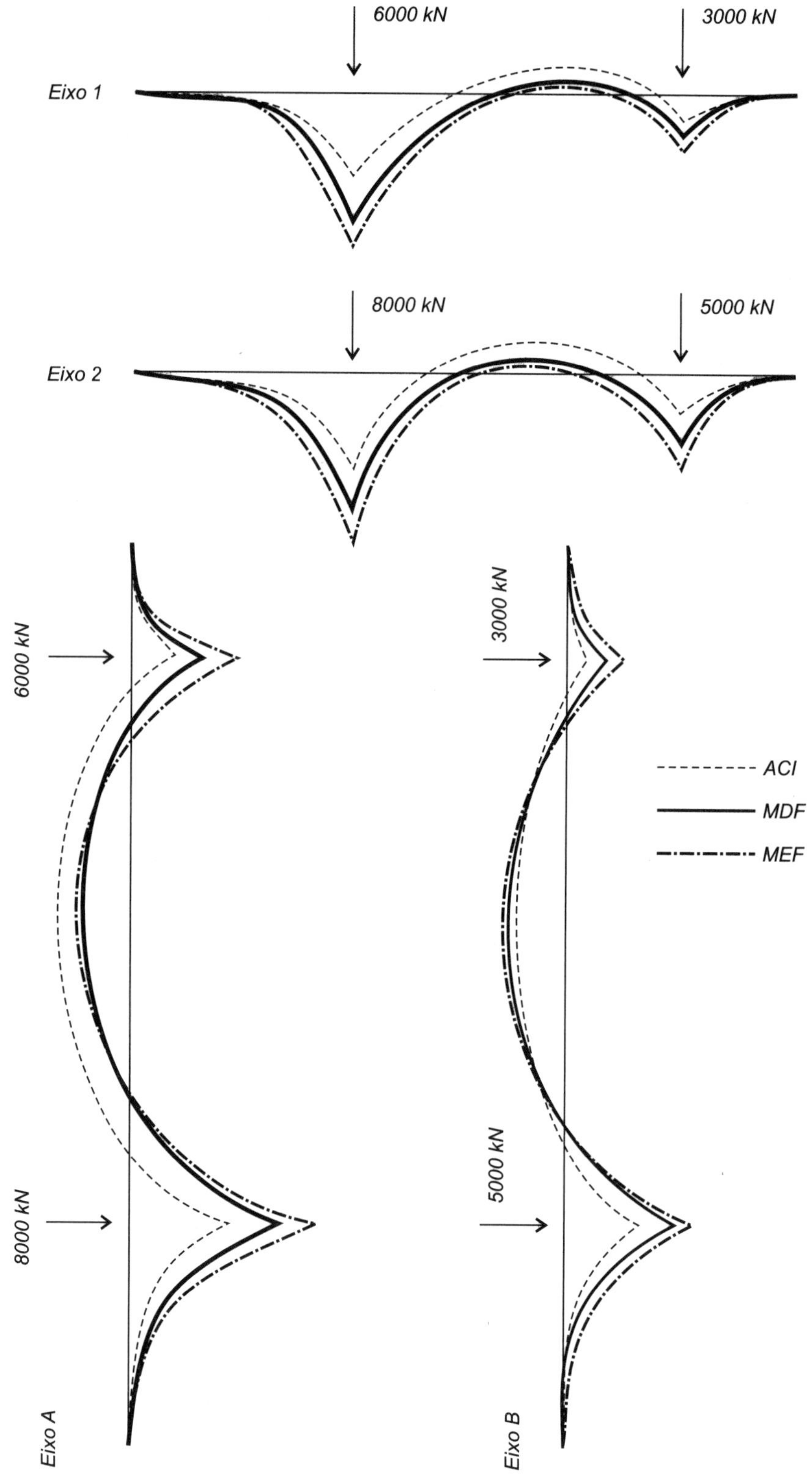

Fig. A6.3 - *Resultados do cálculo pelo método do A. C. I., Método das Diferenças Finitas e Método dos Elementos Finitos*

A6.3. Cálculo pelo Método das Diferenças Finitas

Para o cálculo pelo método das diferenças finitas, foi utilizado o programa desenvolvido por Santos (1987). O cálculo é feito para um conjunto de pontos, tendo sido escolhidos pontos numa malha de 1 x 1 m, igual à do método do A. C. I. (Fig. A6.2). Os resultados do cálculo também são apresentados na Fig. A6.3 e na Tab. A6.1, em termos de momentos fletores nos mesmos quatro eixos. Os resultados podem ser visualizados também em termos de relevo, como mostrado na Fig. A6.4.

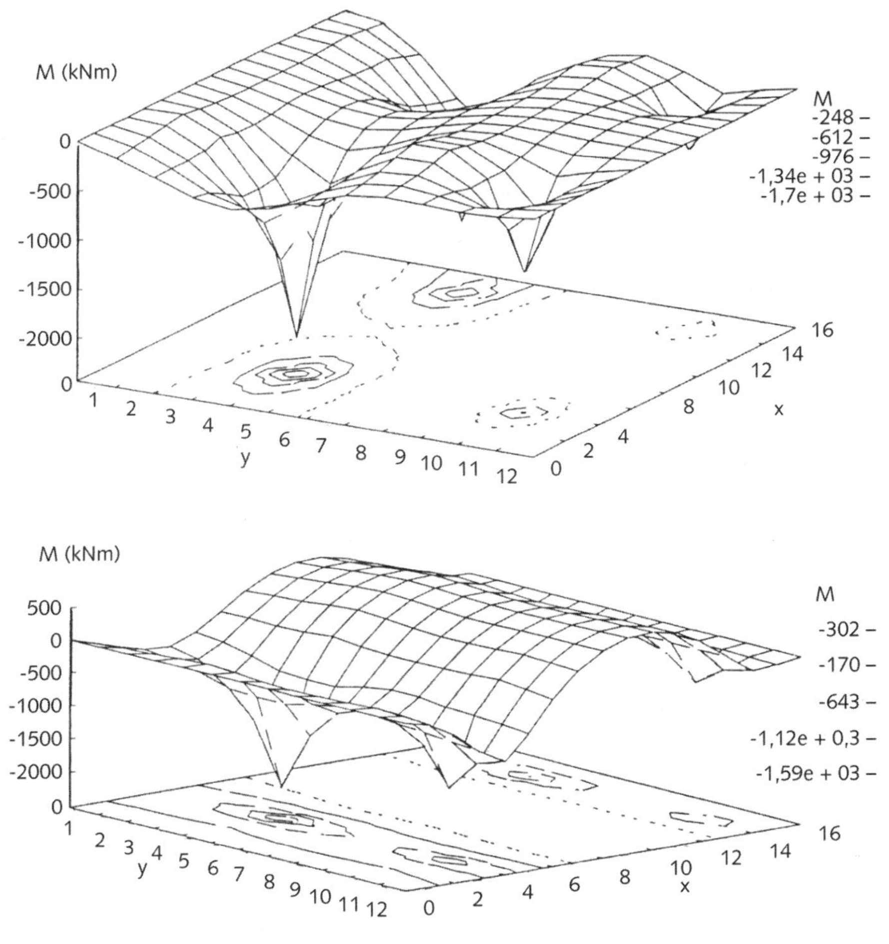

Fig. A6.4 *- Representação dos resultados do método das diferenças finitas em termos de relevo*

A6.4. Cálculo pelo Método dos Elementos Finitos

Para exemplo de solução por este método, foi utilizado o programa **SAP 90**. O elemento de placa utilizado tem quatro pontos nodais e os momentos de um dado nó são obtidos pela média dos momentos fornecidos pelos elementos que possuem aquele nó em comum. O *radier* foi dividido em 168 elementos, ficando com 195 nós, onde estão as molas (Fig. A6.5). A rigidez de cada mola é obtida pelo produto do k_v por sua área de influência (têm-se, assim, valores de K_v de 2000 a 8000 kN/m).

Os resultados do cálculo são apresentados também na Fig. A6.3 e na Tab. A6.1. Como se pode observar, os esforços são superiores aos do Método das Diferenças Finitas. Esta diferença se deve, em parte, ao refinamento da rede de elementos finitos, que é pobre na região das cargas (teoricamente, sob uma carga concentrada, o momento fletor é infinito, e um valor realista só pode ser obtido se se fizer uma rede refinada na região das cargas dos pilares e se esta for distribuída entre os nós situados na região do pilar).

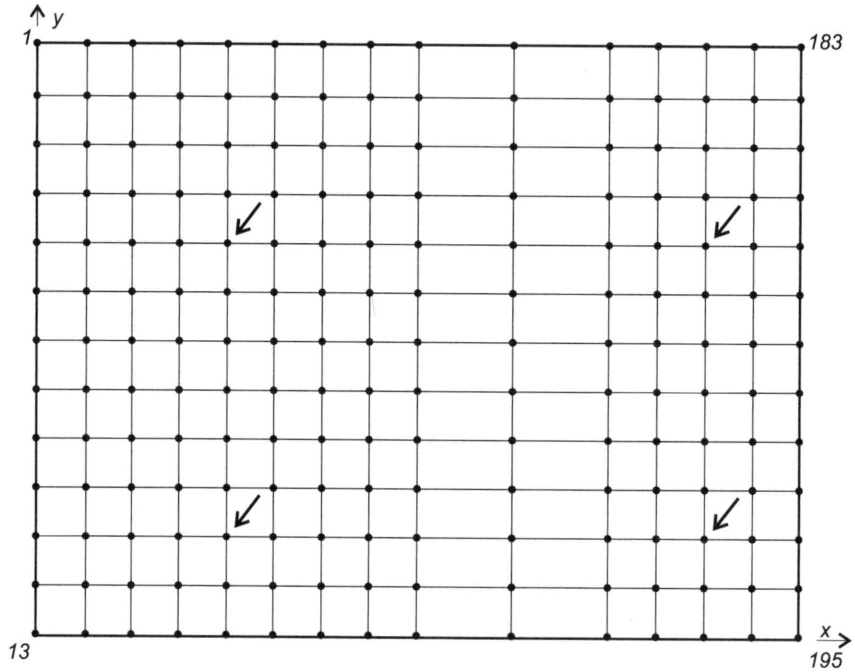

Fig. A6.5 - *Esquema de cálculo pelo Método dos Elementos Finitos*

A6.5. Cálculo por Método Simplificado: como um Conjunto de Vigas

Um cálculo simplificado pode ser feito dividindo-se o *radier* em faixas e calculando-se estas faixas como vigas (ver item 9.2.2). As vigas foram calculadas como flexíveis sobre base elástica, pelo método de Hetenyi (1946). Foram consideradas as seguintes vigas:

Viga A: faixa dos pilares P1 e P2 (dimensões: 16,00 x 7,00 x 0,80 m)

Viga B: faixa dos pilares P3 e P4 (dimensões: 16,00 x 5,00 x 0,80 m)

Viga 1: faixa dos pilares P2 e P4 (dimensões: 12,00 x 7,00 x 0,80 m)

Viga 1: faixa dos pilares P1 e P3 (dimensões: 12,00 x 9,00 x 0,80 m)

Os resultados do cálculo são apresentados na Fig. A6.6. Os momentos fletores apresentados são momentos da viga e não podem ser comparados diretamente com os momentos fornecidos por uma solução de placa (como dos itens A6.2 a A6.4), que são momentos para uma seção de largura unitária. Uma divisão do momento fletor da viga pela largura da viga, por outro lado, forneceria um momento (unitário) médio muito baixo e certamente não cobriria os momentos máximos indicados numa solução como placa. Uma possível tentativa de distribuir melhor os momentos da viga pela sua largura seria utilizar o critério das lajes cogumelo, incluído na Norma NBR 6118/80, item 3.2.2.11. O resultado da aplicação deste critério é apresentado na Fig. A6.7. Como pode ser observado nesta figura, os momentos do cálculo como viga distribuídos como laje cogumelo não cobrem, em alguns pontos, os momentos da placa (tomando-se como referência os momentos do Método das Diferenças Finitas), sendo que, em alguns pontos, a diferença é considerável. Uma conclusão que pode ser tirada é que os critérios de laje cogumelo incluídos na Norma valem para lajes em que o painel se aproxima do quadrado e em que há continuação de vãos (a norma menciona dupla simetria), situação diferente daquela do *radier* do exercício, em que há, por exemplo, grandes balanços.

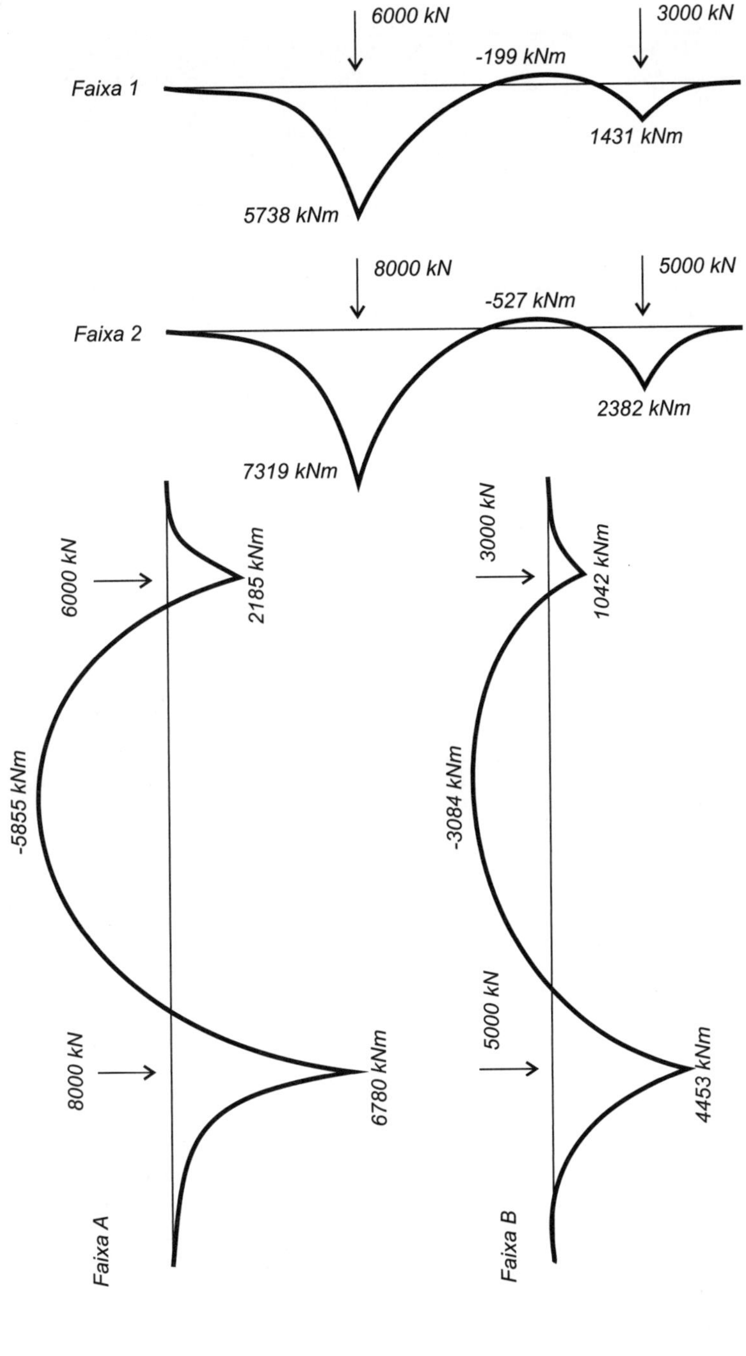

Fig. A6.6 *- Momentos fletores do cálculo como um conjunto de vigas*

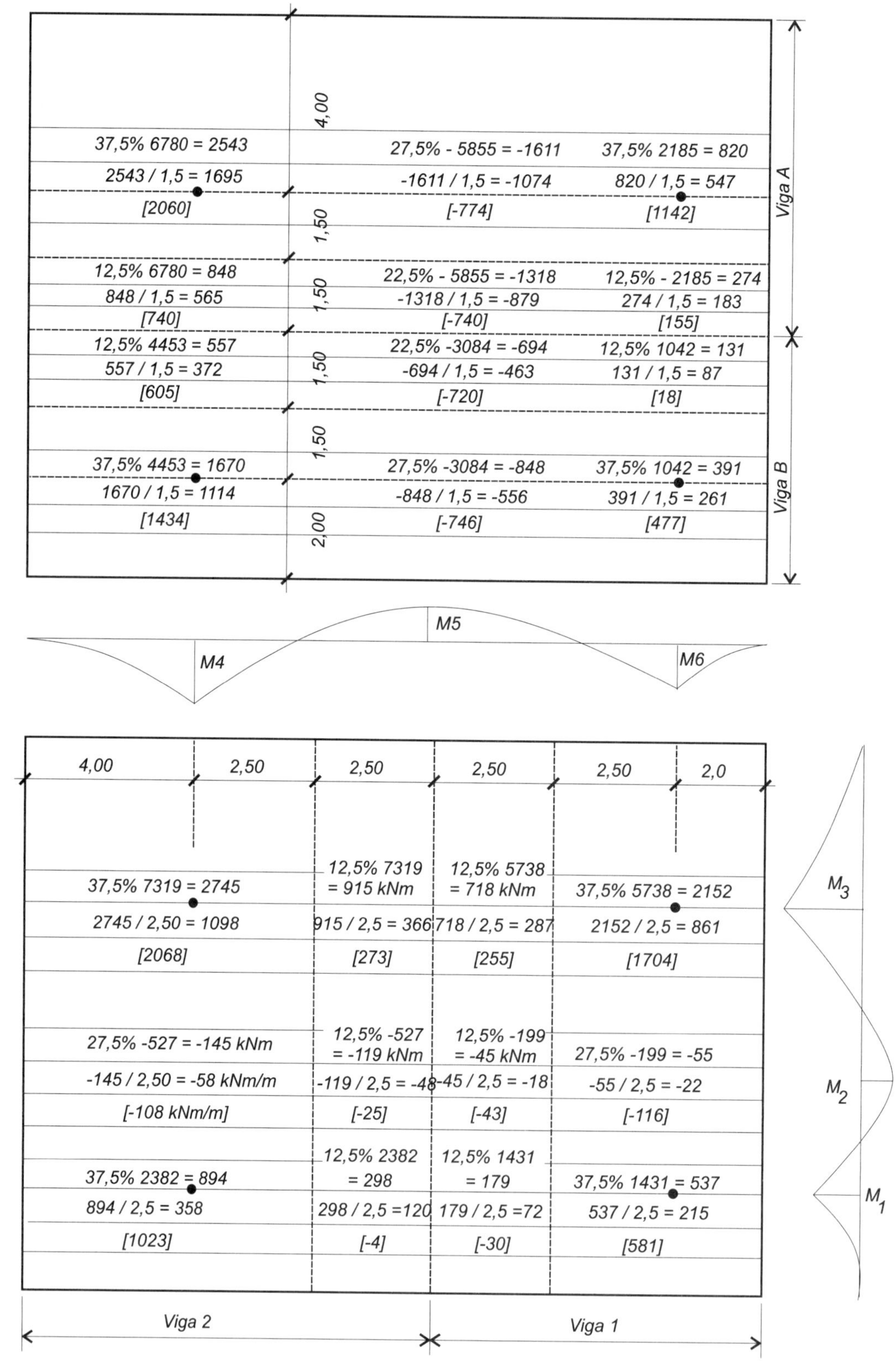

Fig. A6.7 *- Distribuição dos momentos fletores do cálculo como um conjunto de vigas, considerando a teoria de lajes cogumelo*

A6.6. Considerações sobre os resultados

Os resultados deste exercício bastante simples permitem concluir que:

- os momentos fletores do Método do A. C. I. são muito baixos e, portanto, não confiáveis;
- os resultados do Método das Diferenças Finitas são próximos aos do Método dos Elementos Finitos quando os refinamentos de malha/rede são compatíveis;
- os resultados de um método simplificado em que o *radier* é tratado como um conjunto de vigas sobre base elástica forneceram valores, em alguns pontos, inferiores aos do cálculo como placa; no emprego de métodos aproximados, algumas hipóteses a favor da segurança, como a de que a viga é rígida (abrindo-se mão do cálculo como viga flexível sobre base elástica), devem ser introduzidas para compensar as aproximações do método.

Impressão e Acabamento
Bartira
Gráfica
(011) 4393-2911